中国地质调查局
青藏高原基础地质调查成果集成和综合研究系列成果

# 青藏高原及邻区新生代地质图及说明书

（1∶1 500 000）

王国灿　张克信　向树元　王岸　曹凯　等编著

中国地质大学出版社
ZHONGGUO DIZHI DAXUE CHUBANSHE

**图书在版编目(CIP)数据**

青藏高原及邻区新生代地质图及说明书(1∶1 500 000)/王国灿,张克信,向树元,王岸,曹凯等编著. —武汉:中国地质大学出版社,2014.6

ISBN 978-7-5625-3427-3

Ⅰ. ①青…

Ⅱ. ①王…②张…③向…④王…⑤曹…

Ⅲ. ①青藏高原-地质图

Ⅳ. ①P562.7-64

中国版本图书馆 CIP 数据核字(2014)第 110328 号

审图号:GS(2013)1882 号

| | |
|---|---|
| **青藏高原及邻区新生代地质图及说明书(1∶1 500 000)** | 王国灿 张克信 向树元 王 岸 曹 凯 等编著 |
| 责任编辑:马新兵 | 责任校对:张咏梅 |
| 出版发行:中国地质大学出版社(武汉市洪山区鲁磨路 388 号) | 邮编:430074 |
| 电 话:(027)67883511 传 真:(027)67883580 | E-mail:cbb @ cug.edu.cn |
| 经 销:全国新华书店 | http://www.cugp.cug.edu.cn |
| 开本:880 毫米×1 230 毫米 1/16 | 字数:330 千字 印张:10.375 附件:1 |
| 版次:2014 年 6 月第 1 版 | 印次:2014 年 6 月第 1 次印刷 |
| 印刷:武汉籍缘印刷厂 | 印数:1—1 000 册 |
| ISBN 978-7-5625-3427-3 | 定价:275.00 元 |

如有印装质量问题请与印刷厂联系调换

中国地质调查局
青藏高原基础地质调查成果集成和综合研究系列成果

# 青藏高原及邻区新生代地质图
# 及说明书

(1∶1 500 000)

计划项目：青藏高原基础地质调查成果集成和综合研究
工作项目：青藏高原新生代地质作用过程与第四纪环境演变综合研究（编号1212010610103）

计划项目负责：潘桂棠　王立全　李荣社
工作项目负责：张克信　王国灿
主编：王国灿　张克信
编写人：王国灿　张克信　向树元
王岸　曹凯
编写单位：中国地质大学（武汉）地调院
单位负责人：周爱国
总工程师：张克信
提交单位：中国地质大学（武汉）地调院

中国地质大学出版社
ZHONGGUO DIZHI DAXUE CHUBANSHE

# 序

青藏高原是地球上最年轻、最高的高原，它影响着全球气候变化，蕴藏着丰富的矿产资源，记录着地球演化历史中最壮观的地质事件，是研究地球形成与演化的"金钥匙"，长期以来一直是地学界高度关注的焦点地区。因此，加强青藏高原地质工作对于缓解国家资源危机、贯彻西部大开发战略、繁荣边疆民族经济、保护生态环境和地质科学发展均具有重要的战略意义。

1999年国家启动了"新一轮国土资源大调查"专项，按照温家宝总理"新一轮国土资源大调查要围绕填补和更新一批基础地质图件"的指示精神，中国地质调查局组织开展了青藏高原空白区1∶25万区域地质调查攻坚战。调集25个来自全国省(自治区)地质调查院、研究所、大专院校等单位精干的区域地质调查队伍，每年近千人奋战在世界屋脊，徒步踏遍雪域高原，开创了人类地质工作历史的伟大壮举。

青藏高原平均海拔4 500m以上，自然地理条件非常恶劣，含氧量仅为内地的50%，最低温度可达零下37～44℃。地质工作者本着神圣的使命感和强烈的事业心，继承和发扬"特别能吃苦、特别能战斗、特别能忍耐、特别能奉献"的青藏精神，脚踏世界屋脊，挑战生命极限，攀登地质科学高峰。在杳无人烟的可可西里，在悬崖万丈的雅鲁藏布江大峡谷，在生命禁区阿里和西昆仑，开展了拉网式的地质调查。他们迎着刺骨的寒风和纷飞的雪花，克服高山反应带来的呼吸困难、剧烈头痛、失眠乏力等难以想象的困难，甚至冒着肺气肿、脑水肿等致命高原疾病的危险，用身躯、用生命丈量着一条条地质路线，谱写了一曲曲可歌可泣的时代英雄乐章。用鲜血和汗水换来了丰硕的成果。

2006年开始，中国地质调查局组织实施了"青藏高原基础地质调查成果集成和综合研究"工作。以青藏高原空白区1∶25万区域地质调查成果为基础，以提高资源勘查评价、生态环境保护和社会发展保障能力，提升青藏高原地质科学研究水平为目标；充分运用现代地学理论和技术方法，系统总结和集成青藏高原基础地质调查研究成果，为国家和区域经济可持续发展提供决策依据。

在青藏高原空白区1∶25万区域地质调查和国内外最新研究成果基础上，通过集成和综合研究，编制了地质、资源、地球物理、地球化学系列图件，为青藏高原区域资源勘查、国土规划、环境保护、重大工程规划与建设、地质科学研究等提供了基础图件，包括：

——青藏高原及邻区1∶150万地质图及说明书；

——青藏高原及邻区1∶150万大地构造图及说明书；

——青藏高原及邻区1∶150万变质地质图及说明书；

——青藏高原及邻区 1∶150 万前寒武纪地质图及说明书；
——青藏高原及邻区 1∶150 万构造-岩浆岩图及说明书；
——青藏高原及邻区 1∶150 万新生代地质图及说明书；
——青藏高原及邻区 1∶150 万新构造与地质灾害图及说明书；
——青藏高原地区 1∶150 万成矿地质背景图及说明书；
——青藏高原地区 1∶150 万旅游资源图及说明书；
——青藏高原及邻区 1∶300 万第四纪地质与地貌图及说明书；
——青藏高原及邻区 1∶300 万古生代构造-岩相古地理图及说明书；
——青藏高原及邻区 1∶300 万中生代构造-岩相古地理图及说明书；
——青藏高原及邻区 1∶300 万新生代构造-岩相古地理图及说明书；
——青藏高原及邻区 1∶300 万地球化学系列图及说明书；
——青藏高原及邻区 1∶300 万重力系列图及说明书；
——青藏高原及邻区 1∶300 万航磁系列图及说明书。

上述地、物、化、矿等系列图件及其说明书，均已由国土资源部中国地质调查局组织的院士专家委员会进行评审验收，并给予很高的评价。2010 年 8 月 26 日，在全国国土资源系统援藏工作会上，中国地质调查局向西藏自治区和青海省人民政府赠送了"青藏高原及邻区地质类、构造-岩相古地理类、资源类和区域物-化-探类系列图件与说明书"整装研究成果。

1. 基于 177 幅 1∶25 万区域调查成果资料，系统厘定了区域地层及构造-地层系统，划分出 9 个地层及构造-地层大区、36 个地层及构造-地层区及 63 个地层及构造-地层分区，建立了青藏高原及邻区岩石地层划分与对比序列。首次以岩石地层作为编图单位，编制青藏高原及邻区 1∶150 万地质图，建立地质图数据库。全面反映了青藏高原区域地质调查的最新成果。

2. 按照大地构造相划分方案(3 个大相、14 个基本相和 36 个亚相)对地质体进行大地构造环境解析，以 36 个大地构造亚相作为基本编图单元，编制青藏高原及邻区 1∶150 万大地构造图。厘定了青藏高原区域存在 20 条蛇绿混杂岩带，重新构建了青藏高原大地构造格架，划分出 9 个一级、37 个二级和 81 个三级构造单元，提出"一个大洋、两个大陆边缘、三大多岛弧盆系"高原特提斯形成演化模式的原创性认识，建立了大陆边缘造山带"多岛弧盆系构造"新模式。

3. 依据青藏高原构造-岩浆演化特征及时空格架，按照洋壳型、俯冲型、碰撞型、后碰撞型及陆内伸展型构造-岩浆岩相组合，编制青藏高原及邻区 1∶150 万构造-岩浆岩图。提出了"陆缘侧向增生、陆壳垂向增长"的大陆边缘岛弧造山模式和"新生与再循环"两类地壳、"挤压缩短及地幔物质注入"增厚两种机制的高原地壳形成模式。

4. 依据青藏高原区域构造及变质特征的时空格架，按照变质(地)区、变质(地)带、变质亚带和甚低-低-高绿片岩相、低-高角闪岩相、蓝片岩相、高-超高压榴辉岩相、麻粒岩相等进行变质环境解析，编制青藏高原及邻区 1∶150 万变质地质图，厘定出 16 条高压—超高压变质带。

5．依据青藏高原及邻区前寒武纪陆块或卷入造山带中地块的性质、组成及热事件序列，结合变质期次、变质相带及标志性矿物等变质特征，编制青藏高原及邻区 1∶150 万前寒武纪地质图。探讨了主要块体之间的亲缘关系和构造归属，在昌都地块宁多岩群中获得 3 981±9Ma 冥古宙地壳物质信息。

6．立足 1∶25 万区域地质调查成果新资料，以板块构造学说为理论指导，以大陆边缘多岛弧盆系造山模式为主线，以大地构造相及其相关沉积岩相、混杂岩相、岩浆岩相与变质岩相的时空结构分析为基本方法，开创性地开展了青藏高原显生宙 17 个重要地质断代构造-岩相古地理专题研究与编图，揭示了青藏高原特提斯形成演化过程。

7．全面集成和综合研究 1∶25 万区调获得的新生代地质与第四纪环境演变成果资料，编制青藏高原及邻区 1∶150 万新生代地质图、新构造与地质灾害图和 1∶300 万第四纪地质与地貌图。提出了新生代构造演化的四阶段动力学模型，揭示青藏高原构造隆升-地貌水系演化-气候与环境演变的耦合关系，为区域可持续发展提供地质背景资料。

8．系统收集和整理青藏高原区域地质调查与矿产勘查获得的 5 000 余矿床（点）资料，编制了青藏高原地区 1∶150 万金属及非金属矿产图、成矿地质背景图；划分出 3 个成矿域、10 个成矿省和 33 个成矿带，并对成矿带的地质背景和矿床类型进行了总结，为区域矿产资源勘查评价提供了重要资料。

9．系统收集和整理青藏高原地区各类景观点 1 600 余处，其中新增 1∶25 万区域地质调查发现的各类旅游资源（主体为地质旅游资源）景点 700 余处；编制了青藏高原地区 1∶150万旅游资源图，划分出 26 处地质遗迹集中区，为青藏高原区域旅游资源开发提供了丰富的基础资料。

10．在全面收集 1∶20 万、1∶50 万、1∶100 万区域重力调查成果资料的基础上，按照 1∶150 万比例尺的数据精度编图、1∶300 万比例尺成图的要求，编制青藏高原及邻区重力异常系列图件，实现了青藏高原区域重力成果资料的综合整装。

11．在全面综合 1∶20 万、1∶50 万、1∶100 万区域航磁调查成果资料的基础上，按照 1∶150 万比例尺的数据精度编图、1∶300 万比例尺成图的要求，编制青藏高原及邻区航磁 $\Delta T$ 等值线平面系列图件，实现青藏高原区域航磁成果资料的综合整装。

12．在全面收集 1∶20 万、1∶50 万区域化探调查成果资料的基础上，按照 1∶150 万比例尺的数据精度编图、1∶300 万比例尺成图的要求，编制青藏高原及邻区单元素、组合元素和综合异常系列图件，实现青藏高原区域地球化学成果资料的综合整装。

自然科学研究的重大突破和发现，都凝聚着先辈们艰苦卓绝的成就；地球科学的发展与观念的更新，凝结了特定时代背景的地质调查研究实践与水平。青藏高原地质调查成果的集成和综合研究，必将为深化青藏高原区域地质构造形成演化规律、成矿地质背景、资源开发、环境保护、灾害防治与国民经济发展规划，提供重要的科学依据。

该计划项目是在以中国地质调查局王学龙副局长为联系人、庄育勋主任为责任人、翟刚毅处长为项目办公室主任和潘桂棠、王立全、李荣社为项目负责人的组织、领导下，计划项目院士顾问委员会刘宝珺院士、李廷栋院士、肖序常院士、许志琴院士、郑绵平院士、殷鸿福院士、任纪舜院士、赵文津院士、陈毓川院士、张国伟院士、多吉院士、金振民院士的精心指导下进行；在计划项目负责单位成都地质调查中心（成都地质矿产研究所）的直接领导下，工作项目承担单位西安地质调查中心（西安地质矿产研究所）、中国地质大学（北京）、中国地质大学（武汉）、地质力学研究所的密切合作下完成。

向长期奋斗在青藏高原从事地质调查与研究的地质学家们致以崇高的敬意！

劉寶珺

2010年9月18日

# 目　录

# 第 1 章　绪论

## 1.1　指导思想及编图原则

地质图是反映一个地区基本地质特征和基本地质构架的基础性图件，具有很强的客观性要求。而作为表达一个具有重大地质意义的特定时间段的地质图必须能够揭示这一特定时间段的具有重大地质意义的基本地质事实。青藏高原新生代地质独具特色，它是以多旋回复合拼合体为基础，并于新生代早期完成最后碰撞所形成的世界上最壮观的年轻的陆-陆碰撞造山带；是陆-陆碰撞之后在新生代又经历了多阶段构造隆升并具有强烈空间差异性的世界上规模最大、高度最高的高原；是陆地上新生代构造活动类型多(包括逆冲断层、走滑断层、正断层以及低角度拆离断层等)、规模大并且至今仍在强烈活动、板内构造过程十分复杂的地区之一；也是新生代岩浆活动十分发育、岩浆过程也十分复杂的地区。青藏高原新生代构造隆升对周围地区乃至亚洲甚至全球气候变化都具有深刻影响。青藏高原新生代所具备的这些重要特点决定了我们在进行的青藏高原及邻区新生代地质图的编制过程必须进行高度的综合，因此具有很强的综合性。

为了客观准确地表达青藏高原及邻区新生代的基本地质特征，根据青藏高原新生代地质基本特色，青藏高原及邻区新生代地质图的编制遵循的基本指导思想是：以地球系统科学和大陆动力学思想为指导，以新生代构造隆升为主线，以最新地质调查资料和各种相关研究成果为基本素材，以沉积地层、构造变形和岩浆活动为基本内容，以新生代盆-山结构演化和隆升过程为线索，以深入表达和刻画青藏高原新生代地质作用过程与环境演变规律为目标。编图原则如下。

(1)反映最新地调成果和研究成果的原则

青藏高原及邻区新生代地质图建立在最新的 1：25 万区域地质调查成果和其他更大比例尺的区调成果基础上，并充分吸纳国内外有关科研所获得的最新资料，力求反映当前青藏高原新生代的最新资料和研究成果。

(2)真实客观的原则

地质图是对一地区各种地质实体的客观反映，青藏高原及邻区新生代地质图力求全面客观地反映青藏高原及邻区新生代的各种地质实体和地质表现。

(3)突出时空差异性的原则

青藏高原涉及广大区域，新生代地质作用过程在空间上具有明显的差异性，时间上具有明显的阶段性。因此，在时间上，青藏高原及邻区新生代地质图在大量资料综合的基础上，依据青藏高原新生代构造演化、盆地演化和地貌变迁过程，合理确定年代编图单元；在空间上，对研究区进行合理区划，通过典型剖面的解剖和区域的对比，建立青藏高原不同区域地质单元系统。

(4)编研结合原则

编图过程中，对区域资料和最新成果进行系统调研和综合研究，对涉及重大地质构造格架的问题，如地层时代归属、地层格架对比等进行深入研究和考证，及时将最新研究成果反馈到图件上，编研结合，以保证地质图件的客观准确和科学性，提高地质图的质量。

## 1.2 资料收集与利用

青藏高原及邻区新生代地质图的编制使用资料主要来自：①截至2007年完成的涉及青藏高原编图范围内的全部1∶25万区域地质调查资料；②1∶25万未覆盖地区参考全国1∶50万地质图空间数据库；③境外部分参考成都地质矿产研究所(2004)编制的1∶150万青藏高原及邻区地质图；④国内外有关专题文献资料；⑤本项目研究获取的最新野外调查和室内工作成果(表1-1,表1-2)。

**表1-1　2006—2009年本课题组完成的青藏高原及邻区新生代地质图野外考察与室内测试分析工作量一览表**

| 项目 | | 单位 | 总工作量 |
|---|---|---|---|
| 野外 | 主干地质路线 | km | 2 500 |
| | 实测剖面 | 条 | 23 |
| | 实测剖面长度 | km | 70 |
| 室内样品测试 | 磁化率测试样 | 件 | 3 032 |
| | 粒度分析样 | 件 | 241 |
| | 锆石和磷灰石FT样 | 件 | 285 |
| | 锆石U-Pb样 | 件 | 11 |
| | 光释光 | 件 | 19 |
| | $^{40}Ar/^{39}Ar$ | 件 | 2 |

**表1-2　青藏高原及邻区新生代地质图编图实际资料一览表**

| 项目 | 单位 | 总工作量 | 图幅报告资料 | 实测剖面资料 | 科研剖面资料 |
|---|---|---|---|---|---|
| 地层剖面 | 条 | 1 334 | 873 | 23 | 438 |
| 岩浆岩剖面 | 条 | 118 | 118 | 0 | 0 |
| 一般断裂 | 条 | 3 599 | 3 599 | 0 | 0 |
| 主干断裂 | 条 | 48 | 48 | 0 | 0 |
| 高压变质岩 | 处 | 33 | 11 | 0 | 21 |
| 化石点 | 个 | 320 | 299 | 4 | 17 |
| 火山口 | 个 | 255 | 255 | 0 | 0 |
| 同位素测年点 | 个 | 104 | 68 | 7 | 29 |

## 1.3 编图方法

在 MapGIS 平台下进行新生代地质图的成图和数据库建设，具体编图时，首先在 MapGIS 平台下，根据经纬度将现有的青藏高原 1∶25 万地质图拼接到 1∶150 万数字化地理底图上，按 1∶150 万地质图精度要求，在原地质图上对基本资料进行衔接、修改、撤换和调整，即在原地质图上对新生代地质体和地质要素进行综合取舍，勾绘所需地质要素，同时处理好周围不同图幅和地区间的接图问题，经检查确认无误后按窗口撤换老资料，最后形成 1∶150 万青藏高原及邻区新生代地质草图。在此基础上，项目组不同专业成员对地质图进行审核，根据所掌握的信息对草图进行修改补充，添加有关新生代地质作用过程的专题信息（如年代资料等），形成最终地质图。力求地质图的科学性、准确性、艺术性和统一完美的视觉效果。

### 1.3.1 地理底图

采用成都地质矿产研究所 2007 年修改的青藏高原及邻区 1∶150 万地质图的地理版（MapGIS 格式）作为本次编图的地理底图，按 1∶150 万青藏高原及邻区地质编图无国界、省界等要求，并根据国家最新的测绘资料进行适当的修改和完善，做适当的简化处理。

### 1.3.2 工作底图制作

（1）将 1∶25 万地质图数据（矢量化）通过投影转换进行全部拼合。

（2）无 1∶25 万地质图地区，提取 1∶50 万地质图空间数据库数据，并通过投影转换与 1∶25 万地质图拼合。

（3）涉及的境外地区从潘桂棠、丁俊（2004）主编的 1∶150 万青藏高原及邻区地质图数据中提取。

### 1.3.3 统一编图单位

（1）对不同 1∶25 万图幅地层单位系统进行合理归并和系统清理，在综合研究的基础上对无 1∶25 万地质图区域的地层单元进行合理对比，确定青藏高原主要地层分区，建立不同地层分区的地层单元系统。

（2）对不同 1∶25 万图幅新生代侵入岩单位进行系统清理和合理归并，采用岩性加时代表达法厘定新生代侵入岩单元系统。

### 1.3.4 接图及编图

（1）在形成的工作底图上对第四纪地层、第三纪地层和新生代侵入体根据比例尺要求进行综合提取；对断裂构造经过反复删减和取舍，提取新生代断裂构造及相关的断层要素。

（2）对不同资料来源的矢量数据和不同 1∶25 万图幅矢量数据的衔接处进行合理连接和编绘，对一些矛盾处进行合理处理。

（3）区分不同时代形成的主干断层和活动断层，以表格形式反映主干断层的活动历史信息（活动时代、位移性质、位移量、位移速率等）。

（4）适当表达具有特殊地质意义的新生代地质内容，如新生代主要砾岩层、火山岩层、变质岩层等。

（5）形成中间性编稿图。

（6）对形成的中间性编稿图，按 1∶75 万比例尺打印，进行地质图综合编绘，综合考量地质图表达的新生代构造单元、地层、构造、岩浆岩、变质作用等基本内容及其相互关系，对中间性编稿图进行系统地反复修改，从而形成最终编稿图。

(7)整饰图面,合理布局图例及其他相关说明等。

## 1.4　编图表达的主要内容

青藏高原及邻区新生代地质图全面表达了青藏高原的新生代地层、构造、岩浆等基本地质信息,客观反映了青藏高原新生代地质基本特征、演化过程、时空差异性,以及沉积盆地的演化迁移、各种构造形迹的形成演化和岩浆岩系统的形成演化等地质系统之间的耦合协调过程。

### 1.4.1　新生代地层系统

在系统综合现有成果资料的基础上,按照分区块、分阶段原则,建立不同区块新生代的地层单元。古近纪和新近纪地层(包括火山岩地层)都以岩石地层单位“群”或“组”来划分,除了已建立的正式岩石地层单位外,第四纪地层主要按年代加成因类型表示。

### 1.4.2　新生代岩浆岩系统

侵入岩按照岩性加年代的表达方式全面反映了新生代岩浆岩单位。火山岩在相应的岩石地层单元中以火山岩岩性花纹突出表示火山岩的分布和性质。

### 1.4.3　新生代构造系统

重点表达新生代断裂构造发育,以不同线条形式区别表达不同级别、不同时代断层,尽可能表达不同断层的性质。以表格形式反映主干断层的活动历史信息(活动时代、位移性质、位移量、位移速率等),突出强调第四纪活动断裂的发育和分布。

### 1.4.4　特殊地质要素

考虑到图面负担,新生代地质图用花纹重点表达重要砾石层、火山岩层和新生代变质岩层的发育和分布情况。

# 第 2 章　地层

## 2.1　青藏高原及邻区新生代地层分区

青藏高原于新生代初全面完成了特提斯洋陆转换(孙鸿烈等,1998;潘桂棠等,1990,2004),成为统一的陆块,步入陆内演化阶段。青藏高原新生代演化的最重大事件是陆内强烈造山作用与高原强烈隆升作用(潘桂棠等,1990;孙鸿烈等,1998;施雅风等,1998)。新生代高原大规模陆内造山和隆升驱动的沉积建造,与前新生代的特提斯多岛弧盆演化体系的沉积建造大不相同。因此,有必要在盆山耦合与高原隆升-沉积响应的思想指导下,专门针对青藏高原及邻区新生代地层发育进行地层区划和沉积演变讨论。

本书对青藏高原及邻区新生代地层分区的主要原则是:①分区内所包括的盆地具有大体一致的构造-地貌景观;②分区内所包括的盆地具有大体一致的构造演化背景和形成机制;③分区内所包括的盆地具有相对一致的沉积充填序列和大体相近的沉积环境演化过程。

以上述划分原则为指导,在系统查阅 1996—2008 年中国地质调查局在青藏高原及邻区完成的 163 幅 1∶25 万地质填图中新生代地层资料,并结合前人已发表成果(郝诒纯等,1982;候佑堂等,1982;万晓樵,1990;潘桂棠等,1990,2004;云南省地质矿产局,1996;西藏自治区地质矿产局,1997;青海省地质矿产局,1997;新疆维吾尔自治区地质矿产局,1999;甘肃省地质矿产局,1997;四川省地质矿产局,1997;施雅风等,1998;孙鸿烈等,1998;Gautam *et al.*,1999;王鸿祯等,2000;Hoorn *et al.*,2000;赵政璋等,2001;周志毅等,2001;刘志飞等,2001;Robinson *et al.*,2001;李国彪等,2003;丁林,2003;殷鸿福等,2003;Jin *et al.*,2003;汪啸风等,2005;Wang *et al.*,2006;李荣社等,2008;Wang *et al.*,2008)的基础上,划分出青藏高原及邻区古近纪—新近纪残留盆地共 98 个(表 2-1,图 2-1),归属为南疆(I)、柴达木-兰州(II)、羌塘-川西(III)、成都-滇西(IV)、藏南-恒河(V)共 5 个地层区,进一步细分为 13 个地层分区(图 2-1)。本书将图 2-1 中的 98 个盆地称之为残留盆地,是因为新生代晚近时期的青藏高原隆升成山作用,全区特别在周缘以大规模的山体隆升为特征(施雅风等,1998;张克信等,2007),其结果是将一部分古近纪—新近纪沉积盆地抬升到山顶,其沉积物大都遭受了不同程度地剥蚀作用,现存盆地内的沉积记录并不完整,此类盆地被称之为残留盆地(李思田等,2004)。

**表 2-1　青藏高原及邻区古近纪—新近纪残留盆地和地层分区归属一览表**

| 地层区 | 地层分区 | 残留盆地 | | | |
|---|---|---|---|---|---|
| | | 编号 | 名称 | 沉积时代 | 形成机制 |
| Ⅰ<br>南疆 | Ⅰ-1 塔里木 | 1 | 叶城 | K—N | 残留海-前陆 |
| | Ⅰ-2 西昆仑-喀喇昆仑 | 2 | 神仙湾马林克下-叶尔羌河 | N | 断陷 |
| | | 3 | 甜水海-阿克萨依湖 | N | 断拗 |

**续表 2-1**

| 地层区 | 地层分区 | 残留盆地 | | | |
|---|---|---|---|---|---|
| | | 编号 | 名称 | 沉积时代 | 形成机制 |
| Ⅱ<br>柴达木<br>-兰州 | Ⅱ-1<br>酒泉-张掖 | 4 | 酒泉-张掖 | $E_2$—N | 前陆(挠曲) |
| | | 5 | 乌兰布拉克 | $E_3$—N | 断陷 |
| | | 6 | 哈拉湖 | N | 断陷 |
| | | 7 | 苏里 | | |
| | | 8 | 武威 | $E_2$—N | 挠曲 |
| | Ⅱ-2<br>柴达木 | 9 | 柴达木 | $E_2$—N | 断拗 |
| | | 10 | 索尔库里 | N | 拉分 |
| | | 11 | 阿牙克库木湖 | N | 断拗 |
| | Ⅱ-3<br>西宁-<br>兰州 | 12 | 兰州-民和 | $E_1$—N | 断拗 |
| | | 13 | 定西 | | |
| | | 14 | 西宁 | $E_2$—N | |
| | | 15 | 天水-西和 | $E_3$—N | |
| | | 16 | 临夏 | $E_3$—N | 断拗 |
| | | 17 | 循化-化隆 | | |
| | | 18 | 同仁 | | |
| | | 19 | 贵德 | | |
| | | 20 | 共和 | N | 拗陷 |
| | | 21 | 合作-临潭 | N | 断陷 |
| | | 22 | 兴海-泽库 | N | |
| Ⅲ羌塘-<br>川西 | Ⅲ-1<br>羌塘 | 23 | 阿克苏库勒 | E | 拉分 |
| | | 24 | 云母山 | | |
| | | 25 | 黑石北湖-羊湖 | N | 断拗 |
| | | 26 | 拜惹布错-黄土岗达坂 | | |
| | | 27 | 雅西尔沟-拉竹龙 | $E_3$—N | 断拗 |
| | | 28 | 龙木错 | E—N | 断拗 |
| | | 29 | 阿鲁错-四家湖 | N | 断拗 |
| | | 30 | 万泉湖 | E—N | 断拗 |
| | | 31 | 吐错 | | |
| | | 32 | 丁固 | | |
| | | 33 | 改则 | | |
| | | 34 | 伦坡拉 | | |
| | | 35 | 其香错 | | |
| | | 36 | 安多 | | |
| | | 37 | 巴青 | | |
| | | 38 | 那曲 | | |

**续表 2-1**

| 地层区 | 地层分区 | 残留盆地 | | | |
|---|---|---|---|---|---|
| | | 编号 | 名称 | 沉积时代 | 形成机制 |
| Ⅲ羌塘-川西 | Ⅲ-2 可可西里-玉树 | 39 | 可可西里-沱沱河 | E—N | 断拗 |
| | | 40 | 伯拉克拉克里 | E—N | 拉分 |
| | | 41 | 东大滩 | N | 拉分 |
| | | 42 | 柯尔咱程 | N | 拉分 |
| | | 43 | 冬给措纳湖 | N | 拉分 |
| | | 44 | 麻多 | E—N | 拉分 |
| | | 45 | 曲麻莱 | E—N | 拉分 |
| | | 46 | 跃加玛可 | E—N | 拉分 |
| | | 47 | 上拉秀 | E—N | 压陷走滑 |
| | | 48 | 囊谦 | | |
| | | 49 | 吉曲 | | |
| | | 50 | 东坝 | | |
| | | 51 | 贡觉 | E—N | 压陷走滑 |
| | | 52 | 觉思 | | |
| | | 53 | 八宿 | | |
| | | 54 | 维古-色木雄 | E | 拉分 |
| | | 55 | 芒康 | N | 压陷走滑 |
| | Ⅲ-3 川西-藏东 | 56 | 玛曲 | E | 拉分 |
| | | 57 | 甘德 | N | 拉分 |
| | | 58 | 桑日麻 | N | 拉分 |
| | | 59 | 长沙贡玛 | E | 拉分 |
| | | 60 | 甘孜 | E | 拉分 |
| | | 61 | 羊拉 | E | 拉分 |
| | | 62 | 硕曲 | E | 拉分 |
| | | 63 | 拉波 | E | 拉分 |
| Ⅳ成都-滇西 | Ⅳ-1 成都 | 64 | 成都 | E—N | 挠曲 |
| | Ⅳ-2 滇西 | 65 | 西昌 | N | 拉分 |
| | | 66 | 盐源 | N | 拉分 |
| | | 67 | 昭通 | N | 断陷 |
| | | 68 | 盐边 | N | 拉分 |
| | | 69 | 宁蒗 | N | 拉分 |
| | | 70 | 丽江 | $E_2$—N | 拉分 |
| | | 71 | 昆明 | $E_2$—N | 断陷 |
| | | 72 | 几依 | N | 断陷 |
| | | 73 | 元谋 | E—N | 断陷 |
| | | 74 | 楚雄 | E—N | 断陷 |
| | | 75 | 剑川 | $E_2$—N | 压陷走滑 |
| | | 76 | 兰坪 | E—N | 压陷走滑 |
| | | 77 | 腾冲 | N | 断陷 |

续表 2-1

| 地层区 | 地层分区 | 残留盆地 | | | |
|---|---|---|---|---|---|
| | | 编号 | 名称 | 沉积时代 | 形成机制 |
| V 藏南-恒河 | V-1 冈底斯 | 78 | 克勒策 | $E_3$—N | 拉分 |
| | | 79 | 雄巴 | E—N | 断陷 |
| | | 80 | 昂拉仁错 | E—N | 断陷 |
| | | 81 | 措勤-扎日南木错 | E—N | 断陷 |
| | | 82 | 冈底斯 | K—N | 陆缘弧 |
| | | 83 | 巴噶 | E—N | 拉分 |
| | | 84 | 桑桑 | $E_3N_1$ | 拉分 |
| | | 85 | 郭拉-乌郁 | E—N | 断陷 |
| | | 86 | 曾错 | E—N | 断陷 |
| | V-2 雅江-喜马拉雅 | 87 | 乌木隆格津格 | N | 拉分 |
| | | 88 | 札达 | N | 断陷 |
| | | 89 | 普兰 | N | 断陷 |
| | | 90 | 木斯塘 | N | 断陷 |
| | | 91 | 吉隆 | N | 断陷 |
| | | 92 | 加德满都 | N | 断陷 |
| | | 93 | 江孜 | $E_1$ | 残留海 |
| | | 94 | 岗巴-定日 | $E_{1-2}$ | 残留海 |
| | | 95 | 仲巴 | $E_{1-2}$ | 残留海 |
| | | 96 | 萨嘎-郭雅拉 | $E_{1-2}$ | 残留洋 |
| | | 97 | 桑麦 | $E_{1-2}$ | 残留洋 |
| | V-3 恒河 | 98 | 恒河平原 | E—N | 前陆(挠曲) |

## 2.2 青藏高原及邻区新生代地层

### 2.2.1 青藏高原及邻区古近纪—新近纪地层

#### 1. 南疆地层区

南疆地层区根据盆地类型(表 2-1)和盆地沉积充填序列特征(图 2-2),划分为塔里木地层分区和西昆仑-喀喇昆仑地层分区(表 2-1,图 2-1、图 2-2)。

(1)塔里木地层分区

该地层分区包含 1 个盆地,是塔里木叶城盆地,为挤压构造背景下的构造挠曲前陆盆地。盆地新生代沉积与下伏白垩纪海相地层为连续沉积。古近纪盆地为新特提斯残留海的一部分,以半封闭的海湾滨浅海沉积为主;新近纪盆地由残留海转换为构造挠曲性的前陆盆地,为大型陆相湖盆沉积。中新世早

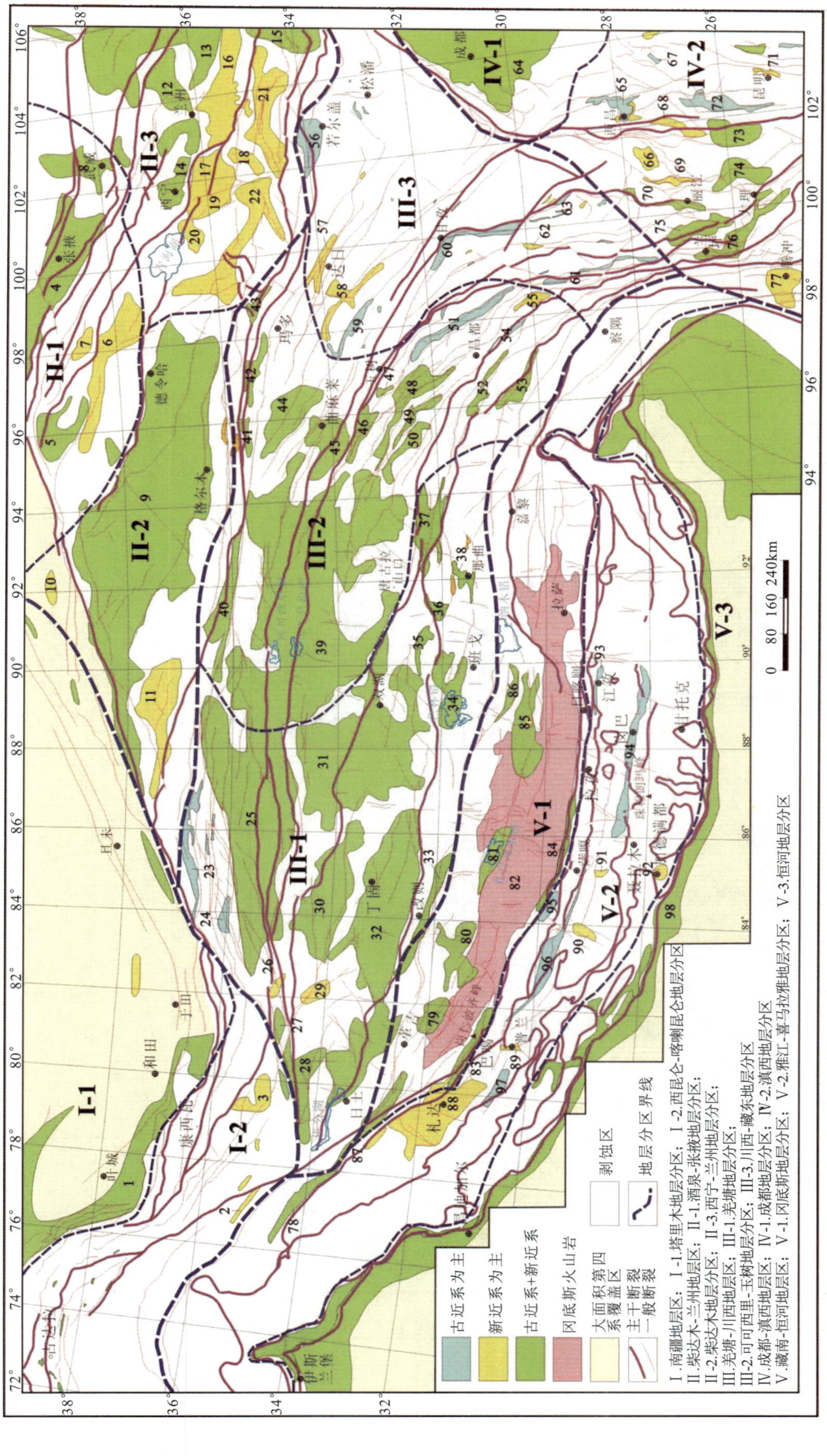


图 2－1　青藏高原古—新近纪残留盆地分布和地层分区图

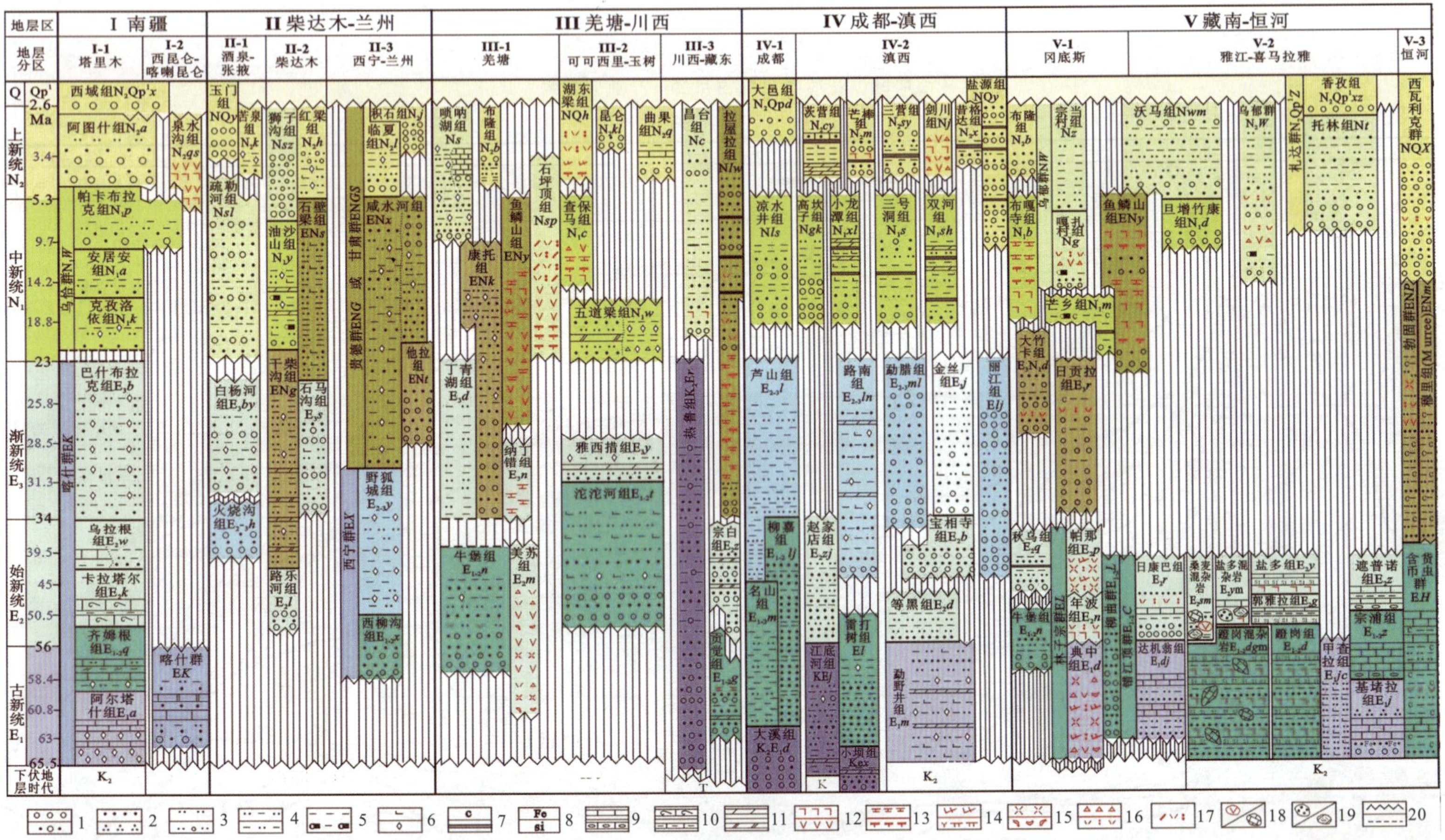


图 2-2　青藏高原及邻区古近纪—新近纪地层分区、岩石地层序列及其对比

1. 砾岩\含砾砂岩；2. 砂岩\石英砂岩；3. 粉砂岩\含砾粉砂岩；4. 泥质粉砂岩\粉砂质泥岩；5. 泥岩\油页岩；6. 钙质\石膏；7. 炭质\煤；8. 铁质\硅质；9. 灰岩\灰质砾岩；10. 介壳灰岩\泥质灰岩；11. 泥灰岩\泥质白云岩；12. 玄武岩\安山岩；13. 粗面岩\粗安岩；14. 英安岩\白云榴响岩；15. 流纹岩\火山集块岩；16. 火山角砾岩\凝灰岩；17. 晶屑凝灰岩；18. 火山岩岩块\灰岩岩块；19. 砂岩岩块\硅质岩岩块；20. 角度不整合\平行不整合

期受新特提斯残留海的海泛影响，中新世晚期完全脱离海泛，进入内陆大型湖盆至湖盆消亡期沉积阶段。古近纪与新近纪地层之间被从残留海转为前陆盆地的区域性盆地构造反转面所分割，表现为区域性的平行不整合-微角度不整合面。以下从老至新简述该分区的岩石地层序列的沉积特征和时代确定依据。

1)阿尔塔什组($E_1a$)

该组为白色巨厚层状石膏，夹 10 余层灰色、灰白色泥晶、细粉晶灰岩或白云岩、膏化白云岩及黄绿色薄层状泥岩。厚 100～375m。为滨海咸化泻湖相沉积。含有孔虫 *Quinqueloculia*；双壳类和腹足类 *Corbula*(*Cuneocorbula*) *asiatica*，*C.*(*C.*)*angulata*，*Brachydontes jeremejewi*，*B. elongans*，*Potamidea* sp.，*Modiolus* sp.，*Cardita* sp.，*Natica* sp. 等(新疆石油管理局南疆石油勘探指挥部地质研究所，1989；郝诒纯等，2001)；介形虫 *Cytheridea hashiensis*，*Heplocyeridea viriosa*(蒋显庭等，1995)；孢粉 *Myrtaceidites*，*Echitriporites*，*Sapindaceidites* 等(史基安，2001)。据生物化石组合，其时代为古新世。与下伏白垩纪海相地层呈整合接触。

2)齐姆根组($E_{1-2}q$)

该组为灰绿色、灰色泥岩夹砂岩和灰质介壳层，底部为一层厚数米至 30 余米的灰色、灰白色生物碎屑泥晶灰岩和灰质白云岩。在杜瓦以东本组相变为褐红色膏泥岩。厚 51～126m。为咸化的滨浅海沉积，富含海相双壳类化石。含有孔虫 *Sphooplectammina*－*Discorbis*－*Nonionellina* 组合(郝诒纯等，1982)；介形虫 *Costa subscalaris*，*Cytheridea ahunda*，*Eocytheropteron kalickyi*，*Hermanites suzakensis*，*Krithe rutoti*，*Trachyleberis scabra* 等(蒋显庭等，1995)。据生物化石组合，其时代为古新世晚期—始新世早期。与下伏阿尔塔什组呈整合接触。

3)卡拉塔尔组($E_2k$)

该组为灰色生物屑泥晶灰岩、鲕粒灰岩、介壳灰岩，下部夹少量灰绿色泥岩。本组以体大、壳厚、量多的牡蛎化石组成的介壳灰岩为显著特征。厚 38～276m。为滨浅海沉积。含双壳类 *Ostrea*(*Turkostrea*)*strictiplicata* Rsulin et Delbos，*Sokolowia buhsii*(Grewingk)，*Ostrea*(*Turkostrea*) baissuensis Bohm，*Ostrea*(*Turkostrea*)*cizancourti* Cox，*Venericardia simplex*(Edward)(河南省地质调查院，2005)；有孔虫 *Nonion laevis*，*Pararotalia mimicusa* sp. nov.，*Asterigerina bararotalia*，*Anomalina* sp.，*Cibicides* sp.，*Melonis* sp.，*Quinqueloculina* sp. 等(郝诒纯等，1982)；介形虫 *Cytheridea*，*Cytherura*，*Loxoconcha*，*Schizocythere*，*Trachyleberis* 等(蒋显庭等，1995)。据生物化石组合，其时代为始新世中期。与下伏齐姆根组呈整合接触。

4)乌拉根组($E_2w$)

该组为灰绿色泥岩、生屑泥晶灰岩，上部夹暗红色泥岩和少量细砂岩。乌鲁克恰提一带为灰绿色钙质细粒长石岩屑砂岩、粉砂岩、泥岩，上部夹黄绿色砂质泥晶灰岩。厚 53～64m。为开阔碳酸盐台地-滨岸沉积。含双壳类 *Kokanostrea koksnensis*(Sokolov)，*Felemingostrea yeagisarica*(Wei)，*Ostrea*(*Ostrea*)*ulugqatics* Lan et Wei 等(河南省地质调查院，2005)；有孔虫 *Nonion*－*Anom*－*linoides*－*Cibicides* 组合(郝诒纯等，1982)；介形虫 *Bradleya sinensis*，*Costa decorosa*，*Cytherella ventriconvexa*，*Cytheriloidea vallaris*，*Cytheridea tonsa*，*Eocytheropteron wetherelli*，*Pterygocythereis cornuta* 等(蒋显庭等，1995)。据生物化石组合，其时代为始新世晚期。与下伏卡拉塔尔组呈整合接触。

5)巴什布拉克组($E_3b$)

该组为紫红色泥岩、细粒长石石英砂岩、红灰色钙质石英粉砂岩夹少量石膏薄层或脉状石膏，上部夹灰绿色粉砂岩、泥岩。底部以发育厚数十米的白色石膏岩为标志层。厚 274～527m。总体上为海湾-泻湖相沉积。含双壳类 *Ferganea bashibulakeensis* Wei，*Feraanea* ? sp.，*Cubitostrea prond*，*Ferganea ferganensis* 等(河南省地质调查院，2005)；有孔虫 Upper *Nonion*－*Cibieides* 组合和 *Cibicidoides* 动物群(郝诒纯等，1982)；介形虫 *Clithrocytheridea scrobiculata Cytheretta virguleata*，*Haplocytheridea angusta*，*Ranocythereis laudata*，*Schuleridea eximia*，*Trachyleberis pachyodonta* 等(蒋显庭等，1995)。

据生物化石组合，其时代为渐新世。与下伏乌拉根组呈整合接触。

6)克孜洛依组($N_1k$)

该组下部为灰红、红灰、紫灰、棕红色细粒长石岩屑石英砂岩、钙质石英粉砂岩、钙质泥岩、暗红色厚层状泥岩夹少量灰绿色粉砂岩；上部为细粒长石石英砂岩与钙质粉砂岩互层。在乌鲁克恰提该组多见薄层石膏或网脉状石膏。西部斯木哈那一带以细粒长石岩屑砂岩为主夹少量钙质粉砂岩，粒度稍粗；南部昆仑山前下部为土黄、棕黄色膏化钙质石英粉砂岩与钙质石英砂岩夹石膏岩，上部为粗粒岩屑石英砂岩，见少量细砾岩。厚416～442m。为近海平原咸化湖或陆源碎屑滨湖-浅湖沉积。含介形虫 *Cyprinotus daductus*，*Hemicyprinotus valvaetumidus*(周永昌等，2002)，*Cyprideis*，*Daruwinula*，*Hemicyprideis*，*Hemicyprinotus*，*Mediocypris* 等(蒋显庭等，1995)。海相夹层(海泛层)含有孔虫 *Cibicidoides*，*Pullenia*(郝诒纯等，1982)。据生物化石组合，其时代为中新世早期。与下伏巴什布拉克组呈平行不整合或微角度不整合接触。

7)安居安组($N_1a$)

该组为灰绿色、灰红色细粒长石石英砂岩与灰绿、棕红色粉砂岩互层，底部为厚达数十米的绿灰色厚层状细粒长石石英砂岩。厚912～937m。为陆源碎屑滨湖-浅湖沉积。含有孔虫 *Ammonia* 组合，介形类以 *Cyprideis* 为主，常见的有 *Candoniella*，*Darwinula*，*Llyocypris*，*Limnocythere* 等(蒋显庭等，1995；河南省地质调查院，2005)。据生物化石组合，其时代为中新世中期。与下伏克孜洛依组呈整合接触。

8)帕卡布拉克组($N_1p$)

该组下部为灰色复成分砾岩与灰红色细粒长石石英砂岩不等厚互层，向上砾岩层变薄，砾石变小，多具底冲刷面；中部为一大套灰红色细粒长石石英砂岩夹含砾粗粒岩屑石英砂岩及少量暗红、灰绿色薄层泥岩，夹膏泥岩和膏盐层；上部为细粒岩屑石英砂岩与暗红、紫红色泥岩互层夹透镜状砾岩层及少量灰绿色泥岩，夹膏泥岩和膏盐层。厚1 266m。为陆源咸水滨湖-浅湖沉积。含有孔虫 *Ammonia honyaensis*(Asano)，*A. hatatatensis*(Takayanagi)，*A. beccarii*(Linne)等；介形类以 *Cyprideis* 为主，并有 *Eucypris biplicata*(Koch)，*Cypris subglobosa*(Sow)等(河南省地质调查院，2005)。蒋显庭等(1995)报道其木干剖面本组产介形虫 *Cyprideis punctillata*，*Ilyocypris evidens*。据生物化石组合，其时代为中新世晚期。与下伏安居安组呈整合接触。

9)阿图什组($N_2a$)

该组为灰、褐灰色复成分砾岩与浅红色细粒石英砂岩互层，夹泥岩、粉砂岩和少量膏泥岩和薄层膏盐层。厚595～2 042m。为山麓河流-湖三角洲-微咸水滨浅湖沉积。蒋显庭(1995)报道含介形虫 *Candoniella kasachstanica*，*Cyclocypris regularis*，*Cypridopsis vidua*，*Eucypris notabilis* 等；河南省地质调查院(2005)报道含介形虫 *Eucypris notabilis*，*Advenocypris decuria*，*Condona neglecta*，*Cyprides punctillata*，以及轮藻 *Sphaerochara primorskensis* 等上新世常见分子。据生物化石组合，其时代为上新世。与下伏帕卡布拉克组呈整合接触。

10)西域组($N_2Qp^1x$)

该组为褐灰色、灰色厚—块状复成分砾岩，夹紫红色、灰红色薄层状粗-细砂岩或透镜体。厚317～4 568m。为山前冲、洪积扇相。在本组的砂质泥岩夹层中产少量介形虫 *Darwinula stevensoni*(蒋显庭等，1995)。据古地磁年代学研究其年龄为3.5～1.8Ma(Zheng *et al.*，2000)，为上新世晚期—早更新世。与下伏阿图什组呈整合接触，局部呈角度不整合接触，区域上多为角度不整合覆盖于更老的不同岩层之上。

(2)西昆仑-喀喇昆仑地层分区

该地层分区主要包含2个盆地，是神仙湾马林克下-叶尔羌河盆地和甜水海-阿克萨依湖盆地(表2-1，图2-1)，它们是中新世随着山脉急剧隆升形成的山间拗陷-断陷盆地，盆地内均堆积了以紫红色和灰色砾岩、砂岩为主的山麓河流和冲洪积扇沉积(帕卡布拉克组和阿图什组)。在该盆地内的泉水沟一带还发育了一套中新世末期至上新世板内构造环境的中基性—酸性火山岩(泉水沟组)。古近纪地层(喀什群)在该区分布零星,现仅少量分布在古达拉一带和龙木错北侧与蚂蟥山南侧一带(图2-1)。推测该分区在古近纪可能部分地区为低缓的隆起区,部分地区为滨海海湾-泻湖环境;新近纪经历了强烈隆起,使绝大部分古近纪沉积全被剥蚀。以下从老至新简述该分区的岩石地层序列的沉积特征和时代确定依据。

1)喀什群(EK)

该群下部为灰黄色砾岩、长石石英砂岩、页岩,局部见膏泥岩;中部为灰色灰岩、泥灰岩、白云岩夹砂岩;上部为紫红、灰色含砾石英砂岩、粉砂岩、泥岩、砾岩。厚2 636m。为滨海三角洲-泻湖相沉积。未见化石,时代暂无直接依据。与下伏上白垩统或更老地层呈角度不整合接触。

2)帕卡布拉克组($N_1p$)

该组发育紫红色厚层含钙细砂岩、砂岩、含砾砂岩、砂砾岩、砾岩间夹细砂岩、砂岩。为河流-冲积扇相沉积。厚583m。未见化石,时代暂无直接依据。与下伏不同时代地层呈不整合接触。

3)阿图什组($N_2a$)

该组下部为灰色中薄层砾岩夹杂色细砂岩、粉砂岩及少量中薄层状砾岩;上部为灰色中薄层状细砾岩,局部夹少量薄层细砂岩。厚50～272m。为山麓河流-冲、洪积扇相沉积。含介形虫 *Ilyocypris manasensis*, *I. errabundis*, *Candona comprissaformis* 等(陕西省地质调查院,2006)。据生物化石组合,其时代为上新世。与下伏帕卡布拉克组呈整合接触或与不同时代老地层呈不整合接触。

4)泉水沟组(Nq)

该组下部为黑色玄武岩,局部夹火山角砾岩;中部为黑色安山玄武岩;上部为暗红色杏仁状英安岩。厚321m。属陆相火山岩,主要以溢流相为主,早期具少量爆发相。在泉水沟玄武岩中获5.84Ma的K-Ar法年龄,获8.1±0.1Ma的全岩Rb-Sr等时线年龄(陕西省地质调查院,2006)。潘裕生等(2000)用K-Ar法获3.3～6.6Ma的年龄。万渝生等(2004)用SHRIMP法获得康西瓦地区碱性玄武岩3.8Ma的锆石U-Pb年龄。据上述年龄值,该组时代为中新世晚期—上新世。该组与下伏帕卡布拉克组或更老地层不整合接触。

5)西域组($N_2Qp^1x$)

该组下部以灰色砾岩为主;上部为砾岩夹灰黄色细粒含钙岩屑长石石英砂岩。厚598m。为冲、洪积扇沉积。古地磁年龄为3.40～1.60Ma(陕西省地质调查院,2006),时代为上新世—早更新世。与下伏阿图什组为整合或微角度不整合接触,区域上角度不整合直接覆盖于更老的不同时代岩层之上。

## 2. 柴达木-兰州地层区

柴达木-兰州地层区根据盆地类型(表2-1)和盆地沉积充填序列特征(图2-2),划分为酒泉-张掖地层分区、柴达木地层分区和兰州-西宁地层分区(表2-1,图2-1、图2-2)。

(1)酒泉-张掖地层分区

该地层分区包含有4个盆地,分别为酒泉-张掖盆地、乌兰布拉克盆地、哈拉湖盆地、苏里盆地和武威盆地(图2-1)。本书以酒泉-张掖盆地为代表简述其沉积序列。

酒泉-张掖盆地为受阿尔金走滑断裂和北祁连山前逆冲断裂控制的挤压构造背景下的构造挠曲前陆盆地。古新世—始新世早期,酒泉-张掖地区处于隆升剥蚀状态,没有接受沉积。始新世晚期约40.5Ma的构造活动导致祁连断裂和阿尔金走滑断裂分支的宽滩山-龙首山南缘断裂逆冲,使酒泉-张掖一带开始拗陷,盆地面貌开始孕育,其后盆地扩大,在其北部和西部发育了山麓洪积扇-河流-三角洲相巨厚层沉积。渐新世时期33～31Ma的构造活动使酒泉盆地再次压陷接受沉积,沉积主体为扇三角洲-浅湖相以及盐湖夹三角洲相沉积。渐新世晚期祁连山再次强烈的构造活动,导致酒泉-张掖盆地的古近纪地层变形和被剥蚀,使其后沉积的新近纪地层不整合于古近纪地层之上。中新世期间盆地内沉积广泛发育,以辫状河-浅湖相夹扇三角洲沉积-半深湖相夹浊积岩相沉积为主,反映盆地发展到鼎盛阶段。中新世晚期以后，盆地演化整体走向萎缩，沉积物由前期的湖相逐渐变为以洪积扇-河流相为主。以下从老至新简述该分区的岩石地层序列(图 2-2)的沉积特征和时代确定依据。

1)火烧沟组($E_{2-3}h$)

该组下部为深棕红色—桔红色泥岩、砂岩、泥质砂岩和灰白色砂岩、砾岩、含砾砂岩，底部见杂色泥砂质砾岩；中部为棕红色厚层砂质泥岩和泥岩，夹灰白、草黄绿色砂岩和砂质细砾岩；上部为桔红色细砾岩，含砾砂岩、砂岩和泥质砂岩。厚 250～1 000m。为山麓洪积扇-河流相。含孢粉 *Magnoliaceae*, *Ginkgo*, *Ephedra*, *Polypodiaceae*, *Pinaceae*, *Lycopodium*, *Osmundac*，该组合以缺乏木本植物花粉为特征，其时代应早于中新世(甘肃省地质调查研究院，2002)。磁性地层年龄为 40.5～33Ma(宋春晖，2006)。时代为始新世晚期—渐新世早期。与下伏白垩系赤金堡组呈角度不整合接触。

2)白杨河组($E_3by$)

该组下部为桔红色、棕红色砾质砂岩、砂岩和棕红色泥岩互层，含石膏或石膏结核；中部为暗棕红色泥岩夹天青色砂岩和石膏层；上部为棕红色泥岩、砂岩和砾质砂岩互层。厚 454～929m。为咸化浅湖-三角洲相。含孢粉 *Lycopodium*, *Podocarpus*, *Dracunculus*, *Seriphidium*, *Compositaceae*；哺乳动物化石 *Mimolagus rodens*, *Anagolopsis kansuensis*, *Sphaerium* sp., *Pisidium* sp., *Cyrogona* sp. 等(甘肃省地质调查研究院，2002)。根据生物群组合及其与邻区对比，白杨河组应不晚于中新世早期。磁性地层年龄为 31～24Ma(宋春晖，2006)。时代为渐新世。与下伏火烧沟组呈角度不整合接触。

3)疏勒河组(N*sl*)

该组下部为灰白色厚层砂岩、泥岩夹泥灰岩，底部为灰白色砾质砂岩；中部为棕红色砂质泥岩、砂岩和黄色、灰色砾岩互层；上部为灰黄色砾岩、砂岩夹棕红色砂岩和黄色砂质泥岩。厚 1 300～1 700m。为半深湖-浅湖相-湖三角洲-河流相。含介形虫 *Metacypris* sp., *Neocypris* sp., *Cypris* sp.；轮藻 *Kosmogyra ovals*, *Chariteshuangi*, *Tectochara meriani* Huang, *T. hongliuxiaensis*, *T. houi*, *T. zhui*, *T. helvetica*, *T. supraplana*；孢粉 *Enartamisia*, *Seriphidium*, *Ephedra*, *Lycopodium*, Liliaceae, Polypodiaceae, Gramineae, Chenopodiaceae 等(甘肃省地质调查研究院，2002)。其中，孢粉组合面貌与柴达木盆地狮子沟组相似，地质年代应为上新世。磁性地层年龄为 23～4.9Ma(方小敏等，2004)。时代为中新世—上新世早期。与下伏白杨河组呈平行不整合接触。

4)苦泉组($N_2k$)

该组为桔红、桔黄色粉砂质泥岩夹杂色泥岩、砂岩、砾岩和石膏，局部夹灰岩和盐类矿产，厚 246m。为咸化湖泊沉积。含上新世腹足类 *Pseudophysa* cf. *grabaui* 等(甘肃省地质矿产局，1997)；孢粉 *Pseudophysa* cf. *grabain*(Yen), *Bithynia* sp. 等(1∶20 万星星峡幅区调报告，1973)。时代为上新世。与下伏地层呈角度不整合接触。

5)玉门组(NQ*y*)

该组主体由大套的砂泥质砾岩层、砾岩夹砂泥质条带组成。层厚大于 750m。为洪积扇沉积。磁性地层年龄为 3.66～0.93Ma(方小敏等，2004)。时代为上新世晚期—早更新世。与下伏地层呈角度不整合接触。

(2)柴达木地层分区

该地层分区包含有 3 个盆地，分别为柴达木盆地、索尔库里盆地、阿牙克库木湖盆地。

**柴达木盆地**

柴达木盆地的演化受祁连山构造带、阿尔金构造带和东昆仑构造带的共同影响(图 2-1)。古新世为无沉积的隆起区(图 2-2)。始新世早期初始拗陷，自约 53.5Ma 开始接受与下伏地层不整合的路乐河组粗碎屑沉积，总体沉积面积较小。43.8～42.9Ma 时期盆地周缘的构造活动造成在盆地北缘路乐河一带沉积间断，之后从始新世晚期开始，盆地更大范围拗陷。渐新世—中新世早期为盆地稳定发展期，盆地整体持续下降，形成比路乐河组分布范围更广、几乎遍及全盆地的干柴沟组和油砂山组的细碎屑沉积，沉积厚度巨大。中新世晚期(约 8.2Ma 以后)—上新世，盆地西部逐渐抬升，沉积中心逐渐向中、东部迁移，盆地沉积面积缩小，接受粗碎屑的狮子沟组沉积，盆地演化进入萎缩和消亡的发展阶段。2.6Ma 以后盆地进入山间盆地阶段，湖盆沉降中心东移至盆地东部三湖凹陷地区，彻底改变了柴达木古湖盆的全貌。以下从老至新简述该分区的岩石地层序列(图 2－2)的沉积特征和时代确定依据。

1)路乐河组($E_2l$)

该组多见于盆地北缘及东北缘一带。岩性为一套紫红色泥、砂、砾混杂的粗碎屑沉积，有棕褐色、紫灰色、红色砾岩、含砾砂岩，以及灰棕褐色、棕红色砂岩、泥岩、砂质泥岩，夹少量薄层膏泥岩和膏盐层。本组具下部粗、中部细、上部又变粗的沉积旋回特征，反映出早期以山麓洪积扇-河流相沉积为主，中期—晚期为滨浅湖-三角洲前缘-三角洲平原沉积。沉积厚度 300～1 200m。含介形虫 *Ilyocypris*, *Candona*, *Candoniella* 等(青海石油管理局，中国科学院南京地质古生物研究所，1988)；孢粉 *Dicellaesporites popovii*, *D. aculeolatus*, *D. dolium*, *Multicellaesporites* sp., *Diporicellaesporites belluloides*, *Microsporonites* sp., *A. microalatus f. minor*, *P. labdacus. minor*, *Ephedripites subgen*, *E. notensis*, *E. multicostatus*, *Quercoidites asper*, *Q. hentici*, *M. ovatus*, *Rhoipites doium* 等(青海石油管理局，中国科学院南京地质古生物研究所，1985)；轮藻 *Hornichnra lagenalis*, *Croftiellaescheri*, *Hornichara ging*, *haiensis*, *Dbtasochara* sp., *Vnioclop glasiae* cf. var. *firmus* 等(唐伦和等，1991)。磁性地层年龄为 53.47～43.8Ma(宋春晖，2006)。时代为始新世早—中期。与下伏地层为角度不整合接触。

2)干柴沟组(ENg)

本组地层分布广泛，在盆地东部、冷湖及西部广大地区都有沉积。根据岩性、化石资料可以分为上、下两段。

下段(或称下干柴沟组)在盆地中各区有所差异，盆地西部以棕红色泥岩、泥质粉砂岩夹砂岩为主；东部地区则为黄绿色、灰白色砾岩、砾状砂岩及紫红色砂质泥岩。

上段(或称上干柴沟组)在盆地西部以灰色、深灰色、棕红色泥岩夹钙质泥岩、泥灰岩及粉砂岩条带为主；盆地东部为巨厚层黄绿色砂岩与棕红、棕灰色砂质泥岩不等厚互层。

上、下段均夹薄层膏泥岩和膏盐层。该组厚 800～3 300m。含介形虫 *Cyprinotus*, *Eucypris*, *Qaibeigouia*, *Austrocypris*, *Ilyocypris*, *Hemicyprinotus*, *Mediocypris*, *Youshashania*, *Gauricypris*, *Candona*, *Candoniella* 等(青海石油管理局，中国科学院南京地质古生物研究所，1988)；孢粉 *Inapertisporites*, *Dicellaesporites elongates*, *D. lenghunsis*, *Multicellaesporites*, *Dongyinggensis*, *Monoporisporites singularis*, *E.* (*D.*) *fusiformis*, *E.* (*D.*). *baculatus*, *N. communis*, *N. minimus*, *Qingaipollis pachadeemus*, *Piceaepollenites tobolicus*, *Q. hentici*, *Pinuspollenitss* 等(青海石油管理局，中国科学院南京地质古生物研究所，1985)；轮藻 *Hornichara lagenalis*, *Maedlerisphaera chinensis*, *Dbtasochara* sp., *Gyroyona* sp., *Granulicharalavalis*, *Gyrogona honssanhanensis*；含腹足 *Hydrobia* sp., *Succinea* sp., *Pupilla* sp. 等(唐伦和等，1991)。磁性地层年龄为 22～42.9Ma(宋春晖，2006)。时代为始新世晚期—上新世初期。与下伏路乐河组为整合或平行不整合接触。

3)油砂山组($N_1y$)

本组地层广泛出露于盆地内，根据岩性、化石资料可分为上、下两段。

下段(或称下油砂山组)在盆地西部以棕红色砂质泥岩与灰色泥质粉砂岩为主，上部夹砾岩及较多的泥灰岩、疙瘩灰岩和杂色泥岩；盆地东部以黄绿色砂岩、粉砂岩、泥质粉砂岩和粉砂质泥岩为主，夹杂色泥岩、泥灰岩、薄层膏泥岩和膏盐层。

上段(或称上油砂山组)在盆地西部以灰棕、浅棕黄色砂岩、泥岩与灰色、棕灰色含砾砂岩互层为主；东部以黄色、黄褐色、棕灰色泥岩、砂质泥岩和泥质粉砂岩为主，夹灰色、灰白色粉砂岩、砂岩和含砾砂岩、薄层膏泥岩和膏盐层。

该组厚 550～3 300m。含介形虫 *Eucypris*, *Youshashania*, *Cypris*, *Cyprinotus*, *Potamocypris*, *Qaidamocythere*, *Leucocytherella*, *Candona*, *Cyclocypris*, *Paracandon*, *Cypridopsia*, *Zonocyris* 等(青海石油管理局，中国科学院南京地质古生物研究所，1988)；孢粉 *Piceaepollenites alatus*, *P. labdacus* minor，*P. labdacus maximus*，*E.*（*D.*）*fusiformis*，*Chenopodipollis*，*Chenpodipollis minor*，*T. neogenicus*，*U. minor* 等（青海石油管理局，中国科学院南京地质古生物研究所，1985）；轮藻 *Chanritesmotasstca*，*Charites inconspieua*，*Granulicharaoualis*，*Teetochora huangi*，*Tectocharamertani*，*Granulichara ovalis* 等（唐伦和等，1991）；三趾马化石 *Hipparion* cf. *H. chiai*，*Hipparion weihoense*. *Hipparion teilhardi*（邓涛等，2004）。磁性地层年龄为 22～8.2Ma（宋春晖，2006）。时代为中新世。与下伏干柴沟组为连续沉积。

4）狮子沟组（N*sz*）

该组盆地西部以灰绿色、灰色泥岩、砂质泥岩为主，夹粉砂岩、砂岩、砾岩、石膏及泥灰岩；盆地东部以灰色、黄灰色和土黄色粗砂岩、含砾砂岩和砾岩为主。厚 300～1 300m。含介形虫 *Eucypri*，*Cyprinotus*，*Potamocypris*，*Cypridopsis*，*Ilyocypris*，*Candoniella*，*Cpriideis* 等（青海石油管理局，中国科学院南京地质古生物研究所，1988）；孢粉 *E.*（*D.*）*fusiformis*，*E.*（*D.*）*baculatus*，*E.*（*D.*）*claricristatus*，*Artemisiaepollenites minor*，*B. etulaepollenites claripites*，*Artemisiaepollenites membranous*，*Tubulifloridites xanthiformis*，*Tricolpites hesperisformis* 等（青海石油管理局，中国科学院南京地质古生物研究所，1988）；轮藻 *Tectochara mertani*，*Tectochara globnla*，*Charitesebolanzensis*，*Sphaerochara granulfem* 等；腹足 *Raluata*，*Suclinea oblonga*（唐伦和等，1991）。磁性地层年龄为 8.2～2.5Ma（宋春晖，2006）。时代为中新世晚期—上新世。与下伏油砂山组在盆地中心为连续沉积，在盆地边缘为不整合接触。

**索尔库里盆地**

索尔库里盆地位于阿尔金山中段，是阿尔金山断裂带中的一个山间盆地，其盆地类型为走滑断裂控制下的拉分盆地。索尔库里地区主体在 17.7Ma 年前处于隆起剥蚀，没有接受沉积，只在北部及东部与柴达木盆地贯通处接受了少量沉积。约 17.7Ma 开始下陷，盆地主体开始接受沉积，发育了一套以洪积扇相-滨浅湖相为主的沉积地层。14.2～9.88Ma 期间，是盆地的主要发展期，盆地广泛接受沉积，以大套稳定的湖相沉积为主。大约从 9.88Ma 以后，盆地发展进入萎缩期，沉积环境发生重大改变，水深变浅，由前期半深湖环境转变为不稳定的水下扇三角洲-洪积扇相，沉积了巨厚的粗碎屑沉积。以下从老至新简述该盆地的岩石地层序列的沉积特征和时代确定依据。

1）油砂山组

下段（下油砂山组）（$N_1y^1$）以草绿—浅绿色巨厚层状砂质中粒砾岩为主，夹少量含砾砂岩，为快速堆积的山麓相沉积。厚度大于 250m。含腹足类化石 *Radix* sp.，*Planorbis* sp. 等（李天德等，1982）。磁性地层年龄 17.62～16.36Ma（宋春晖，2006）。时代为中新世早期。与下伏侏罗系大煤沟组呈角度不整合接触。

上段（上油砂山组）（$N_1y^2$）以砖红—浅灰绿色泥质粉砂岩为主，夹层状的中粒砂质砾岩及砂岩。厚度为 839m。磁性地层年龄为 16.36～9.88Ma（宋春晖，2006）。时代为中新世中晚期。与下伏油砂山组下段呈整合接触。

2）狮子沟组（N*sz*）

下部为深灰—灰色砂质砾岩，夹薄层含砾砂岩、泥质粉砂岩及砂岩的透镜体；中部为深灰—土灰色砂质中粒砾岩与土灰—浅绿色泥质粉砂岩及砂岩互层；顶部为深灰—灰色厚层砂质砾石。厚度大于 505m。含轮藻 *Obtusochara* sp.，*Charites* sp. 属（李天德等，1982）。磁性地层年龄为 9.88～2.89Ma（宋春晖，2006）。时代为中新世晚期—上新世。与下伏油砂山组上段呈整合接触。

**阿牙克库木湖盆地**

阿牙克库木湖盆地夹持在东昆仑造山带与阿尔金造山带之间的三角地带，东邻柴达木盆地（图 2-1）是受周缘断裂控制的压性构造环境下的断拗盆地。古新世—始新世期间，盆地主体处于隆升剥蚀状态，没有接受沉积。渐新世为盆地初始断拗阶段，在盆地南部接受了石马沟组下段冲积扇-河流相沉积；随着盆地的稳定沉降，接着沉积了石马沟组上段三角洲相沉积和石壁梁组下段湖相沉积。中新世盆地范围不断扩大并稳定发展，在盆地边缘接受了石壁梁组三角洲相沉积，向盆地中心为石壁梁组浅湖、半深湖相沉积，总体上反映为粒度较细、成熟度较高的稳定型沉积建造。上新世盆地进入萎缩阶段，接受红梁组沉积。随着盆地逐渐萎缩，沉积范围缩小，湖水逐渐变浅，红梁组在盆地中心出现了咸水湖相膏盐沉积，在盆地边缘为三角洲到河流、冲积扇粗碎屑沉积，表现为湖退沉积组合。该阶段形成了石膏、石盐等丰富的蒸发盐类矿产。上新世末，受青藏运动影响，全区最终上升为陆。以下从老至新简述该盆地的岩石地层序列的沉积特征和时代确定依据。

1)石马沟组($E_3s$)

下段为浅灰色、浅褐色复成分钙质中—细砂岩、中层状钙质含砾粗砂岩、褐红色钙质粉砂岩不等厚互层夹褐红色钙质粉砂质泥岩；上段为褐红色中层状钙质岩屑砂岩、褐红色薄层状钙质粉砂质泥岩不等厚互层，夹杂色含砾粗砂岩、砾岩透镜体。厚度大于 3 171m。含介形虫 *Eucypris paraserrata*，*E. mutilis* 等；孢粉 *Pinus*，*Picea*，*Ephedra*，*Ulmus*，*Caryophyll*，*Tamarix*，Solanaceae，Gramineae，*Leguminosae*，*Tubu*，*Artemisia*，*Chenopod*，*Nitraria*，*Piceaabies*，*Cedrus*，*Tsuga*，*Betula*，*Caryophyll*，*Tamarix*，Gramineae，*Polygonum*，*Tubu*，*Artemisia*，*Chenopod*，*Nitraria* 等(陕西省地质调查院，2003)。据古生物化石组合，其时代为渐新世。与下伏地层为角度不整合接触。

2)石壁梁组($N_1s$)

下段主要为褐红色、灰绿色中层状粉砂岩、钙质长石粉砂岩、钙质粉砂质砾岩；上段主要为紫红色中层状钙质粉砂岩与钙质粉砂质泥岩互层夹厚层块状中—细砂岩。厚 4 121m。含介形虫 *Candoniella suzini*，*C. folicaceus*，*Eucypris flexilis* 等；孢粉 *Pinus*，*Picea*，*Cedrus*，*Tsuga*，*Salix*，*Tubu*，*Artemisia*，*Nitraria*，*Abies*，*Ephedra*，*Betula*，Gramineae，*Ranunculus*，*Chenopod* 等(陕西省地质调查院，2003)。据古生物化石组合，其时代为中新世。与下伏石马沟组为整合接触。

3)红梁组($N_2h$)

该组为砖红色中—薄层状钙质长石细砂岩、砂岩与砖红色粉砂质泥岩、泥岩、膏泥岩不等厚互层夹杂色中—厚层状砂、砾岩，夹膏盐沉积。厚 3 021m。含介形虫 *Candoniella aucta*，*Ilyocypris kitons* 等；腹足类 *Corbicula largillieri*，*Gyraulus coretus* 等；孢粉 *Pinus*，*Picea*，*Abies*，*Ephedra*，*Betula*，*Ulmus*，*Tamarix*，Solanaceae，*Gramineae*，*Polygonum*，*Tubu*，*Artemisia*，*Chenopod*，*Cyperaceae*，*Typha*，*Polypodiaceae*，*Pinus*，*Cedrus*，*Tsuga*，*Betula*，*Ulmus*，Gramineae，*Tubu*，*Artemisia*，Cyperaceae 等(陕西省地质调查院，2003)。据古生物化石组合，其时代为上新世。与下伏石壁梁组为整合接触。

(3)西宁-兰州地层分区

该地层分区包含 11 个盆地，分别为兰州-民和盆地、定西盆地、西宁盆地、天水-西和盆地、临夏盆地、循化-化隆盆地、同仁盆地、贵德盆地、共和盆地、合作-临潭盆地和兴海-泽库盆地(图 2-1，表 2-1)。以下分别以兰州-民和盆地、西宁盆地、临夏盆地、循化-化隆盆地和贵德盆地为代表，简述各盆地的岩石地层序列。

**兰州-民和盆地**

兰州-民和盆地位于青藏高原东北缘，祁连造山带东段(图 2-1)。古新世期间，盆地主体处于隆升剥蚀状态。约 58Ma 的古新世末期，盆地开始下陷，盆地主体开始接受沉积。58～51Ma 沉积西柳沟组，盆地边缘为冲-洪积扇砾、砂岩组合，向盆地中部相变为以砂岩为主的三角洲至滨-浅湖相沉积。51～4.48Ma 期间(始新世—上新世早期)盆地沉积范围扩大，盆地广泛接受大套稳定的咸化湖相沉积(野狐城组和咸水河组)。大约从 4.48Ma 以后，盆地进入萎缩消亡期，前期的咸化湖环境消亡，仅在盆地边缘发育了少量冲-洪积扇的粗碎屑沉积。早期沉积地层(西柳沟组、野狐城组)具有总体向上变细变薄、向盆边缘粗碎屑岩增多岩层增厚的旋回性加积-退积型层序特征，反映出盆地基底均匀沉降、可容空间逐渐扩大的现象，表明控盆断裂(如雾宿山北缘山前断裂)具有多期同生断裂的活动特点，并与青藏高原东北缘阶段性隆升耦合；晚期沉积地层(咸水河组)具有总体向上变粗变厚、向盆边粗碎屑岩增多岩层增厚的旋回性加积-进积型层序特征，反映出盆地可容空间逐渐萎缩的现象。以下从老至新简述该盆地的岩石地层序列的沉积特征和时代确定依据。

1)西柳沟组($E_{1-2}x$)

该组为砖红色块状砂岩,局部夹有砂质泥岩,向盆地边缘相变为含砾砂岩及砾岩,厚度大于152m。属冲-洪积扇、扇三角洲至滨浅湖沉积。磁性地层年龄为58～51Ma(岳乐平等,2003)。下部含介形类化石 *Cypris* sp.,*Cyprinotus* sp.,*Candoniella*? sp.,*Eucypris* sp.,*Metacypris* sp.,以及叶肢介化石 *Yunmenglimnadia gansuensis*(甘肃省地质矿产局,1997)。时代为古新世晚期—始新世早期。与下伏白垩系河口群及更老的岩层呈角度不整合接触。

2)野狐城组($E_{2-3}y$)

该组为紫红色泥岩、膏泥岩、粉砂岩与砂岩互层,夹石膏层。厚440m。属咸化湖相沉积。磁性地层年龄为51～31.5Ma(岳乐平等,2003)。含哺乳类化石 *Metexallerix gaolanshanensis*, *Tataromys grangeri*, *T. suni*, *T.* sp., *Tataromys* cf. *gracilidens*, *Tsaganomys altaicus*(邱占祥等,1990);轮藻化石 *Amblyochara subeiensis*, *Harnichara* aff. *Lagenalis* 等(甘肃区调队,1984);蕨类孢子 *Polypodiaceoisporites* sp.,*P.* cf. *vitiocus* Krutzsch, *P. regularis* Zhang, *P. cyclocingulatus* Krutzsch, *P.* cf. *volubilis* Song & Zheng, *P. verrucatus* Song & Zheng, *P. vitcus* Krutzsch, *P. minor* Kedves, *P. triangulus* Krutzsch, *P. helviticus* Kedves, *P. undulatus* Song & Li, *P. torosus* Nagy, *Toroisporis* sp., *Toroisporis minor* Zheng & Song, *T. corus*(Pflug)Krutzsch, T. cf. *torus*(Pflug)Klaus, *T. triangulus*(Bolch.)Song, Li & Lee, *Osmundaeidites* sp., *Polypodiisporites* sp.;裸子植物孢子 *Cycadopides ovatus*(Wilson) Song, Li & Zhang, *C. acuminutus*(Verb.)Zhang, *Araucariacites* cf. *astrialis* Cookson, *A. astrialis* Cookson, *Araucariacites* sp., *Inaperturopollenites* sp.;被子植物孢子 *Tricolpollenites* sp., *Dicotetradites ovatus* Song, Li, Lee 等。其中,蕨类孢子中占优势分子为 *Polypodiaceoisporites*(54 %),次要的有 *Deltoidospora*, *Toroisporis*;裸子植物中以 *Cycadopites* 和 *Araucariacites* 为主(李麒麟,2000)。时代为始新世—渐新世早期。与下伏的西柳沟组呈整合接触。

3)咸水河组(EN$x$)

该组分下、中和上三个岩性段。下段下部为红色泥岩夹黄色厚层砂岩,底部为锈黄色、灰绿色砂岩、细砾岩;中部、上部以砂质泥岩、泥岩为主,夹少量细砂岩层,岩层中含石膏脉或石膏晶体,含双壳类化石。中段底部为白色厚层状石英砂岩;中上部以红色泥岩为主,夹多层白色、灰绿色砂岩,局部夹泥灰岩层,见介壳类生物碎屑。中段砂岩中含哺乳动物化石皋兰县张家坪动物群、永登县咸水河动物群、对亭沟动物群(邱占祥等,1990)和中堡镇邢家湾三趾马动物群(张行,1993)。上段为浅黄色砂砾岩与浅棕色砂质泥岩。厚738m。属三角洲-微咸水、咸水滨浅湖相沉积。磁性地层年龄为31.5～15Ma(岳乐平等,2003)。时代为渐新世—中新世中期。与下伏野狐城组整合接触。

**西宁盆地**

西宁盆地位于青藏高原东北缘,被青海南山、大坂山和拉脊山所围限(图2-1)。古新世—始新世早期,盆地主体处于隆升剥蚀状态。52～50Ma时在白垩纪盆地的基础上,盆地开始下陷,盆地主体接受冲-洪积扇、扇三角洲-滨浅湖沉积(西柳沟组)。始新世中期至中新世,盆地沉积范围扩大,盆地广泛接受大套富含膏盐层的稳定的咸化湖相细碎屑沉积(野狐城组和咸水河组)。从上新世开始,盆地进入萎缩消亡期,前期的咸化湖环境被向上变粗的河流相-山麓相堆积所替代。以下从老至新简述该盆地的岩石地层序列的沉积特征和时代确定依据。

1)西柳沟组($E_{1-2}x$)

该组在西宁盆地通常称西宁群(EX)下部或祁家川组($E_2qj$),本书将其归入西柳沟组。本组在盆地边缘为含砾砂岩→砂岩→含砾砂岩;盆地中部底部为含砾细-粗碎屑岩,中上部为泥岩、石膏岩。厚度大于50m。盆地中部以滨浅湖沉积为主,周缘为冲洪积扇-扇三角洲沉积。含孢粉化石 *Ephedripites* (*Distachyapites*)-*Proteacidites*-*Normapollis* 组合和 *Polypodiaceois porites*-*Ephedripite* 组合(青海省地质矿产局,1991;孙秀玉,1984)。磁性地层年龄为52.5～50Ma(Dai *et al.*,2006)。与下伏的白垩系河口群或更老的岩层呈角度不整合接触。

2)野狐城组($E_{2-3}y$)

该组在西宁盆地通常称西宁群(EX)上部,或洪沟组和马哈拉沟组。本书将洪沟组和马哈拉沟组降组为段,将其归入野狐城组($E_{2-3}y$),分两段:下段为洪沟段($E_2hg$),上段为马哈拉沟段(E*mh*)。

洪沟段($E_2hg$) 盆地边缘为含砾砂岩、砂岩与含石膏砂岩;盆地中部为泥岩夹石膏岩。厚150m。其为咸化湖及扇三角洲沉积。含孢粉化石 *Meliaceoidites* - *Ephedripites*, *Quercoidites* - *Celtis* - *Ulmipolleni tes* 组合和 *Quercoidites* - *Celtis* - *Ioded* 组合(青海省地质矿产局,1991;孙秀玉,1984)。磁性地层年龄为50～41.5Ma(Dai *et al.*,2006)。与下伏的西柳沟组整合接触。

马哈拉沟段(E*mh*) 盆地边缘为石膏泥岩→泥岩夹石膏岩→砂砾岩、砂岩与泥岩互层;盆地中部为泥岩与石膏岩互层。厚290m。盆地由中心向边缘可分为咸水深湖沉积-咸水浅湖沉积-滨湖相沉积-冲、洪积扇及河流沉积。含孢粉化石组合 *Chenopdipllis* - *Piceaepollenites*, *Meliaceoidites* - *Ephedripites*(青海省地质矿产局,1991;孙秀玉,1984)。磁性地层年龄为41.5～30Ma(Dai *et al.*,2006)。与下伏的洪沟组整合接触。

3)咸水河组(EN*x*)

本书使用的咸水河组为广义的咸水河组。在西宁盆地通常自下而上称谢家组、车头沟组和(狭义的)咸水河组,并全部归入贵德群(ENG)中。本书将西宁盆地的谢家组、车头沟组和(狭义的)咸水河组降组为段,分别称之为下段(相当于"谢家组")、中段(相当于"车头沟组")和上段(相当于狭义的"咸水河组")。

下段(相当于"谢家组")下部为粉砂质泥岩与泥质石膏岩不等厚互层,底部夹砂砾岩凸镜体;上部为棕黄色含粉砂钙质泥岩。厚109.88m。属咸水滨湖至淡水滨湖相沉积。含"谢家地方哺乳动物群":*Sinlagomys pachygnathus*, Leporidae indet., *Aflantoxerus*, *Eucricetodonyoungi*, *Parasminthus xiningensis*, *P. huangshiensis*, *P. ajeensis*, *Tataromyssuni* sp., *Tachyoryctoidesroronorensis*, Mustelidae indet., *Diacerarherium* sp., *Sinopalaeocero sxiejiaensis*, *Tataromys* sp., Cricetodontinae indet, Ctenodactylidae indet(李传夔,1980)。磁性地层年龄为30～23Ma(Dai *et al.*,2006)。与下伏的马哈拉沟段整合接触。

中段(相当于"车头沟组")下部为石膏质石英砂岩与含钙粉砂质泥岩不等厚互层;上部为含粉砂钙质泥岩夹石膏质泥岩。厚61.1m。属咸水滨浅相沉积。含"担水路地方哺乳动物群"*Megacricetodon sinensis*, *Heterosminthes orientalis*, Rhinocerotidae indet., Cervidae indet., *Palaeomeryx* sp., *Sinomicceros*, *Stephanocemas* sp., Cervidae indet., Rhinocerotidae indet., *Megacricetodon* cf. *sinensis*, *Heterosminthes orientalis*(李传夔,1981)。磁性地层年龄为23～18Ma(Dai *et al.*,2006)。与下伏的咸水河组下段整合接触。

上段(相当于狭义的"咸水河组")为棕黄色钙质泥岩夹泥灰岩、细砾岩、砂岩夹泥灰岩。厚171m。以滨浅湖沉积为主,盆地边缘相变为河流相。含"吊沟地方哺乳动物群"*Gomphotherium wimani*, *G. connexus*, *Elasmofherini*, Rhinocerotidae indet., *Stephanoce Maschinghaiensis*, *Alloptoxchinghaiensis*, *Plesiodipus Leei*, *Micromeryx* sp., *Gomphotherium* Wi Mani, *Micromeryx* sp., *Bunolistriodon minheensis*(李传夔,1981);孢粉 *Undulatisporites*, *Deltoidospora*, *Polypodiaceaesporites*, *Pterisisporites*, *Pinuspollenites*, *Abietineaepollenites*, *Piceaepollenites*, *Podocarpidites*, *Taxodiaceaepollenites*, *Ephedripites*, *Betulaceoipollenites*, *Alnuspollenites*, *Momipites*, *Ilexipollenites*, *Tiliaepollenites*, *Nitrariadites*, *Qinghaipollis*, *Labitricolpites*, *Tubulifloridites*, *Chenopodipollis*, *Tricolporopollenites*, *Echitricolporites*, *Rutaceoipollenites*(中国地质大学(武汉)地质调查研究院,2005)。磁性地层年龄为18～15Ma(Dai *et al.*,2006)。与下伏的咸水河组中段整合接触。

4)临夏组($N_2l$)

该组为棕黄色砂质泥岩→灰色中至粗粒砂岩。厚90.3m。属扇三角洲、河流-山麓冲洪积堆积。含

"峡门地方哺乳动物群" *Hipparion* cf. *Coelophyes*, *H.* sp., *Hleuastochoerus stehlini*, *Gazella* sp., Cervidae, Giraffoidea(李传夔,1981;邱铸鼎,1981)。与下伏的咸水河组整合接触。

**临夏盆地**

临夏盆地中的新生代沉积始于约 30Ma。临夏盆地的形成与演化具有阶段性特征,大约以 4.48Ma 为界,其前、后临夏盆地的演化特征明显不同。自 30Ma 盆地开始断陷形成古湖盆之后,连续而稳定的湖相沉积直到约 4.48Ma 才被真正中断,此后盆地及高原周边地区地层中普遍发育了反映高原剧烈隆升、代表地形高差加剧的砾岩扇沉积。而在此之前,除约 21Ma、7.8Ma 和 4.48Ma 地层显示了三个较为强烈的构造抬升而导致的沉积速率加大、沉积粒度变粗的特征之外,其余时间均未打破这种长期的构造相对平静期的以细粒为主的湖相沉积。以下从老至新简述该盆地的岩石地层序列的沉积特征和时代确定依据。

1)他拉组(EN*t*)

该组下段为紫红色砂砾岩夹薄层石膏;中段为紫红色粉砂岩与泥岩互层,强钙质胶结;上段为紫红色块状泥岩。厚 91m。总体代表了一套干旱环境下由洪积扇向湖泊转化的沉积,反映湖盆形成以来湖水不断积聚加深的过程。磁性地层年龄为 29～21.32Ma(方小敏等,1997)。产大量的孢粉化石 *Chenopodipollis*, Polygonaceae, Compositae, Gramineae, Liliaceae, Ranunculaceae, *Euphorbiacites*, *Quercoidites*, *Betulaepollenites*, *Fraxinoipollenites*, *Salixipollenites*, *Juglauspollenites*, *Ulmipollenites*, *Aceripollenites*, Cupressaceae, *Taxodiaceaepollenites*, *Meliaceoidites*, *Cupuliferoipollenites*, *Rutaceoipollenites*, *Pterocaryapollenites* 等(李吉均等,1998)。与下伏的白垩系河口群及更老的岩层呈角度不整合接触。

2)咸水河组(EN*x*)

临夏盆地的咸水河组自下而上相当于李吉均等(1998)划分的中庄组、上庄组、东乡组、柳树组和何王家组。由于上述五个组的厚度偏小,在中比例尺(1∶25 万)地质图上难以填绘,本书将它们降组为段,自下而上分别为中庄段($N_1cz$)、上庄段($N_1sz$)、东乡段($N_1d$)、柳树段($N_1l$)和何王家段($N_{1-2}h$)。

中庄段($N_1cz$)下部为褐黄色砂岩、砂砾岩,夹少量紫红色泥岩,产石膏和大量象、犀类化石;上部为褐红色泥岩,具韵律层理。厚 97m。磁性地层年龄为 21.22～14.68Ma(方小敏等,1997)。与下伏的他拉组整合接触。

上庄段($N_1sz$)下部为褐红色粉砂岩、砂岩;上部为褐红色泥岩,具韵律层理。厚 45m。磁性地层年龄为 14.68～13.07Ma(方小敏等,1997)。与下伏的中庄段整合接触。

东乡段($N_1d$)下部为褐黄色钙质胶结粉砂岩,砂岩夹少量泥岩,底为薄层砂砾岩;上部为紫红色粉砂岩,粉砂质泥岩夹大量灰白、灰绿色泥灰岩和钙质泥岩;底部产大量三趾马化石。厚 84m。磁性地层年龄为 13.07～7.8Ma(方小敏等,1997)。与下伏的上庄段整合接触。

柳树段($N_1l$)下部为褐黄色钙质泥岩;上部为褐黄色粉砂岩,含钙质结核,产四棱齿齿象等化石。厚 53m。磁性地层年龄为 7.8～6.25Ma(方小敏等,1997)。与下伏的东乡段整合接触。

何王家段($N_{1-2}h$)下部为钙质胶结砂、砾岩;上部为褐黄色泥岩,含大量钙质结核。厚 60m(方小敏等,1997)。顶部产大量李氏三趾马、大唇犀等化石。磁性地层年龄为 6.25～4.48Ma(方小敏等,1997)。与下伏的柳树组整合接触。

中庄段、上庄段、柳树沟段和何王家段的下部均为扇三角洲或河流相沉积,上部为湖相沉积。东乡段为湖相沉积。均含大量的孢粉 *Juniperus*, *Pinuspollenites*, *Laricoidites*, *Rhopipites*, *Caryapollenites*, *Liquidambarpollenites*, *Maqnolipollis*, *Ilexpollenites*, *Piceaepollenites*, *Abietineaepollenites*, *Tiliaepollenites*, *Artemisia*, *Elaeagnacites*, *Lonicerapollis* 等(李吉均等,1995,1996)。

3)积石组($N_2j$)

该组为灰紫、紫红色砾岩夹砂岩。厚 60m。为洪积扇-河流相沉积。磁性地层年龄为 3.6～2.6Ma(方小敏等,1997)。与下伏的何王家组呈微角度不整合接触。

**循化-化隆盆地**

循化-化隆盆地是在白垩纪古盆地的基础上，于约 29Ma 开始再次拗陷。盆地南部边缘为西秦岭北缘逆冲带，北部边缘为拉脊山逆冲带。拉脊山逆冲带在该时期双向逆冲隆升，致使循化-化隆盆地与拉脊山逆冲带北侧的西宁盆地分割，其盆地沉积物源主体来自于逆冲带。盆缘新生代红层与基底地层在盆地边缘多为断层接触，局部为角度不整合接触。向盆缘产状逐渐变陡，向盆地内部产状逐渐变缓至水平岩层。循化-化隆盆地向东与同时期的临夏盆地相连。总体上构成向东张开的大型前陆盆地（刘少峰，2007）。29～21.32Ma 的他拉组砂砾岩为盆地初始压陷期的沉积，西秦岭北缘逆冲带控制了该盆地他拉组粗碎屑冲积扇沉积。21.32～5Ma（咸水河组）以富含膏盐层的咸化湖相细碎屑沉积为主，指示盆地进入湖盆扩张最大期与稳定期。约 4Ma 由于周缘山系强烈逆冲与盆地整体隆升，导致了积石组与下伏咸水河组之间的沉积间断与不整面的发育。4Ma 以后盆地内广泛分布的上新世积石组巨砾岩是该时期周缘山系进一步隆升的沉积响应。以下从老至新简述该盆地的岩石地层序列的沉积特征和时代确定依据。

1）他拉组（EN$t$）

该组以红褐色厚层状中—粗砾岩、含砾中—粗粒砂岩为主，上部夹紫红色泥岩，属河流-冲积扇相沉积。厚度大于 124.1m。属河流相沉积。本次在他拉组上部获得磁性地层年龄为 24～21.32Ma。他拉组与下伏的元古界化隆岩群、三叠系隆务河群、白垩系河口群等岩层呈断层接触或角度不整合接触。

2）咸水河组（EN$x$）

与临夏盆地相同，咸水河组自下而上划分为中庄段（$N_1cz$）、上庄段（$N_1sz$）、东乡段（$N_1d$）、柳树段（$N_1l$）和何王家段（$N_{1-2}h$）共 5 个岩性段。

中庄段（$N_1cz$）下部为紫红色含砾中—细粒砂岩与紫红色含细砾粉砂质泥岩夹浅灰色砾岩；上部为红褐色、紫红色粉砂质泥岩、泥质粉砂岩；局部见粗砂岩和细砾岩夹层，含少量薄层状石膏夹层。厚 145.5m。本次获得中庄段磁性地层年龄为 21.32～15Ma。与下伏的他拉组整合接触。

上庄段（$N_1sz$）为紫红色、褐红色粉砂岩、泥质粉砂岩与粉砂质泥岩互层夹膏泥岩与少量薄层石膏。厚 138m。本次获得上庄段磁性地层年龄为 15～13.07Ma。与下伏的中庄段整合接触。

东乡段（$N_1d$）下部为蓝灰色、灰绿色、灰白色膏泥岩与石膏层互层；中部为紫红色钙质泥岩、粉砂岩夹砂岩；上部为灰红色泥岩与灰绿色含砾粗纱、粗砂岩互层，夹少量砾岩层。厚 380.2m。本次在东乡段顶部获时代为中新世晚期的三趾马等化石，并获得东乡段磁性地层年龄为 13.07～8.2Ma。与下伏的上庄段整合接触。

柳树段（$N_1l$）下部为灰红色、灰绿色砾岩、含砾粗砂岩，中—细砂岩与灰红色粉砂岩、泥岩互层；上部为灰白色、灰红色、暗灰色粉砂岩、钙质泥岩，局部见泥灰岩、夹砾岩和含砾粗砂岩。厚 60.9m。本次获得柳树段磁性地层年龄为 8.2～7.1Ma。与下伏的东乡段整合接触。

何王家段（$N_{1-2}h$）下部为浅灰色中—粗砾岩与灰黄色中—粗砂岩互层；上部为土黄色中—细砂岩与土红色、黄褐色钙质泥岩互层，夹少量泥灰岩。厚 173.4m。上段为湖相沉积，下段为河流-扇三角洲相沉积。含孢粉化石 *Undulatisporites* sp.，*Selaginella* sp.，*Polypodiaceaesporites* sp.，*Vandenboschia* sp.，*Pterisisporites* sp.，*Pinuspollenites* sp.，*Cedripites* sp.，*Ephedripites* sp.，*Piceaepollenites* sp.，*Chenopodipollis* sp.，Compositae，*Quercoidites* sp.，*Betulaepollenites* sp.，*Pterocarya* sp.，*Sparganiaceaepollenites* sp.，*Artemisiaepollenites* sp.，*Meliaceoidites* sp.（中国地质大学（武汉）地质调查研究院，2007）。本次在何王家段下部获得磁性地层年龄 7.1～5Ma。与下伏的柳树段整合接触。

3）积石组（$N_2j$）

该组为黄灰色、灰黄色、浅灰色、紫红色等杂色厚—巨厚层状复成分砾岩夹长石石英粗砂岩，含泥质粉砂岩透镜体。发育叠瓦状构造、平行层理。由多个由粗到细的旋回组成。厚度大于 203m。为洪积扇-河流相沉积。与下伏的何王家段呈微角度不整合接触。

**贵德盆地**

约29Ma开始，贵德盆地拗陷，盆地面貌开始孕育，在盆地南部开始接受洪积扇沉积，而盆地北部形成河流和三角洲沉积。进入渐新世晚期，盆地南部转变为河流环境，北部转变为稳定的咸化湖泊细粒沉积。渐新世末的区域构造活动，使贵德盆地抬升，结束早期沉积历史，并造成渐新世地层变形和遭受剥蚀，使新近纪地层与其呈不整合接触。大于21Ma区域构造隆升使贵德盆地再次拗陷，21.5～19Ma在盆地南部形成辫状河流沉积，盆地北部形成山麓洪积相砾岩及砾砂岩沉积。19～13Ma盆地广大地区接受了河流-滨浅湖环境沉积。13Ma转变为稳定的湖泊环境，区域构造活动使盆地大范围下沉，造成13～10Ma期间盆地充填了半深湖沉积。至10～7.8Ma盆地湖水位下降，形成浅湖相夹三角洲沉积。从7.8Ma开始在盆地北部浅湖相沉积中频繁出现水下扇三角沉积。5.2～4Ma盆地北部边缘转变为砾石质辫状河流沉积，向南至盆地中部逐渐相变为近源辫状河控型三角洲和浅湖沉积环境，古湖盆范围缩小。4～3.6Ma盆地北部边缘转变为洪积扇沉积，向盆地内依次相变为水下扇三角洲至浅湖环境沉积，湖盆范围进一步缩小。3.6～2.6Ma期间盆地大部分地区为水下扇三角洲至水上洪积扇沉积的砾石层，其分布受盆地边缘断裂的控制，与下伏地层在盆地不同部位形成了不同的接触关系。至2.8Ma构造活动使盆地再次抬升脱离沉积环境而遭受剥蚀，导致盆地缺失2.8～2.6Ma沉积地层(李吉均等，1998)。以下从老至新简述该盆地的岩石地层序列的沉积特征和时代确定依据。

本书在贵德盆地新生界自下而上使用的他拉组、咸水河组、临夏组和积石组分别对应于前人的岩石地层单位如下。

他拉组相当于革皮匝组(下)和下尕让组(上)。本书将革皮匝组和下尕让组分别称之为革皮匝段和下尕让段。

咸水河组相当于贵德门组(下)、尕让组(中)和阿什贡组(上)。本书将贵德门组、尕让组和阿什贡组分别称之为贵德门段、尕让段和阿什贡段。

临夏组相当于贺尔加组。

积石组相当于甘家组。

1)他拉组(EN*t*)

革皮匝段下部由浅褐红-灰色砾岩、砂质砾岩、砂岩组成，中部为紫红-褐红色含砾砂岩和含钙质结核的泥岩、粉砂岩与砾质砂岩互层构成韵律性旋回层，上部是橘红色、紫红色厚层粉砂质泥岩夹土黄色粉砂岩和砂岩。厚353.4m。属洪积扇相和河流、扇三角洲相沉积。与下伏的三叠系隆务河群呈角度不整合接触。

下尕让段下部为紫红色泥岩与褐黄色粉砂岩韵律互层夹透镜状浅灰绿—灰色厚层状砂岩；中部为紫红色含石膏泥岩夹蓝灰色泥灰岩、灰绿砂岩和石膏层；上部为紫红色泥岩夹薄层蓝灰色泥灰岩和灰绿色砂岩。厚779m。属河流-盐湖环境沉积。磁性地层年龄大于22Ma(方小敏等，2002；Fang *et al.*，2005)。与下伏的革皮匝段整合接触。

2)咸水河组(EN*x*)

贵德门段主要为大套土灰色泥砂质砾岩、泥质砾岩与含砾泥质砂岩构成韵律旋回，剖面从下至上粒度变细，砾石磨圆度增加。下部以粗砾岩为主，上部含砾泥质砂岩增多。砾岩主要以中—细砾为主。厚度大于100m。属辫状河-山麓洪积相沉积。磁性地层年龄为21.5～19Ma(方小敏等，2002；Fang *et al.*，2005)。与下伏的下尕让段呈角度不整合接触。

尕让段下部主要为灰至土灰色细砾质砂岩、砾岩与砂质泥岩互层，夹蓝灰色砂质泥灰岩和灰绿色砂质泥岩；上部为褐红色砂质泥岩、粉砂岩夹砂岩和细砾岩。厚度大于330m。属扇三角洲-滨浅湖沉积环境。磁性地层年龄为19～13Ma(方小敏等，2002；Fang *et al.*，2005)。与下伏的贵德门段整合接触。

阿什贡段主要由暗红、灰绿和褐色泥岩、粉砂岩夹蓝灰色泥灰岩、砂岩组成，发育水平层理。厚度大于200m，为湖泊-三角洲沉积，局部为半深湖相，后期为浅湖相。含介形类、腹足类、植物、轮藻等化石。磁性地层年龄为13～7.8Ma(据方小敏等，2002；Fang *et al.*，2005)。与下伏的杂让段整合接触。

3)临夏组($N_2l$)

该组由褐红、灰、灰绿和土黄色泥岩、粉砂岩韵律互层夹砂岩或细砾质砂岩组成,产哺乳动物化石。厚度大于216m。早—中期为扇三角洲-滨、浅湖相沉积,从盆缘向盆内依次为扇三角洲(阿米岗一带)至浅湖沉积(贺尔加一带),后期转为洪积扇相沉积。富含中国互棱齿象(*Anancus sinensis*)、楔形棱齿象(*Anacus cuneatus*)、大唇犀(*Chilotherium* sp.)、契考三趾马(*Hipparion tchicoicum*)、膜鼠(*Mimomys* sp.)、山西轴鹿(*Axtis shansius*)等哺乳动物化石(郑绍华等,1985;谷祖纲等,1992)。磁性地层年龄为7.8～3.6Ma(据方小敏等,2002;Fang *et al.*,2005)。与下伏的阿什贡段整合接触。

4)积石组($N_2j$)

该组为厚层灰至灰黑色砾岩夹含砾泥质砂岩。厚300m。属水下扇三角洲相至水上洪积扇相沉积。磁性地层年龄为3.6～2.8Ma(据方小敏等,2002;Fang *et al.*,2005)。与下伏的临夏组呈角度不整合接触。

### 3. 羌塘-川西地层区

羌塘-川西地层区根据盆地类型(表2-1)和盆地沉积充填序列特征(图2-2),划分为羌塘地层分区、可可西里-玉树地层分区和川西-藏东地层分区(表2-1,图2-1、图2-2)。

(1)羌塘地层分区

该地层分区包含16个盆地,分别为阿克苏库勒盆地、云母山盆地、黑石北湖-羊湖盆地、拜惹布错-黄土岗达坂盆地、雅西尔沟-拉竹龙盆地、龙木错盆地、阿鲁错-四家湖盆地、万泉湖盆地、吐错盆地、丁固盆地、改则盆地、伦坡拉盆地、其香错盆地、安多盆地、巴青盆地和那曲盆地。

阿克苏库勒和云母山盆地均为走滑拉分盆地,盆地接受沉积主要是在古近纪,以河流-湖泊沉积为主(贵州省地质调查院,2003;山西省地调院,2003)。黑石北湖-羊湖盆地是受东西向大断裂与北东、北西向两组断裂影响形成的断陷盆地,这些盆地明显地呈东西向菱形状分布,以中—小型盆地为主,沉积物皆以粗碎屑岩韵律堆积为特征,沉积厚度较大。

龙木错盆地和万泉湖盆地均为拗陷盆地,盆地内连续沉积了古近纪—新近纪的地层,以河流-湖泊沉积为主,早期以粗碎屑的冲洪积扇和河流沉积为特征,中—晚期主要以湖泊沉积为主(安徽省地调院,2005;山西省地调院,2006;广西壮族自治区地质调查研究院,2006)。

伦坡拉盆地的主压应力方向为近南北向,湖泊走向(湖泊长轴方向)近东西向,是在燕山褶皱基底上发育起来的古近纪—新近纪拗陷盆地(张克银等,2000),古近纪早期以粗碎屑沉积为主,晚期以细粒沉积为主,为河流-湖泊沉积。古近纪与新近纪地层以角度不整合面为界(西藏自治区地调院,2002)。

以下从老至新简述该分区的岩石地层序列的沉积特征和时代确定依据。

1)牛堡组($E_{1-2}n$)

底部为棕红色砾岩,化石稀少;中上部为灰色、灰绿色泥页岩为主夹泥灰岩、油页岩,局部夹凝灰岩。产孢粉、介形类及轮藻类化石。厚551.01m。据多巴区幅区调资料(吉林省地调院,2003),牛堡组自下而上含4个介形虫组合:一段为 *Limnocythere*-*Eucyprisy* 组合;二段为 *Limnocythere*-*Cypris*-*Cyprinotus* 组合;三段为 *Limnocythere*-*Cypris*-*Eucypris*-*Candona* 组合;四段为 *Cypinotus*-*Candona* 组合。从总体面貌看,一段、二段、三段大致相当于古近纪始新世伊普里斯阶(Ypresian)-巴尔通阶(Bartonian);四段大致相当于古近纪始新世普利亚本阶(Priabonian)。二段以 *Quercoidites*(栎粉)-*Ulmipollenites*(榆粉)孢粉组合为特征,形成以被子花粉为主,裸子花粉为次,蕨类孢粉最少的孢粉生物群面貌。其生物群面貌与江西清江盆地早始新世的"清二段"、湖北江汉盆地早始新世新沟咀组二段的孢粉组合相当。三段 *Ephedripites*(麻黄粉)-*Quercoidites*(栎粉)孢粉组合与江西清江盆地中—晚始新世临江组相似。四段为 *Abietineaepollenites*(单束松粉)-*Pinuspollenites*(双束松粉)-*Piceaepollenites*(云杉粉)-*Cedripites*(雪松粉)孢粉组合,该组合的出现说明本区的古气候已开始从炎热—温暖转向温暖—温冷。但该组合中依然有大量的属于炎热—温暖气候条件下生存的植物,如:*Ulmipollenites*,

*Quercoidites*,*Ephedripites* 等,因此,认为四段的古气候仍以炎热—温暖气候为主,其地质时代置于始新世晚期较为合适(吉林省地调院,2003)。综合上述生物地层资料,本书认为牛堡组含生物化石的中上部地层的时代应为古近纪始新世,而下部不含化石的杂色砂岩、砂砾岩、砾岩的沉积时代应早于古近纪始新世。即牛堡组可能是古近纪古新世—始新世沉积产物。另外,据古地磁资料 $E_{1-2}n$,年代为 57～47Ma(赵政璋等,2001)。与下伏白垩系竟柱山组等老地层呈角度不整合接触。

2)美苏组($E_2m$)

美苏组为江西地调院(2002)(1∶25 万邦多区幅和措麦区幅)区调时所创,层型剖面位于西藏自治区尼玛县美苏。定义为角度不整合于白垩系竟柱山组之上的一套以基性—中性—酸性—酸碱性火山熔岩为主夹火山碎屑岩组合,代表裂隙中心式喷发的火山岩系,主要岩性为英安质(流纹质)晶屑岩屑凝灰岩、火山角砾岩、英安岩、流纹岩、安山岩、辉石安山岩、玄武安山岩、玄武岩、凝灰质砂岩。本组下部为火山碎屑岩夹中酸性熔岩;中部以中-中酸性熔岩为主,间夹火山碎屑岩;上部以火山碎屑岩为主,间夹中性熔岩。厚大于 1 564m。在层型剖面美苏组中获得 4 个 K－Ar 法同位素年龄值,即:59.90±1.93Ma(安山岩),63.63±0.97Ma(流纹岩),69.07±2.1Ma(安山岩),39.37±2.7Ma(安山岩)(江西地调院,2002)。在 1∶25 万日土县幅的日土县卓垄剖面安山质英安岩中获得 2 个 K－Ar 法同位素年龄值:36.96±0.86Ma 和 35.27±0.51Ma(江西地调院,2005)。根据上述测年值,美苏组时代为古新世—始新世。

3)纳丁错组($E_3n$)

该组为杂色安山质火山角砾岩,含火山角砾安山质晶屑凝灰岩、橄榄玄武岩、玄武岩、安山岩。厚 290.87m。K－Ar 同位素年龄值为 32.60Ma(吉林省地调院,2006),相当于渐新世鲁培尔阶(Rupelian)。与下伏地层呈角度不整合接触。

4)丁青湖组($E_3d$)

该组为湖相紫红色、灰绿色泥页岩、凝灰岩,局部夹油页岩、泥灰岩,厚 564.52m。据西藏自治区地质矿产局(1997)报道,丁青湖组下部产介形虫 *Austrocypis*－*Cyprinotus*－*Pelocypris* 组合,孢粉组合为松科-栎粉属组合,其面貌相当于渐新世早期的组合;中部产介形虫 *Ilyocypris*－*Limnocythere* 组合,并含孢粉双叶草本亚组合分子 *Quercoidites*,*Micrahenrici*,*Ephedripites*;上部产孢粉组合 *Quercoidites*－*Cedripites*,其时代为渐新世晚期。另据吉林省地调院(2006),本组产 *Heterocypris lectus* 介形虫组合,其时代为渐新世。本组与下伏牛堡组不整合接触。

5)康托组(EN*k*)

该组为紫红色粗砾岩、中砾岩、细砾岩夹紫红色、浅灰色、灰黑色粗砂岩,含砾砂岩、细砂岩、长石石英砂岩、长石岩屑砂岩、粉砂岩、粉砂质泥岩等,局部夹中基性熔岩和碳酸盐岩,厚 1 199.47m。在双湖阿布山北剖面吴瑞忠(1985)采到孢粉 *Engelhardtiodites*,*Multicellaesporites*,*Taxodiaceaepollenites*,*Piceaepollenites*;朱同兴等(1996)采获孢粉 *Onychium*,Polyodiaceae,*Pinus*,Cupressaceae,*Betula*,*Plerocarya*,*Alnus*,*Corylus*,*Ouercus*,*Fagus*,Gramineae,Chenopdoiaceae 等;四川省地质调查院(2006)在1∶25万物玛幅区调中采获孢粉 *Ephedripites*(*E.*),*Pinus*,*Ulmus*,*Monoletes* 等。根据上述孢粉组合特征,显示其时代不会晚于新近纪晚期(西藏自治区地质矿产局,1997)。在改则县扪档勒村的康托组中见有数层灰白色英安岩、黑云母英安岩夹层,火山岩夹层获 K－Ar 年龄 29.6Ma(西藏自治区地调院,2006)。据同位素测年和生物化石组合,康托组时代为渐新世晚期—中新世。与下伏牛堡组等更老地层呈角度不整合接触。

6)鱼鳞山组(EN*y*)

该组下部主要为一套钙碱系列的中酸性火山岩系,由暗褐色安山岩、安山质火山角砾岩、霓辉石粗面岩、粗面岩和浅灰、灰白色英安质熔岩组成,厚 110～361m;上部为一套碱性、过碱性中基性火山岩和次火山岩,主要由灰、深灰色碱性玄武岩、白榴碱玄岩、灰褐、灰绿色白榴碧云岩、云辉正煌岩、白榴石响岩、黝方石响岩、霞石响岩、兰方石响岩、霓辉粗面岩、斑状粗面岩、白榴碱煌岩、橄辉白榴岩和云辉霞石正长岩等组成。厚415～708m。成都地质矿产研究所(2006)在1∶25万黑虎岭幅的火车头山剖面中、下部获得Ar-Ar法28.2Ma和32.2Ma年龄值。贵州省地质调查院(2005)在1∶25万丁固幅的长梁湖以东的安山岩中获K-Ar法年龄值为19.1Ma。上述同位素年龄指示鱼鳞山组的时代为渐新世—中新世。鱼鳞山组与下伏更老的地层呈角度不整合接触。

7)石坪顶组(N*sp*)

该组为灰黑色、灰绿色、紫红色碱性粗面安山岩、辉石安山岩、安山玄武岩、安山岩、英安岩和流纹质晶屑凝灰岩。厚40～200m。1∶25万岗扎日幅内的迎日山、天台山、冬不勒山、黑锅头、平顶山一带火山岩的K-Ar年龄值为16.3Ma、9.12Ma、6.2Ma和4.82Ma(新疆自治区地调院,2005);1∶25万玛尔盖茶卡幅内的锯齿崖、石坪顶、沉鱼湖南、星集滩等地火山岩全岩K-Ar法测年,结果为12.7Ma、16.3Ma、9.12Ma、9.68Ma(新疆自治区地调院,2005)。由上述测年结果,石坪顶组的时代为中新世—上新世早期。与下伏康托组或更老的地层呈角度不整合接触。

8)唢呐湖组(N*s*)

该组为紫红色、砖红色中层状砂岩、粉砂岩和泥质岩及砾岩、含砾砂岩夹多层石膏及膏泥岩;向盆地边缘相变为灰紫—灰红褐色巨厚层砾岩夹紫红色含砾粗砂岩;向盆地内部部分地区相变为淡水灰岩,主要为包粒灰岩、"钙叠层石"灰岩、纹层灰岩、栉壳灰岩、钙结壳岩、砂屑灰岩、砾屑灰岩和结晶灰岩等。厚340～1 740m。唢呐湖组产淡水腹足类及双壳类,腹足有 *Planorbies*, *P. youngi*, *Lymnaea* sp., *Gyraulus* sp.;双壳类 *Sphaerium* sp., *S.* aff. *nitidum* 等(新疆自治区地调院,2005)。根据化石组合特征将其时代置于中新世—上新世。与下伏康托组或更老的地层呈角度不整合接触。

9)布隆组($N_2b$)

该组下部为灰、黄灰及褐灰色泥岩;中部为松散胶结的石英砂岩与薄层泥岩不等厚互层;上部为灰褐色具可塑性的厚层泥岩等。厚度大于28.7m。小型湖泊环境沉积。分布在比如县下秋卡区布隆乡一带的$N_2b$产哺乳动物及植物化石,动物化石有三趾马、犀牛等,植物有云杉、山核桃、罗汉松、雪松等(西藏自治区地调院,2005)。根据化石组合特征将其置于上新世。与下伏上侏罗统—下白垩统郭曲群呈角度不整合接触。

(2)可可西里-玉树地层分区

该地层分区包含17个盆地,分别为可可西里-沱沱河盆地、伯拉克拉克里盆地、东大滩盆地、柯尔咱程盆地、冬给措纳湖盆地、麻多盆地、曲麻莱盆地、跃加玛可盆地、上拉秀盆地、囊谦盆地、吉曲盆地、东坝盆地、贡觉盆地、觉思盆地、八宿盆地、维古-色木雄盆地和芒康盆地。

可可西里-沱沱河盆地为受近东西向断裂影响的断坳盆地,位于巴颜喀拉地体西段和羌塘地体的北部,覆盖金沙江缝合带。北部以昆仑南缘缝合带为界,南部以唐古拉断层为界。盆地内的新生代沉积与下伏的石炭系—三叠系角度不整合接触。可可西里-沱沱河盆地的古近纪盖层和基底岩系中发育一系列走向WNW的逆冲断层和褶皱,表明古近纪沉积经历了强烈变形作用。刘志飞等(2001)研究认为可可西里-沱沱河盆地在新生代经历了7个演化阶段,这7个阶段分别是沱沱河组(刘志飞等(2001)称之为风火山群)发育的4个阶段(56～52Ma、52～43Ma、43～38.2Ma、38.2～31.5Ma);雅西措组发育的2个阶段(31.5～31Ma、31～30Ma);五道梁组发育的1个阶段(23～16Ma)。可可西里-沱沱河盆地发育的前6个阶段(56～30Ma)均以湖泊沉积为主。沉积中心逐渐向北、向东迁移,盆地南缘和西缘的构造逆冲作用逐步加强。在晚渐新世(30Ma至约23Ma),盆地经历了抬升变形,没有沉积作用发生,而且在晚渐新世发生强烈南北向地壳缩短,反映青藏高原腹地早期隆升过程是依靠地壳南北向缩短和东北向逆冲扩展作用来实现的,并使盆地内的古近纪沉积物遭受变形。

囊谦盆地为一走向近北北西的狭长盆地,长约50km,宽10～20km 。周江羽等(2002)认为,该盆地是在金沙江断裂带和澜沧江断裂带及其平行的次级断裂带,在高原腹地为逆冲挤压环境下,沿金沙江断裂带与其分支帚状断裂带之间出现的压陷走滑盆地。盆缘的东部边界受逆冲断层控制,西部为侵蚀边界。盆内古近系与其下伏的石炭系和上三叠统的碳酸盐岩基底呈角度不整合关系。盆地内沉积物分布具有如下规律：由东南到北西，沉积粒度变小，沉积体系由冲积扇迅速变为三角洲，向西过渡为面积广泛的湖泊体系，表现为在盆地内沉积物分布的不对称性。盆地东侧靠近扎曲断裂为巨厚的砾岩，中部过渡为砂岩与泥灰岩韵律互层。古流向研究揭示物源的单一性及盆地不断加大的特征，盆地整体以湖泊沉积为主（王世峰等，2001，2002）。与囊谦盆地相邻的同类型的较小型压陷走滑盆地还有曲麻莱盆地、跃加玛可盆地和上拉秀盆地（图 2－1，表 2－1）

吉曲盆地、东坝盆地、觉思盆地、贡觉盆地、八宿盆地、维古-色木雄盆地和芒康盆地均是在澜沧江断裂带和班公湖-怒江断裂带及其平行的次级断裂带，在高原腹地为逆冲挤压环境下，沿上述断裂带与其分支帚状次级断裂带之间出现的压陷走滑盆地（图 2－1，表 2－1）。盆地内新生代沉积以河流-湖泊相沉积为主，与下伏地层为角度不整合接触关系。研究表明这些分布于青藏高原东缘的新生代压陷走滑盆地，盆缘大多受逆冲断裂控制，盆内地层已广泛褶皱，粗碎屑岩厚度大且分布广泛，岩浆活动强烈（潘桂棠等，1990；Horton *et al.*，2002；周江羽等，2002；李忠雄等，2004，2006）。如李忠雄等（2004，2006）对贡觉盆地的新生代沉积地层中的高钾钙碱性中、酸性火山岩层的研究表明，7 个火山岩样品的 K－Ar 全岩和黑云母的表面年龄在 40.8～46.2Ma 间（平均值 44.2Ma），火山活动发生在印度-欧亚板块碰撞（65～50Ma 间）后形成的构造环境中，受陆内水平剪切-走滑断裂带控制，反映了青藏高原阶段性隆升的壳-幔相互作用（李忠雄等，2004，2006）。张会化等（2004）获得芒康盆地内拉屋拉组高钾火山岩的 $^{40}Ar/^{39}Ar$ 年龄为 33.5±0.2Ma，同位素地球化学示踪结果表明，高钾火山岩是在转换压缩引起的陆内俯冲背景下产生的。

以下从老至新简述该分区的岩石地层序列（图 2－2）的沉积特征和时代确定依据。

1）沱沱河组（$E_2t$）

该组为紫红、砖红色厚层状复成分砾岩夹灰质岩屑砂岩、粉砂质泥岩夹灰质中细粒岩屑砂岩、复成分砾岩与中细粒岩屑砂岩及生物碎屑微晶灰岩组成的韵律层。厚 606.43m。为河流-湖相三角州-湖相沉积。沱沱河组中生物以孢粉、轮藻、介形为主，孢粉有 *Pteris* cf. *neocetica*，*Quercoidites*，*Q. microhenrici*，*Cupuliferoipollenites*，*Rutaceoipollis*，*Tricolpites*，*Salixipollenites*，*Quercus monimotricha*，*Chanopodipollis* 等，该孢粉组合主要以被子植物为主，特别是以 *Quercoidites* 属最为突出；介形类有 *Cypris decaryi*，*Gautheir*，*Candoniella albicans*（Brady），*Darwinula* sp.；轮藻有 *Peckichara serialis* Z. Wang *et al.*，（青海省地调院，2005）。其中轮藻的时代为 $E_1$—$E_2$，孢粉和介形类的时代延续较长，总体显示为古近纪，古地磁年龄为 52.0～31.5Ma（刘志飞等，2001；Wang *et al.*，2008）。与下伏白垩纪地层角度不整合接触（青海省地调院，2005）。

2）雅西措组（$E_3y$）

该组为紫红、灰紫色厚层状灰质中细粒长石岩屑砂岩、浅灰绿色泥晶砂屑灰岩，厚 984.2m。为湖相三角洲-湖相沉积。雅西措组生物群落仍以孢粉、轮藻和介形类为主。产孢粉 *Classopllis*，*Ephedripites*（*Distachyapites*），*Tricoloporopollenites*，*Meliaceoipites*，Pinaceae 等；轮藻 *Obtusochara brevicylindrica* Xu et Hang，*O.* sp.，*Tectochara houi* Wang，*Amblyochara subeiensis* Huang et Xu，*Hornichara qinghaiensis* Di 等；介形类 *Eucypris lenghuensis* Yang，*E.* sp.，*Darwinula* sp.，*Candoniella albicaus*（Brady），*Cyprinotus* sp. 等（青海省地调院，2005）。轮藻和介形类组合均反应了渐新世色彩，其中介形类 *Eucypris lenghuensis* 为渐新世的标准分子。古地磁年龄为 31.5～30Ma（刘志飞等，2001；Wang *et al.*，2008）。与下伏沱沱河组整合接触。

3）五道梁组（$N_1w$）

该组为浅灰绿色中厚层状泥灰岩夹石膏层、紫红色细砂岩、浅灰色泥岩。厚 399.38m。为咸化湖相沉积。五道梁组中生物组合以孢粉和介形类为主。产孢粉 *Verrutetraspora*，*Verrucosa*，*Cycadopites*，*Abietineaepollenites*，*Pinuspollenites*，*Piceotes*，*Cedripidites*，*Podocarpidites*，*Laricodites*，*Ephedripites*（*Ephedripites*），*Tricolporopollenites*，*Rutaceoipollis*，*Apiespollenites*，*Ptceaepollenites giganteus*，*Acrycarpites*，*Inaperturopollenites*，*Triporoletes*，*Pterisisporites*，*Classopollis*，*Pinaceat*，*Meliaceoipi-*

*tes*，*Piceaepollenites*，*Cedripites*，*Quercoidites*，*Platanoidites*，*Tricolpites*，*Didymoporispollenites* 等；介形类 *Eucypris goibeigouensis* Sun，*E.* sp.，*E. qaibeigouensis* Sun，*Limnocythere limbosa* Bodina，*Candoniella marcida*，*Mandelstam*，*Cyclocypris* sp.，*Darwinula nadinae* Bodina 等(青海省地调院，2005)。孢粉组合时代显示为渐新世晚期—中新世早期。介形类组合中大都为中新世的标准分子或重要分子。由此，从孢粉和介形类组合特征可以断定五道梁组沉积时代为中新世。古地磁年龄为 23.8～21.8Ma(Wang *et al.*，2008)。与下伏雅西措组呈角度不整合接触。

4)查保马组($N_1c$)

该组为紫灰色、灰黄色玄武安山岩、粗面安山岩、粗面岩、粗面英安岩，夹有次火山岩——深灰色玄武安山玢岩、粗面斑岩，含壳源包体。厚度大于 2 000m。中国地质大学(武汉)地调院(2006)用 SHRIMP 法获得查保马组火山岩锆石 U－Pb 年龄为 18.28Ma。与下伏五道梁组或更老的其他岩层呈角度不整合接触。

5)曲果组($N_2q$)

该组下部为灰褐色复成分块状砾岩、岩屑石英粉砂岩及薄层状泥岩夹少量岩屑砂岩；上部为灰、灰褐色薄层状泥粒灰岩、泥岩夹岩屑石英粉砂岩。厚 1 070～2 283m。为扇三角洲-湖泊相沉积。曲果组产轮藻 *Charites* sp.；腹足类 *Galba* sp.；介形类 *Candona* sp.，*Candoniella* sp.，*Cyclocypris* sp.，*Ilyocypris* sp.，*Eucypris* sp.，*Leucocythere* aff. *tropis*，*Candoniella formosa*(中国地质大学(武汉)地调院，2003)。据生物化石时代归为上新世。曲果组以断层或角度不整合于下伏五道梁组、雅西措组或更老的岩层之上。

6)昆仑组($N_2kl$)

该组为洪积相杂色砂质砾岩，厚 250m。古地磁年龄为 3.58～2.69Ma(宋春晖等，2005)。与下伏三叠系巴颜喀拉山群呈角度不整合接触。

7)湖东梁组($NQh$)

该组为浅灰、灰色—肉红、灰紫红色流纹岩、流纹质角砾熔岩、霏细岩、次粗面英安岩及次流纹岩。青海省地调院(2003)在湖东梁东获得 Ar－Ar 法 24.0±0.19Ma 熔岩年龄，在太阳湖东获得 Ar－Ar 法 6.63±0.07Ma 次火山岩年龄，在新青峰西获得 U－Pb 法 2.2Ma 的次火山岩年龄。湖东梁组火山活动始于中新世早期，到更新世早期结束，呈熔岩丘状、弧立锥状突出地表，山顶常呈近圆形洼地。喷发不整合于三叠纪巴颜喀拉山群、古近系沱沱河组等更老的岩层之上，局部呈断层与更老的岩层接触，火山岩分布主要受近东西向断层控制(青海省地调院，2003)，是青藏高原由缓慢隆升逐渐变为急剧隆升阶段的产物。

(3)川西-藏东地层分区

该地层分区包含 8 个盆地，分别为玛曲盆地、甘德盆地、桑日麻盆地、长沙贡玛盆地、甘孜盆地、羊拉盆地、硕曲盆地和拉波盆地。它们均是在金沙江断裂带、澜沧江断裂带和班公湖-怒江断裂带及其平行的次级断裂带，在逆冲挤压环境下，沿上述断裂带与其分支帚状次级断裂带之间出现的小型走滑拉分盆地(图 2－1，表 2－1)。这些小型盆地的共同特点是(张克信等，2007；Zhang *et al.*，2008)：①平面上沿断裂带呈狭窄的长条状，分布面积小；②盆地内的沉积建造多数以快速堆积的冲积扇-河流相砾岩、砂岩开始，中期进入湖相泥岩、泥灰岩、粉砂岩夹灰岩、泥质石膏层等，晚期又以河流-冲积扇相砂砾岩结束，盆地沉积充填期相对短暂；③盆地沉积建造一般巨厚，一般厚度在千米以上；④部分盆地常伴有火山岩分布。以下从老至新简述该分区的岩石地层序列的沉积特征和时代确定依据。

1)热鲁组($K_2Er$)

该组下部为紫红、红色砾岩、含砾粗砂岩；上部为杂色含砾砂岩、砂岩、砾岩与泥岩互层，夹泥灰岩、白云质灰岩，局部夹火山碎屑岩。本组自下向上粒度由粗变细，颜色以红、紫红色为主，砾石成分因地而异，局部地段的泥岩含铜。产植物化石，厚数百米至 2 000 余米。为冲积扇-扇三角洲-湖泊相沉积。产孢粉 *Lycopodiumsporites oligocenicus* － *Ephedripites*(*Distachyapites*) *eocenipites* － *Peltandripites* davissii 组合带；植物化石 *Palibinia pinnatifida*，*Eucalyptus relunensis*，*Bansia puryearemsis*，*Hemiptelea paradavidii*；轮藻化石 *Gyrogona gianjiangica* 和 *Kosmogyra* sp. 等(四川省地调院，2006)。在拉波区该组泥灰岩中含 *Pakistania sinense*，*Australorbis pseudoammornius* 等，据古生物化石，时代为古近纪。但在德格，该组中发现大量孢粉，如 *Ginkgocycadophytus*，*Psophosphaera*，时代以晚白垩世为主。在你岔马该组上部含铜砂岩中也获得晚白垩世孢粉化石(刘耕武，1999)。在木哈隆红层中采有长袖杉，在若尔盖县热当坝热鲁组中采获介形虫 *Cypridea* 和 *Pseudocypridina*，崩巴沟产植物化石 *Manica*(*Changlingia*)*tholistoma*，多儿沟采得孢粉 *Schizaeoporites*，*Converrucosisporites*，*Cicatricosisporites*，上列化石多见于白垩纪。因此，热鲁组的底部时限在东部始于晚白垩世，上延到古近纪，西部以古近纪沉积为主。从区域上看，在热当坝一带，热鲁组直接超覆于年龄值为 112±27Ma 的财宝山组之上，时代应为晚白垩世—古近纪(四川省地调院，2001)。热鲁组与下伏不同时代的地层呈角度不整合接触。

2)贡觉组($E_{1-2}g$)

该组下部为紫红色砾岩与紫红色含砾粗砂岩、中—细粒砂岩和钙泥质粉砂岩互层，夹石膏；上部为红色砂、泥岩、泥质粉砂岩夹泥灰岩、石膏层及含铜页岩，厚 1 200～2 646m。产植物 *Sabalites*(西藏自治区地质矿产局，1997)，*Pinus yunnanensis*(西藏自治区地调院，2007)。与下伏地层呈角度不整合接触。

3)宗白组($E_2z$)

该组下部为灰色、灰黄色、灰褐色厚层细砾岩、石英砂岩、长石砂岩；上部为灰色粘土岩、泥岩、黑色页岩夹灰黄色中细粒长石石英砂岩、粉砂岩及油页岩。厚 294.19m。宗白组在热昌产腹足 *Planorbarius subdiscus* Yu et Pan，*Pingiella dengqenensis* Yu，*Guraulus* sp.，在觉恩、八达产植物 *Equiselum* sp.(西藏自治区地调院，2006)。此外，中科院青藏高原科考队(1976)曾在宗白附近采有腹足 *Viviparus* sp.，*Lymnaea* sp. *Pingiella dengqenensis* Pan，*Gyraulus* sp.，*Planorbarius* sp.，*Amnicola* sp.，*Pseudamnicola* sp.，*Physa* sp.；腹足动物口盖 *Spiroconcentrictype* cf. *operculum*；介形虫 *Stenocypris* sp.，*Cyprois* sp.，*Eucypris* sp.；昆虫 *Erotylidae incertae* Sedis。宗白组所产腹足 *Planorbarius subdiscus* 原发现于河北省涿县始新统。据生物化石组合将宗白组归于始新统，区域上可与牛堡组大致对比。与下伏贡觉组或更老的其他岩层呈角度不整合接触。

4)昌台组(N*c*)

昌台地区该组主要岩性为紫红色、红色、灰色砾岩、含砾砂岩、砂岩、粉砂岩、泥岩夹含油褐煤及菱铁矿结核层，下部夹中基性火山岩。玉隆地区岩性为灰绿色粉砂岩、粉砂质泥岩与岩屑石英砂岩互层，含腹足及植物化石碎片，夹透镜状砾岩，含少许菱铁矿结核，部分层段还夹少许中基性火山碎屑岩。厚 1 329m。产腕足类化石 *Planorbis youngi* Ping，*Planorbis* cf. *chihliensis* Ping；孢粉化石 *Pinuspollnites* sp.，*Podocarpidites* sp.(四川省地调院，2001)。据生物化石组合，其时代为中新世。该组与下伏三叠系等地层呈角度不整合接触。

5)拉屋拉组(N*lw*)

该组为紫红色、灰白色、黄绿色砂、砾岩，泥岩、粉砂岩及砂岩，局部含凝灰质及薄层煤层；中部为中酸性、碱性粗面岩、粗安岩、石英粗安岩、黑云母石英粗面岩等间夹杂色砂砾岩，厚 1 023.5m。产丰富的孢粉 *Equisetum* sp.，*Betula mankongensis*，*B.* cf. *utilis*，*B.* cf. *vera*，*Carpinus* cf. *fargesiana*，*C. grandis*，*Sorbus* cf. *wilsoniana*，*Lonicera*，*Chenopodium*，*Polygonum*，*Artemisia* 等；介形类 *Stenocypia fischeri*，*Candoniella donschanensis*；腹足类 *Australorbis* cf. *pseuduammonius*；轮藻 *Obtusochara* sp.(西藏自治区岩石地层，1997)。据生物化石组合，其时代为中—上新世。中部火山岩的 $^{40}Ar/^{39}Ar$ 年龄为 33.5±0.2Ma(张会化等，2004)，综合同位素测年值和化石组合时代，本书将 N*lw* 时代置于渐新世—上新世。与下伏地层呈角度不整合接触。

### 4. 成都-滇西地层区

成都-滇西地层区根据盆地类型(表 2－1)和盆地沉积充填序列特征(图 2－2),划分为成都地层分区和滇西地层分区(表 2－1,图 2－1、图 2－2)。

(1)成都地层分区

成都地层分区仅包含 1 个盆地,是成都盆地,为挤压构造背景下的构造挠曲前陆盆地。盆地新生代沉积地层为一套大型河湖相碎屑岩沉积组合,与下伏白垩纪陆相地层为连续沉积。盆地内岩石地层序列在渐新统与中新统、中新统与上新统之间均存在沉积间断与角度不整合面。以下从老至新简述该分区的岩石地层序列的沉积特征和时代确定依据。

1)大溪组($K_2E_1d$)

该组盆地西部边缘为紫、紫灰、黄灰、暗红色厚层至块状粗砾岩夹含砾砂岩、砂岩及薄层砂岩透镜体,向盆地内逐渐相变为含砾砂岩和砂岩。厚 500～2 000m。为冲积扇相沉积。ESR 测年结果为 91～55Ma,时代为晚白垩世—古新世(曾宜君等,2004;李元林,1995;纪相田和李元林,1995)。与下伏白垩系夹关组为整合接触。

2)名山组($E_{1-2}m$)

该组下部为棕红色中—厚层状钙质石英粉砂岩,局部夹细砂岩、粉砂质泥岩(曾称为"金鸡关段");上部为紫红、棕红色泥岩夹粉砂岩、泥质粉砂岩、粉砂质泥岩、灰黑色泥岩,含盐类沉积夹层,局部可夹泥灰质角砾岩(曾称为"余光坡段")。厚 38～600m。为咸化湖相沉积。含介形虫 *Limnocythere－Eucypris－Sinocypris* 组合带,主要有 *Sinocypris*,*Limnocythere*,*Cypris*,*Eucypris*,*Cyprinotus*,*Candona*(*Candona*)等属,尚见有轮藻 *Neochara* 等(四川省地质矿产局,1995,1997)。据生物化石组合,其时代为古新世—早始新世。与下伏白垩系灌口组呈整合接触。

3)柳嘉组($E_{1-2}lj$)

该组以浅砖红色厚层至块状细—中粒岩屑长石石英砂岩为主,夹少量棕红色厚层状泥岩及透镜体,上部偶呈薄、厚互层。本组区域上大都被剥蚀,未见顶,残留厚度 88m。为河湖相沉积。含少量介形虫 *Candona*(*Candona*),*Paracypris*,*Eucypris* 等(四川省地质矿产局,1997)。据生物化石组合,其时代为古新世—始新世。与下伏白垩系三合组呈整合接触。

4)芦山组($E_{2-3}l$)

该组以橙红、棕红色泥岩为主,间夹同色或黄绿色中厚层状泥质、钙质粉砂岩,常组成不等厚韵律互层,底部含灰岩砾石。厚 5～687m。为湖相沉积。含介形虫 *Pinnocypris*,*Limnocythere*,*Cyprinotus*,*Ilyocypris*,*Potamocypris* 等,以及轮藻 *Gyrpogona qianjiangica*,*Obtusochara jianglinensis* 等,局部产鱼类化石(四川省地质矿产局,1997)。据生物化石组合,其时代为始新世—渐新世。与下伏名山组呈整合接触。

5)凉水井组($Nls$)

该组中灰、灰黄夹紫灰色细-巨砾砾岩与粘土岩组成不等厚互层,层间夹半胶结含砾砂岩。厚 100～130m,为河湖相沉积。含孢粉 *Lycopodium* sp.,*Selaginella* sp.,*Pteris* sp.,*Gleichenis* sp. 等(四川省地质矿产局,1997)。据生物化石组合,其时代为新近纪。与下伏不同时代的地层均呈角度不整合接触。

6)大邑组($N_2Qpd$)

该组为黄灰、褐灰色砂质砾卵石及透镜状岩屑砂层,风化色为棕黄、褐黄、灰白色,下部多为固结状,上部较为疏松且风化强烈。厚 122～380m,为山前近源冲积扇-河流相沉积(王凤林等,2003)。含早更新世孢粉 *Polypodiaceae－Phymatodes* 组合,ESR 测年结果为 3.1～0.91Ma,时代为上新世—早更新世(王凤林等,2003;苟宗海等,2001;四川省地质矿产局,1995)。与下伏不同时代的地层以角度不整合接触为主,少量呈平行不整合接触。

(2)滇西地层分区

滇西地层分区包含13个盆地(表2-1),按照盆地沉积特征和盆地性质可分为5个地层小区,分述如下。

**西昌-盐边-丽江小区**

该地层小区包括西昌盆地、盐边盆地、盐源盆地、宁蒗盆地和丽江盆地5个拉分盆地。盆地新生代沉积地层为一套山麓相磨拉石-河湖相碎屑岩沉积组合。盆地内岩石地层序列不连续,在渐新统与中新统之间存在沉积间断,以不整合面相接触。以下从老至新简述该小区的岩石地层序列的沉积特征和时代确定依据。

1)丽江组(E*lj*)

该组下部为紫灰色厚层至块状砾岩、含砾砂岩夹砂岩透镜体;中部为灰紫色块状砾岩与细、粉砂岩不等厚互层;上部以灰紫色块状砾岩为主。厚500～950m(四川省地质矿产局,1997)。为洪冲积-河流-扇三角洲沉积。丽江组上部含始新世晚期哺乳类 *Prohyracodon* sp.,*Juxia* sp.,*Eomoropus* sp.,cf. *Lophioletes* sp.,cf. *Depretella* sp.,cf. *Teleolpphus* sp.,*Amynodontidae*,Brontotheriidae indet.,Anthracotheriidae indet. 等(赵国光,1965)。与下伏地层呈角度不整合接触。

2)盐源组(NQ*y*)

该组为灰、灰紫、灰绿色砂砾岩、砂质粘土岩不等厚韵律互层夹褐煤层或煤线。厚5～640m。为河湖相沉积。含上新世晚期哺乳动物 *Sinomastodon yanyuannensis* sp. nov.,*Stegodon*? *elephantoides*,*Chilotherium* sp.,*Axis* sp.,*Cervavitas* sp.;更新世哺乳动物 *Canis lupus*,*Equus* cf. *yunnanensis*,*Cervus*(*R*)*unicolor*,*Bos*(*Bibos*)*gaurus*,*Sus scrofa* 等(宗冠福等,1987),其碎骨的$^{14}C$年龄为16 652±800BP(宗冠福等,1996)。另据《四川省岩石地层》,本组含哺乳类 *Gomphoterium* 和植物 *Populus*,*Alnus* 等(四川省地质矿产局,1997),李勇(2001)报道该组底部红土型风化壳石英颗粒ESR测年结果为10.2Ma,认为该组时代为晚中新世。与下伏地层呈角度不整合接触。

3)昔格达组($N_2x$)

该组下部为砾岩;中部为灰色粘土岩及黄色细砂岩互层,常夹紫色粘土岩(灰色层);上部以黄色巨厚层状细砂岩为主,夹杂色条带状粘土岩(黄色层)。厚150～1 000m。为山间盆地洪冲积-扇三角洲-滨浅湖沉积。含植物 *Castanopsis*,*Quercus* 等;孢粉 *Abies*,*Pinus*,*Quercus* 等;介形类 *Dolerocypris*(四川省地质矿产局,1997)。本组磁性地层大部分以正极性为主,上部以负极性为主,分别与高斯正向期与松山反向期(早期)相对应(四川省地质矿产局,1997)。在泸定本组的古地磁测年为4.29～2.6Ma BP(蒋复初等,1999a,1999b;王书兵,2006),时代为上新世。与下伏地层呈角度不整合接触。

**昭通-昆明-楚雄小区**

该地层小区包括昭通盆地、昆明盆地、几依盆地、元谋盆地和楚雄盆地5个断陷盆地。盆地新生代沉积地层为一套河湖相碎屑岩组合,与下伏白垩纪陆相地层为连续沉积。岩石地层序列在始新统和渐新统发育不完整,在渐新统与中新统、中新统与上新统之间均存在沉积间断与角度不整合面。以下从老至新简述该分区的岩石地层序列的沉积特征和时代确定依据。

1)小坝组+雷打树组(KE*x*-*l*)

由于本次对该地层小区的1∶150万地质图编图未获得1∶25万区调资料,所用编图资料为中国地质调查局1∶50万地质图空间数据库。在该数据库中,将小坝组与雷打树组合并表达,本次编图亦采取之。

小坝组(KE*x*)下部为紫灰、紫红色块状细—中粒石英、长石砂岩,底部常具紫红色砾岩及含砾砂岩;上部以紫红色钙质粉砂岩、泥岩为主,夹紫灰色薄层泥灰岩,组成不等厚韵律互层(高振家等,2000)。厚1 345m左右。为湖三角洲和湖泊沉积环境。含介形虫 *Cpridea*-*Talicypridea*-*Condona*-*Eucypris*-*Cyprois*-*Cpyris*-*Cyprinotus*-*Harsbinia* 组合;轮藻 *Obtusochara*-*Grambastichara*-*Mesochara*-*Charites* 组合;叶肢介 *Orthestheria*(汪啸风等,2005)。据生物化石组合,其时代为晚白垩世晚期—古新世初期。与下伏白垩系飞天山组或官沟组是平行不整合接触。

雷打树组(E*l*)下段为紫红色长石石英砂岩夹粉砂岩、泥岩,厚347m;中段为紫红色钙质粉砂岩与砂岩互层,夹少量泥岩,含介形虫 *Limnocythere* - *Sinocypris* - *Ilyocypris* 组合,厚651m;上段为紫红色钙质泥岩含薄层状或透镜状石膏层,产轮藻 *Obtusochara* 等和介形虫 *Pinnocypridea* - *Limnocythere* 组合,厚450m(四川省地质矿产局,1997;郑家坚等,1999;高振家等,2000)。为湖三角洲和湖泊沉积环境。据生物化石组合,其时代为古近纪。与下伏小坝组间为整合接触,局部呈平行不整合接触。

2)马头山组+江底河组(KE*m*-*j*)

由于本次对该地层小区的1∶150万地质图编图未获得1∶25万区调资料,所用编图资料为中国地质调查局1∶50万地质图空间数据库。在该数据库中,将马头山组与江底河组合并表达,本次编图亦采取之。

马头山组(K*m*)底部为粗—巨砾岩;下—中部为暗紫红色厚层块状钙质砂岩夹紫红色泥岩、砂砾岩;上部为紫红色厚至块状石英砂岩夹砂砾岩、泥质砂岩、页岩和含铜页岩。产双壳类 *Nakamuranaia chingshanensis*,*Nippononaia yunnanensis*;介形虫 *Cypridea angustricaudata*,*Ziziphocypris sinakovi*;叶肢介 *Nemestheria inscuipta*,*Aglestheria yunnanensis*,*Jilinestheria separate*;轮藻 *Porochara oblonga*(汪啸风等,2005)。为冲积扇-扇三角洲-湖泊环境沉积。厚157m。据生物化石组合,其时代为晚白垩世。与下伏白垩系张河组或普昌河组为平行不整合接触。

江底河组(KE*j*)下部为紫红、灰绿、黄绿色砂质泥岩、页岩与泥质粉砂岩互层夹泥灰岩;中下部为紫色粉砂岩夹少量细粒长石石英砂岩;中上部为紫红色、棕红色薄—中层状泥岩、钙质粉砂岩夹灰绿、黄绿色泥岩、泥灰岩及含盐泥砾岩;上部为紫红色厚层状粉砂岩、泥质粉砂岩、泥岩、粉砂质泥岩夹少量细粒长石石英砂岩(云南省地质矿产局,1996;高振家等,2000)。厚756~2 574m。为淡水湖-咸化湖环境沉积。下部含晚白垩世生物化石:介形类 *Cypridea*(*Ulwellia*)cf. *minevensis*,*C.*(*U.*)*houmafangensis*,*Darwinula* cf. *leguminella*,*Eucypris* cf. *anluensis* 等;叶肢介 *Orthestheria daijiatunensis*,*Nemestheria yunnanensis*,*Aglestheria separata* 等;轮藻 *Charites sadleri* 等;鱼类 *Manchurichthys* sp.。中上部含古新世生物化石:介形类 *Cypridea* sp.,*Eucypris* sp.;叶肢介 *Aglestheria*? sp. 及孢粉等(云南省地质矿产局,1996)。据生物化石组合,江底河组的时代为晚白垩世—古新世。与下伏马头山组间为整合接触。

3)赵家店组($E_2zj$)

该组下部为紫红、肉红色厚层—块状细—中粒长石石英砂岩、石英砂岩,偶夹砖红色泥岩及粉砂岩;上部为棕红、砖红色泥岩夹紫红、暗紫红色厚层状细粒长石石英砂岩。厚242~1 387m。为河流-三角洲-湖泊环境沉积。含少量植物 *Carpolithus* sp.,*Ginkgo* sp.,*Phyllotheca*? sp. 等,区域地层对比其时代为始新世(云南省地质矿产局,1996)。与下伏江底河组为整合接触。

4)路南组($E_{2-3}ln$)

本书的路南组上部包含了蔡家冲组($E_3c$),由于蔡家冲组与路南组均为湖相沉积,岩性相近,且两者为连续沉积(整合接触),在中国地质调查局1∶50万地质图空间数据库中将两者合并称为(广义的)路南组,本书采纳之。

(广义的)路南组下部(相当于原“路南组”)以棕红色泥质砂岩、砂质泥岩为主,夹灰白、灰黄、灰绿、灰黑色钙质泥岩、泥灰岩及少量含砾砂岩或砂砾岩。厚31~913m。为断陷湖盆河湖相沉积。周明镇等(1959,1962,1964,1974)最早报道了路南组的哺乳类 *Eomoropus ulterior* 等;郑家坚等(1978)将路南盆地的路南组哺乳类总结为晚始新世的 *Protitan* - *Breviodon* - *Amynodon* 带和 *Dianotitan* - *Indricotherium* 带,早渐新世的 *Gigantamynodon* 带。云南省地质矿产局(1996)对路南组哺乳类总结为:中下部含晚始新世哺乳类 *Lephialetes expeditus*,*Helaletes mongoliensis*,*Dianotitan*(“*Parabrontops*”)*lunanensis* 等;上部含早渐新世哺乳类 *Cadurcodon ardynensis*,*Gigantamynodon giganteus* 等。据生物化石组合,路南组下部时代为晚始新世—渐新世。

（广义的）路南组上部（相当于原“蔡家冲组”）为浅色泥灰岩、泥质灰岩夹泥岩、钙质泥岩、细砂岩及少量细砾岩。厚72～187m。为淡水湖泊相沉积。含哺乳类 *Cadurcodon ardynensis*，*Gigantamynodon giganteus*，*Bothriodon chowi*，*Indricotherim qujingensis*，*I. intermedium*，及少量轮藻、腹足类等，据生物化石组合，其时代为渐新世（云南省地质矿产局，1996）。路南组与下伏地层为角度不整合接触。

5）小龙潭组（$N_1xl$）

该组下部为灰色砂、砾岩；中部为灰、灰白色泥岩、钙质泥岩及褐煤；上部为浅灰、灰白色泥灰岩夹钙质泥岩及褐煤。厚45～2 140m。为河流-湖沼-湖泊相沉积。含哺乳类 *Drypopithecus keiyuanensis*，*Gomphotherium xiaolongtanensis*，*Zygolophodon chinjiensis*，*Chleuastochoerus* cf. *stehlini*，*Potamochoerus parvulus*，*Ramapithecus keiyuanensis* 等，以及植物、腹足类、双壳类等，据生物化石组合，其时代为中新世（云南省地质矿产局，1996）。云南开远还可见猪类 *Listriodon*（*Hyotherium* ?）sp.，时代为中上中新统（张玉萍，1974）。小龙潭煤矿褐煤层含哺乳类 *Sivapithecus* sp.，Mustelidae indet.，*Tapirus* cf. *yunnanensis*，*Propotamochoerus parvulus*，*Dicoryphochoerus* sp.，Cervidae indet.，*Tetralophodon xiaolongtanensis*，Castoridae gen. et sp. Indet.（董顾，1987），*Zygolophodon chinjiensis*，*Gomphotherium* cf. *macrognathus*（周明镇等，1978），时代为晚中新世。与下伏地层为角度不整合接触。

6）高坎子组（$Ngk$）

该组下部为砾岩夹粘土岩；上部为粘土岩夹粉砂岩和砾岩。为冲积扇-扇三角洲-湖泊环境沉积，分布在昭通盆地，时代为中新世。与下伏地层为角度不整合接触。

7）茨营组（$N_2cy$）

该组下部为白色粘土质灰岩；中部为黄灰色粘土夹含砾砂质粘土；上部为灰棕、紫灰、红黄色粘土夹钙质泥岩及砂质灰岩。厚31～1 149m。为断陷湖盆沉积。含哺乳类 *Stegodon yuanmouensis*，*S. zhaotongensis*，*S. elephantoides*，*S. primitium*，*Stegolophodon banguoensis*，*Chilotherium yunnanensis* 等，以及腹足类、介形类、双壳类、植物和藻类等，据生物化石组合，其时代为上新世（云南省地质矿产局，1996）。班果东南铁山北麓杂色粘土含哺乳类 *Stegolophodon banguoensis*，*Stegolophodon* aff. *banguoensis*，*Chilotherium yunnanensis*，*Stegodon primitium*，*Sus* sp.，Hyaenidae，*Stegodon* sp，时代为上新世晚期（汤英俊等，1974）。据元谋、昆明盆地古地磁测年为2.48～3.4Ma（云南省地质矿产局，1996）。与下伏地层为角度不整合接触。

**剑川小区**

该地层小区仅包含1个盆地，是剑川盆地。是在澜沧江断裂带和红河断裂带及其平行的次级断裂带内，在逆冲挤压环境下，沿上述断裂带出现的压陷走滑盆地（图2-1，表2-1）。盆地新生代沉积地层为一套山麓相-河湖相碎屑岩-火山喷发-溢流相沉积组合，与下伏地层为不整合接触。盆地内岩石地层序列在渐新统与中新统、中新统与上新统之间均存在沉积间断与角度不整合面。以下从老至新简述该盆地的岩石地层序列的沉积特征和时代确定依据。

1）宝相寺组（$E_2b$）

该组以紫红、灰紫色为主，黄白、黄褐色为次的砾岩、砂岩组成由粗至细的多个沉积旋回，其间夹钙泥质粉砂岩及少量泥岩、含粉砂质灰岩。厚213～1 359m。为山麓相或湖盆边缘相-河湖相沉积。含哺乳类 *Eoentelodon likiangensis*，*Lunania* cf. *youngi*，*Honanodon hebetis* 等，以及植物、介形类、双壳类、孢粉等（云南省地质矿产局，1996），时代为晚始新世。与下伏地层为角度不整合接触。

2）金丝厂组（$E_3j$）

该组中紫红色（部分为灰、灰白色）砾岩、含砾砂岩、岩屑砂岩、粉砂岩、钙质粉砂岩组成多个沉积旋回，夹少量紫红色泥岩、粉砂质泥岩。厚485～2 670m。为冲积扇-扇三角洲-湖泊沉积。含植物 *Myrica* cf. *angustifelia*，Taxodiaceae 等（云南省地质矿产局，1996），时代为渐新世。与下伏宝相寺组为整合接触。

3)双河组($N_1 sh$)

该组下部为灰、黄褐色钙质砂岩、砂岩、凝灰质砂岩夹煤层;中部为深灰色泥灰岩;上部为浅灰色泥质粉砂岩夹浅黄色长石砂岩及煤层。厚 114～445m。为湖泊相沉积。含植物 *Dryophyllum yunnanense*, *D. relonganense*, *D. nervosum*, *D.* cf. *puryearense*, *Quercus scotii*, *Q. spathulata*, *Sassafras paratsumu*, *Phoebe megaphylla*, *Zelkova ungeri*, *Pistacia miochinensis*, *Rhus trifolia*, *Cinnamomum* sp. 等,以及双壳类、腹足类、介形类(云南省地质矿产局,1996),时代为中新世。剑川西北部石菜江南岸在该组内产植物 *Quercus* cf. *relongtanense* Colani., *Quercus* spp., *Dryophyllum yunnanensis* Colani., *Cinnamomum* sp., *Phoebe pseudolanceolata* Colani., *Paliurus* sp. 等(赵国光,1965),时代为晚中新世。与下伏宝相寺组为角度不整合接触。

4)剑川组($Nj$)

该组下部为浅灰、灰绿色粗面质火山角砾岩、粗面质火山角砾集块岩夹浅灰黄色粗面质火山凝灰岩及少量紫红、暗绿色玄武质火山角砾岩、玄武岩;上部为灰绿色粗面质沉火山角砾岩夹浅灰黄色粗面质沉凝灰岩。厚 183～546m。为火山喷发相-溢流相沉积。本组含植物 *Dryphyllum yunnanense*, *Zelkova ungeri*, *Phragmites pehlngensis*, *Typha latissima*, *Quercus* cf. *spathulata*, *Polygonum* cf. *miosinicum* 等,据生物化石组合及区域地层对比,时代为上新世(云南省地质矿产局,1996)。剑川西北部石菜江两岸在该组的下部白色凝灰质砂岩中含植物 *Phyllites* sp. (? *Salix* sp.), *Laurus* sp., *Cyperiles* sp. 等,认为时代为中新世末—上新世早期(赵国光,1965)。与下伏双河组或中三叠统上兰组为角度不整合接触。

**兰坪小区**

该地层小区仅包含 1 个盆地,是兰坪盆地。是在澜沧江断裂带和红河断裂带及其平行的次级断裂带内,在逆冲挤压环境下,沿上述断裂带出现的压陷走滑盆地(图 2-1,表 2-1)。盆地新生代沉积地层为一套山麓相-河湖相碎屑岩沉积组合,发育湖沼相的煤层,与下伏白垩纪陆相地层为连续沉积。盆地内岩石地层序列在始新统内部、渐新统与中新统、中新统与上新统之间均存在沉积间断与角度不整合面。以下从老至新简述该盆地的岩石地层序列的沉积特征和时代确定依据。

1)勐野井组($E_1 m$)

该组为棕红、砖红色钙泥质粉砂岩、钙质泥岩、粉砂质泥岩和杂色盐溶泥砾岩和石膏,局部夹少量细砂岩、泥灰岩及泥质灰岩。厚 225～2 275m。为咸化湖泊环境沉积。含介形类 *Sinocypris* - *Parailyocypris* - *Eucypris* 组合,轮藻 *Obtusochora* - *Peckichara* - *Gyrogona* 组合,叶肢介 *Paraleptesheria* 和腹足类、昆虫、孢粉等(云南省地质矿产局,1996;汪啸风等,2005),据生物化石组合,其时代为古新世。与下伏白垩纪地层为整合或平行不整合接触。

2)等黑组($E_2 d$)

该组中紫褐、褐红、紫褐红色砂岩、粉砂岩、泥岩组成粗细相间的沉积韵律,底部以中层—块状砂岩的出现为界。厚 168～1 897m。为湖三角洲-湖泊环境沉积。含介形类 *Pinnocypris gibba*, *P. yunnanensis*, *Limnocythere yunlongensis*, *L. menglaensis*, *L. spinosalata* 等,以及轮藻、腹足类、昆虫类和孢粉(云南省地质矿产局,1996),据生物化石组合,其时代为早—中始新世。与下伏勐野井组为整合接触。

3)宝相寺组($E_2 b$)

该组为紫红和灰紫色为主、黄白和黄褐色为次的砾岩与砂岩互层夹钙泥质粉砂岩及少量泥岩、含粉砂质灰岩,呈韵律旋回。厚 213～1 359m。为扇三角洲-湖相沉积。含哺乳类 *Eoentelodon likiangensis*, *Lunania* cf. *youngi*, *Honanodon hebetis* 等以及植物、介形类、双壳类、孢粉等(云南省地质矿产局,1996),据化石组合,其时代为晚始新世。与下伏勐野井组为角度不整合接触。

4)勐腊组($E_{2-3} ml$)

该组中灰紫色砾岩、含砾砂岩和紫红、褐红色细-粗粒岩屑砂岩、长石石英砂岩、石英砂岩夹少量紫红、砖红色泥质岩构成粗-细-粗的地层序列。厚150～1 913m。为辫状河-冲积扇-扇三角洲沉积。含少量植物、双壳类碎片。据区域地层对比,其时代为晚始新世—渐新世(云南省地质矿产局,1996)。与下伏等黑组或宝相寺组为角度不整合接触。

5)三号洞组($N_1s$)

该组为以浅灰至深灰色砂岩、粉砂岩、泥岩为主夹少量砾岩、砂岩及褐煤,底部一般为砾岩。厚53～2 455m。为湖、沼相-扇三角洲环境沉积。含植物 *Magnolia latifolia*, *Annona pinnatinervis*, *Uvaria yunnanensis*, *Machilus ugoana*, *Nothaphoebe precavaleriei*, *Phoebe pseudolanceolata*, *Zelkova ungeri*, *Ficus parasemicordata*, *Dryophyllum yunnanense*, *Quercus haugii*, *Q. lantenoisii*, *Q. latifolia*, *Q. zeilleri*, *Myrica banksiaefolia*, *Carya cordioides*, *Calocedrus lantenosii* 等,以及少量介形类、腹足类(云南省地质矿产局,1996),据生物化石组合,其时代为中新世。与下伏勐腊组为角度不整合接触。

6)三营组($N_2sy$)

该组底部为砾岩;下部为灰褐、灰色泥岩(粘土岩)、粉砂岩、砂岩夹紫红色泥岩层及褐煤;上部为杂色砾岩、砂岩夹灰色粉砂岩。厚49～1 331m。为扇三角洲-湖沼环境沉积。含植物 *Quercus spathulata*, *Q. semicarpifolis*, *Q. pannosa*, *Q. monimotricha*, *Q. gilliana*, *Q. obliqufololia*, *Cellis bungeana*, *Acer franchetii*, *A. paxis*, *Pinus yunnanensis*, *Viburnum ovalifolium*,以及少量孢粉、介形类、腹足类、哺乳类等(云南省地质矿产局,1996),据生物化石组合,其时代为上新世。洱源盆地东侧三营石岩头矿区及太平村还可见植物 *Populus* sp., *Abies* sp., *Acer* spp.,时代为上新世晚期(赵国光,1965)。与下伏三号洞组为不整合接触。

**腾冲小区**

该地层小区仅包含1个盆地,是腾冲盆地。是在班公湖-怒江断裂带平行的次级断裂带内,在逆冲挤压与走滑构造环境下,沿上述断裂带出现的山间断陷盆地(图2-1,表2-1)。盆地内岩石地层仅发育上新统芒棒组($N_2m$),为一套山间盆地内发育的河湖相沉积。以下简述该地层的沉积特征和时代确定依据。

芒棒组($N_2m$)上、下部均为砂砾岩、细砂岩、粘土质粉砂岩及薄煤层组成由粗-细的多个旋回;中部为玄武岩。厚5～450m。为湖、沼相-扇三角洲环境沉积。含植物 *Quercus pannosa*, *Q. spathulata*, *Q. semicarpifolia*, *Carpinus subcordata*, *Ulmus harotoriarea*, *U. macrocarpa*, *Populus sinensis*, *P. tengchongensis*, *Osmunda jalvanica*, *Cinnamomum glonduliferum*, *Litsea populifolia*, *Myrica nana*, *Sorhus aronioides*, *S. hemsleyi*, *Sophora miojaponica*, *Gleditsia miosinensis*, *Cercis miochinensis*, *Coriaria sinica*, *Rhamnus utilis*, *R. hirsute*, *Meliosma buchananifolia*, *Rhus inoiore*, *Eurga ciliate*,以及孢粉、硅藻等(云南省地质矿产局,1996),时代为上新世。在保山羊邑产哺乳类 *Stegolophodon yangyiensis*, *Stegodon baoshanensis*, *S. elephantoides*, *S.* cf. *yuxiensis* 等(云南省地质矿产局,1996),时代为晚上新世。与下伏不同时代的老地层为角度不整合接触。

### 5. 藏南-恒河地层区

藏南-恒河地层区根据盆地类型(表2-1)和盆地沉积充填序列特征(图2-2),划分为冈底斯地层分区、雅江-喜马拉雅地层分区和恒河地层分区(表2-1,图2-1、图2-2)。

(1)冈底斯地层分区

该地层分区包含冈底斯陆缘岩浆弧和分布在该岩浆弧两侧及叠置之上的8个盆地(表2-1)。盆地按其形成机制可分为残留海、拉分盆地和断陷盆地三种类型。残留海是指古新世—始新世分布在冈底斯陆缘岩浆弧南侧的新特提斯残留海,至渐新世开始至新近纪,沿该带出现了新的拉分盆地,包括克勒策、巴嘎和桑桑盆地。断陷盆地分布在冈底斯陆缘岩浆弧的北侧,有雄巴、昂拉仁错、措勤、郭拉-乌郁和曾错盆地。

古新世—始新世期间,陆缘弧内发育了大量钙碱性—高钾钙碱性火山岩系(林子宗群)。陆缘弧在火山活动间隙期的火山凹地内堆积了陆相河-湖环境沉积（林子宗群内的大套沉积岩夹层）。在陆缘弧南侧的盆地内，发育了以柳曲群和错江顶群为代表的滨浅海环境沉积。无论是南侧的古近纪海相地层，还是冈底斯陆缘岩浆弧内发育的古近纪火山岩，它们均与下伏的白垩纪海相地层之间呈角度不整合接触关系，说明印度与欧亚板块沿雅鲁藏布江带的初始碰撞发生在古新世初（65Ma）。在陆缘弧北侧的一系列断陷盆地内，发育了以牛堡组和秋乌组为代表的河湖陆相环境沉积。

始新世晚期，冈底斯陆缘岩浆弧南侧的新特提斯残留海全面向西退去，从而全面结束了该带的海相沉积地层，该带并连同冈底斯陆缘弧的大部分地区被构造抬升为剥蚀区，说明印度与欧亚板块沿雅鲁藏布江带完成了全面碰撞（40Ma），进入陆内演化阶段。至渐新世，沿冈底斯南缘出现了一些呈近东西向展布的狭条状构造走滑拉分盆地，盆地内堆积了以粗碎屑为主的洪冲积-河湖相-水下扇沉积（大竹卡组和日贡拉组）。至新近纪，冈底斯南、北侧的拉分和断陷盆地内均充填了洪、冲积-河流-扇三角洲-滨浅湖环境沉积（芒乡组、乌郁群、旦增竹康组、沃马组和布隆组），局部发育陆相火山岩（鱼鳞山组和布嘎寺组）。

以下从老至新简述该分区的岩石地层序列的沉积特征和时代确定依据。

1）林子宗群（E*L*）

该群为钙碱性—高钾钙碱性火山岩及火山碎屑岩，局部夹砂砾岩组合。主要由玄武安山岩、安山岩、英安岩、粗安岩、钾玄岩、流纹岩和相应的火山碎屑岩夹灰岩、河湖相沉积组成。厚 6 521m。地层时限介于 65～40Ma 之间（董国臣等，2005；梁银平等，2009），为古新世—始新世。与下伏白垩纪海相地层呈角度不整合接触。从下向上分为典中组、年波组和帕那组。

典中组（$E_1d$）为以中性、中—酸性火山岩及火山碎屑为主的岛弧型火山岩组合，主要岩性为灰绿色安山质、英安岩、流纹质及对应的火山碎屑岩，夹少量沉积岩层，时见有底砾岩。厚度变化大，在林周地区厚 1 162.11m（西藏自治区地质矿产局，1997），在桑桑地区厚 5 159.72m（河北省地质调查院等，2003）。火山岩 Ar-Ar 法系统测年值为 64.4～60.5Ma（周肃等，2004），锆石 U-Pb 年龄为 62.5Ma、64.8Ma（李皓扬等，2007；梁银平等，2009），地质年代属古新世。与下伏白垩纪海相地层或更老的岩层呈角度不整合接触，但这种接触关系常被断层破坏。

年波组（$E_2n$）为一套中—酸性火山碎屑岩和沉积碎屑岩组合。火山碎屑岩主要为安山质晶屑岩屑凝灰岩、安山-流纹质火山角砾岩，局部见少量英安质玻屑凝灰熔岩；沉积岩主要为复成分砾岩、不等粒长石岩屑砂岩、粉砂岩等。厚度 720.72m。沉积岩中含双壳类 *Corbicu* sp.，*Modiolus* sp. 等；介形虫 *Cyprishenanensis*，*Cypridopsis* sp.，*Cypris hunanenses*，*Encypris painboensis*，*Homocucypris* sp. 等；腕足类 *Mirolaminatus obliauus*，*M. lamellatus*，*Amnicola* sp.，*Bythinia* sp. 等（湖北省区域地质调查院，2003）。火山岩锆石 U-Pb 年龄有 59.7Ma、56.4Ma（李皓扬等，2007；梁银平等，2009），Ar-Ar 法年龄为 54.1Ma（周肃等，2001）。地质年代属始新世。本组与下伏典中组呈喷发不整合接触。

帕那组（$E_2p$）为一套中酸性火山碎屑岩夹熔岩，主要岩性有流纹质（英安质）晶屑凝灰岩、火山角砾晶屑凝灰岩，以及流纹岩和英安岩。厚度 2 247.23m（吉林大学地质调查研究院，2003）。火山岩 Ar-Ar 法系统测年值为 48.7～43.9Ma（周肃等，2004），锆石 U-Pb 年龄为 48.7Ma（梁银平等，2009），K-Ar 法年龄值有 44.4±0.8Ma、39.5Ma 值（湖北省区域地质调查院，2003），时代为始新世中期。本组与下伏年波组呈喷发不整合接触。四川省地质调查院（2003）在革吉县邦巴所建的邦巴组应归入帕那组。

2）牛堡组（$E_{1-2}n$）

该组下段为紫红、褐黄、灰绿色复成分砾岩，长石石英砂岩夹粉砂岩。上段为紫红和灰绿色岩屑石英砂岩、长石石英砂岩、复成分砾岩、岩屑砂岩、粉砂岩、泥岩构成的韵律层。厚 2 799m。含腹足类 *Pyrazus montensis*，*Batillaria*（*Vicinocerithium*）*inopinata*，*Harrisianella*（*Teliostomopsis*）*regularicostata*，*Thericium*（*Pseudoaluco*）cf. *dejaeri*，*T.*（*Chondrocerithium*）cf. *koeneni*，*Bittium versigranulum* 等（四川省区域地质调查院，2003），时代为古近纪。与下伏中生代海相地层呈角度不整合接触。

3）秋乌组（$E_2q$）

该组下部为灰绿色砾岩、含砾粗砂岩、中粒长石岩屑砂岩，夹粉砂岩和粉砂质泥岩；中部为灰色长石岩屑砂岩、岩屑砂岩，夹粉砂岩和泥岩；上部为深灰色中粒长石岩屑砂岩、薄板状长石石英岩屑砂岩、灰黑色泥质粉砂岩、粉砂质泥岩，夹粉砂质页岩以及薄煤多层。厚 100～1 827m。该组为沿冈底斯陆缘岩浆弧隆起带-雅鲁藏布江带分布的最早一期的陆相磨拉石建造，为河流-扇三角洲-湖相沉积。含植物化石 *Typha* sp.，*Radicits* sp.，*Eucalyptus oblongifolia* Tao，*E. angusta* Velen，*E. geinitzi* Heer，*E.* sp.，*Ficus myrtifolia*，*F. myrtifolia ovata* Berry，*Rhamnus menshigensis* Tao，*Cyperacites haydenii* Lesq，*Phyrnium tibeticum* Geng 等(河北省地质调查院，2006)。该组所产植物化石 *Ficus myritifodia* 曾见于北美始新世早、中期，考虑到该组与下伏喜马拉雅山期花岗岩(64.6Ma)为不整合接触(赵政璋等，2001)，时代不老于古新世。该组上界与大竹卡组呈角度不整合接触，其时限上界限于渐新世以前，故将其时代置于始新世。与下伏晚白垩世侵入岩或更老岩层呈角度不整合接触。

4)大竹卡组($E_3N_1d$)

该组以紫红色、灰色砾岩、砂岩、粉砂岩、泥岩、凝灰岩为主。是分布在冈底斯陆缘岩浆弧隆起带南侧、雅鲁藏布缝合带北侧的一套红色陆相河流-冲洪积扇-扇三角洲粗碎屑与火山凝灰岩沉积。该组沿阿依拉日居、昂仁、日喀则、泽当、加查呈带状断续东西向分布在 1 500km 以上，南北宽不足 2km，岩性及厚度变化很大，厚 150～1 200m。在东部的泽当-加查一带，下部为砾岩、砂岩、粉砂岩，厚 485～624m，产植物、轮藻、腹足类、双壳类等；上部为灰绿色火山质砾岩，复成分巨砾、砂砾岩，厚 156～585m。在西部噶尔门士地区该组上部的凝灰岩段中产植物 *Poulus balsamcides*，*P. latior*，*P. glandulifera*，*Allbizzia* sp.，*Lequminosae* sp. 等；孢粉 *Salix*，*Querus*，*Ulnus*，*Ephedra*，*E. viesenensis*，Chenopodiaceae，*Compositae*，*Artemisia* 等(赵政璋等，2001)。河北省地质调查院(2004)在 1∶25 万地质填图中报道含植物化石 *Populus* cf. *sinensis* Li，*P. latior* Al. Braum，*P. glandulifera* Heer，*P. balsamoicles* Goepp，*Ephedra viesenensis*，*Ulmus* sp.，*Artemisia* sp.，*Quercus* sp.，*Compositae* sp.，Chenopodiaceae，*Albizzia* sp.，*Lepuminosites* sp.，*Sophora* sp.。从上述各地所产生物化石的时代看，将其时代定为渐新世晚期—中新世早期较为宜。该组角度不整合于秋乌组或燕山晚期花岗岩之上。

5)日贡拉组($Er$)

该组盆地边缘为棕红色厚层状砾岩夹紫红色中薄层状含砾长石石英砂岩、砂质泥岩和钙质泥岩；向盆地内部相变为以紫红色、灰绿色砂岩、粉砂岩、泥岩为主夹泥灰岩、含砾砂岩和凝灰岩，局部地区夹火山碎屑岩。为河流-扇三角洲-湖相沉积夹火山喷发堆积。一般厚 500～1 500m。在达多-南木林地区该组岩性分上下两部分，下部为紫红色、紫灰色中薄层状含泥质角砾中粗粒砂岩夹薄层状泥质砂岩，斜层理与冲刷面发育，厚 600～700m；上部以紫红色、紫灰色含砾中粗粒砂岩与粉砂质泥岩、泥岩互层，由下向上砂岩减少，粒度变细，泥岩增多，厚 400～600m。西部仲巴—革吉一带，主要为中酸性火山岩、火山碎屑岩夹长石砂岩、粗砂岩和泥岩，在火山岩发育地段厚达 4 220m。含古近纪化石豆螺 *Bithynia* sp.(江西省地质调查院，2002)。本组下部安山质含角砾玻屑熔结凝灰岩 K－Ar 法同位素年龄为 35.46±0.6Ma(江西省地质调查院，2002)。日贡拉组在命名剖面上含少量孢粉 *Momipites coryloides*，*Polypodi sporites*，*Monosulcites* 等，主要为渐新世组合面貌。在革吉鄂玛剖面采得流纹岩同位素年龄值为 31.4Ma(赵政璋等，2001)。据化石和同位素年龄，该组时代为渐新世。与下伏古近纪林子宗群呈角度不整合接触。

6)鱼鳞山组($ENy$)

该组为灰色、灰绿色白榴石碱玄质响岩、粗面岩、粗玄岩、碱玄岩、安粗岩、安山岩和少量英安质晶屑凝灰岩、粗面质角砾岩，底部为含细砾长石石英砂岩、沉凝灰岩。厚 884m。为陆相火山喷溢堆积。河北省地质调查院(2004)在革吉县雄巴和得穷穷果一带的鱼鳞山组粗面玄武岩、粗安岩、粗面岩等岩石中获得 K－Ar 法同位素年龄值，分别为 21.48±0.36Ma、19.43±0.31Ma、14.96±0.25Ma、11.94±1.19Ma。江西省地质调查院(2002)在桑桑区孔隆地区鱼鳞山组的粗面岩中获 K－Ar 法同位素年龄值 20.1Ma，米巴勒地区该组白榴石碱云玄质响岩中获 K－Ar 法同位素年龄值为 19.04±0.97Ma、12.6Ma 和 14.22±0.68Ma。李才等(2000)对建组剖面(改则县北西 188km 的鱼鳞山)中的白榴石响岩测得 Ar－Ar 法年龄值 27.8Ma，K－Ar 法年龄值 30～18Ma。综上所述，本书将鱼鳞山组时代确定为渐新世晚期—中新世。本组与下伏古近纪地层呈角度不整合接触。四川省地质调查院(2003)在革吉县雄巴命名的雄巴组为一套陆相钙碱性中、酸性火山岩及火山碎屑岩系列，时代为中新世，本书将其归入鱼鳞山组。

7)芒乡组($N_1m$)

在改则县康扎、伦波拉盆地玉山、南木林县乌郁盆地和谢通门县切穹在一带，芒乡组岩性主要为灰色、灰绿色含煤碎屑岩和火山碎屑岩，局部夹油页岩和可采煤层，一般厚 166～900m(赵政璋等，2001)。为湖泊-沼泽相沉积。在申扎以东曲多一带凝灰岩等火山碎屑岩较发育，厚在 1 000m 以上。芒乡组与下伏日贡拉组和上覆乌郁群均呈角度不整合接触。在乌郁盆地该组所含植物化石以常绿阔叶的高山栎类占优势，混有针叶和落叶阔叶植物。其中一些重要分子如 *Populus latior* 见于我国山东山旺中新统，*Betulaparautilis* 与山旺中新世一些分子很接近(赵政璋等，2001)。另在革吉县热邦雄马芒乡组的凝灰岩测得同位素年龄值为 23.1±0.3Ma 和 19Ma(赵政璋等，2001)。测年数据与植物组合所反映的地质时代一致，故芒乡组时代应为中新世。成都理工大学地质调查院(2005)在 1∶25 万赛利普幅(H44C001004)区调报告中描述的芒乡组岩性为：下部为紫红色中粗砾岩夹细砾岩、含砾中—粗砂岩；中部为黄绿色中—粗粒岩屑石英砂岩、不等粒长石石英砂岩、含炭屑长石石英砂岩夹中—薄层粉砂岩；上部为黄灰色薄层泥岩、钙质泥岩、粉砂质泥岩夹中—薄层粉砂岩，总体为一套冲积扇-河流-湖泊相沉积，厚 462.59m。分布于 1∶25 万赛利普幅东北部多桑乡得俄个嗄、曲日阿、张岗等地，与下伏二叠系下拉组及白垩系则弄群等较老地层角度不整合接触。含双壳类 *Psilunio stoliczkai*，*Psilunio* sp.；植物 *Cypteracites* sp.，*Rhododendron* cf. *namlingense*，? *Quercus* sp. 等。ESR 年龄值为 7.4±0.8Ma 至 11.8±1.1Ma(成都理工大学地质调查院，2005)，时代为中新世。

8)布嘎寺组($N_1b$)

该组主要由一套灰色、紫灰色、灰绿色黑云霓辉粗面岩、玻基黑云母霓辉粗面岩及粗面质火山集块岩、火山角砾岩、凝灰质砾岩组成，由多个火山喷发韵律组成。厚 330.9m。K－Ar 法同位素年龄为 15.8Ma、15.9Ma(石和等，2005)，在拉弄嘎玻和渣色鄂布嘎寺组中获得 Ar－Ar 同位素年龄分别为 21.90±0.38Ma 和 18.29±0.30Ma(成都理工大学地质调查院，2005)，时代为中新世。与下伏地层呈角度不整合接触。

9)乌郁群($N_2W$)

该群在申扎-乌郁地区该群岩性可分为下、中、上三部分：下部为紫红色砾岩、砂岩，火山角砾岩、英安质角闪安山岩，局部含油页岩；中部为灰白色岩屑凝灰岩夹安山质火山角砾岩和紫红色砾岩；上部为灰色砾岩、砂砾岩、砂岩、砂质泥岩韵律层，夹不稳定的油页岩、凝灰质砂岩、粉砂岩和薄煤层、泥页岩等。为扇三角洲-湖、沼与陆相火山喷溢环境堆积。由于乌郁群上部常被剥蚀，上述的三分性在区域上不明显，厚度变化也大。在革吉-盐湖一带夹黑色玄武质安山岩及浮岩，厚百余米；噶尔一带，主要为灰色、紫红色砂砾岩、砂岩与泥岩韵律层，厚大于 980m；比如西北至安多扎加藏布上游一带，主要为泥页岩及砂岩，厚大于 41m。乌郁群从下向上划分为嘎扎村组和宗当村组，与下伏地层呈角度不整合接触。

嘎扎村组(N*g*)下部为紫红色含角砾晶屑岩屑凝灰岩夹灰白色中层长石岩屑砂岩、岩屑长石砂岩，及油页岩、煤层；中上部为紫红色中厚层状火山岩、火山集块岩、安山质熔结火山角砾岩、安山岩和英安岩。厚 1 530m。含植物化石 *Cyperacites* sp，*Thuja* sp，*Quercrs* sp.，*Monocotyedon*，*Ulmus* cf. *mion－pumila* Huet Chaney；孢粉 *Piceapollenies*，*Cedripites*，*Tsugaepollenites*，*Laricoidites*，*Abiespollenites*，*Ephedtipites*，*Chenopdium*，*Typha*，*Ranumcrlaceaaae*，Polygoacea，Crxmineae，Polypodiaceae，*Pteris*，*Pinus Picea*，*Cerdus*，*Tsuga*，*Castanea*，*Querus*，*Dtsrha*，*Rhus*，*Rhus*，*Rhododendron*，Polygonaceae，Gramineae，Liliaceae 等(西藏自治区地质调查院，2004)。火山岩年龄为 15.1Ma 和 15.03Ma(Spicer *et al.*，2003)，时代为中新世。与下伏芒乡组、日贡拉组或林子宗群等较老地层呈角度不整合接触。

宗当村组(N*z*)为灰色砾岩、砂砾岩、砂岩、砂质泥岩韵律层,夹不稳定的油页岩、凝灰质砂岩、粉砂岩、薄煤层、泥页岩等,夹中酸性火山岩及火山凝灰岩。厚度大于500m。为山间盆地湖相沉积(西藏自治区地质调查院,2004)。该组下部的火山岩 K - Ar 法同位素测年值为 9.87±0.3Ma 和 8.23±0.13Ma;上部的古地磁年龄为 8～2.5Ma(陈贺海等,2007),时代为中新世—上新世。与下伏嘎扎村组为整合接触。

10)布隆组($N_2b$)

该组主要分布在措勤—扎日南木错一带。为半固结浅紫红色中—厚层状砾岩与浅紫红色中层状含砾粗砂岩呈韵律互层,夹砖红色厚层状粉砂质泥岩。厚118m。获得少量新生代孢粉化石 *Pinus*,*Alnus*,*Granineae* 等,以及 2.9Ma 和 3.5Ma ESR 年龄值(成都理工大学地质调查院,2003)。时代为上新世。与下伏地层角度不整合接触。成都理工大学地质调查院(2003)对该套地层新建组名,称为洁居纳卓组,本书认为其岩性和时代均与布隆组相当,可归入布隆组。

(2)雅江-喜马拉雅地层分区

该分区新生代盆地按形成时代与构造背景可分为3种类型。①古新世—始新世残留海(洋)分布在冈底斯隆起带以南的广阔区域内,由于该带自始新世末期脱离海洋环境后一直持续隆升,使原先的古近纪海相沉积物多数被剥蚀殆尽,现残存的古近纪海相地层仅零星分布在江孜、岗巴-定日、仲巴、萨嘎-郭雅拉和桑麦等地(图2-1)。近年野外地质调查对藏南古近纪残留洋获得了许多新发现,主要在萨嘎以西的郭雅拉和桑麦等地(图2-1)发现有较大面积的古新世—始新世的半深海-深海页岩、砂岩、含放射虫硅质岩、玄武岩建造,如分布在该分区的古—始新统蹬岗组($E_{1-2}d$)、始新统盐多组($E_2y$)和郭雅拉组($E_2g$)(图2-2);部分地层以混杂岩形式产出(河北省地调院,2004,1∶25万姜叶马幅、普兰县幅区域地质调查报告),被命名为蹬岗混杂岩($E_{1-2}dm$)、桑麦混杂岩($E_2sm$)和盐多混杂岩($E_2ym$)(图2-2)。从当前资料分析,该分区古新世-始新世海相地层具有明显的沉积相带分异。从北向南,海水由浅海到深海再到浅海。北带的浅海分布带很窄并十分局限,见于仲巴地区,称错江顶群($E_{1-2}C$)(图2-2)。南带的浅海分布带宽,分布区域较大,见于岗巴—定日一带,地层层序自下而上为基堵拉组($E_1j$)、宗浦组($E_{1-2}z$)和遮普惹组($E_2z$),以滨浅海生物碎屑灰岩为主,富含底栖有孔虫和钙藻(万晓樵,1990;李国彪等,2002)。在上述南北两带浅海沉积夹持的中间地带,为半深海-深海沉积(丁林,2003)。从东向西,半深海-深海沉积沿江孜—萨嘎—郭雅拉—桑麦一线分布;中带东部的江孜为半深海斜坡扇沉积建造,称甲查拉组($E_1jc$)(中国地质大学(北京)地调院,2003,1∶25万江孜县幅区域地质调查报告)(图2-2);中带西部为半深海-深海含放射虫硅质岩(丁林,2003)($E_{1-2}d$、$E_2y$ 和 $E_2g$)和混杂岩建造($E_{1-2}dm$、$E_2sm$ 和 $E_2ym$)(河北省地调院,2004,1∶25万姜叶马幅、普兰县幅区域地质调查报告)。由此可见,中带的海水东浅西深,沉积环境东部相对稳定,西部为活动型,反映白垩纪晚期至始新世洋壳的向北俯冲与陆-陆碰撞造成了地壳的抬升和新特提斯洋沿雅鲁藏布江缝合带闭合,地壳抬升首先开始于东侧,闭合的时间从东向西变新,海水是从东向西退出的(张克信等,2007,2008)。②新近纪晚期拉分盆地为乌木隆格津格盆地(图2-1,表2-1),是沿喀喇昆仑断裂西南侧产生的北西-南东向狭条状分布的1个拉分盆地。③新近纪晚期断陷盆地包括札达、普兰、木斯塘、吉隆、加德满都盆地(图2-1,表2-1)。其中除札达盆地为受喀喇昆仑断裂活动影响形成的北西—南东向分布的较大型断陷盆地外,其余4个盆地均为新近纪晚期(14～9Ma期间)因受南—北向正断层影响形成的近南—北向小型断陷盆地。上述新近纪盆地均充填了河流-洪冲积-扇三角洲-湖泊环境沉积。以下从老至新简述该分区的岩石地层序列的沉积特征和时代确定依据。

1)柳曲群($E_{1-2}L$)

该群在西部巴噶地区,下部为黑色、灰绿色砾岩夹砂岩;中部为灰紫—紫红色中厚层砾岩夹砂岩;上部为灰绿色、灰褐色岩屑砂岩、含砾砂岩夹砾岩,厚2 108m。在东部拉孜一带,为紫红、灰黄和黄绿色复成分砾岩、砂砾岩、岩屑石英砂岩和粘土质粉砂岩等,厚1 380m。为河湖相沉积。下部含植物化石 *Juglandites sinuatus*,*Annona preretieulata*,*Willisia rentoensis*,*Rhamnus marginatus* 等,时代为古新世；上部含植物化石 *Gindgoites layaminensis*，*Mahnolia ingleifiedi*，*Annona prereticulata*，*Melanourhonea alaska*，*Cyclosurus nerulsus*，以及淡水双壳类等(湖北省地质调查院，2003，1∶25 万拉孜县幅区域地质调查报告)，时代为始新世早期。与下伏白垩纪海相地层呈角度不整合接触。

2)错江顶群($E_{1-2}C$)

该组下部为砂、页岩及大量货币虫灰岩夹砾岩；上部为砂、页岩夹中酸性火山岩、砾岩及灰岩。为滨浅海相沉积夹火山堆积。时代为古近纪(西藏自治区地质矿产局，1997)。与下伏白垩纪海相地层为角度不整合接触。错江顶群($E_{1-2}Cj$)是由西藏区调队(1983)创建，建群剖面位于仲巴县 300°方向 39km 的错江顶附近。刘成杰等(1988)重新研究了错江顶剖面，并命名为“加拉孜组”和“冈底斯砾岩”，西藏区调队(1990)在噶尔县达机翁测制剖面又命名为“达机翁组”和“丁拉组”。郭铁鹰(1991)在札达命名为“日康巴组”和“欧利上组”。通过西藏岩石地层清理(西藏自治区地质矿产局，1997)，仍保留错江顶群原称，自下而上分为达机翁组及日康巴组。万晓樵等(2001)将该套地层自下而上划分为错江顶群和冈底斯群，并将错江顶群自下而上划分为曲下组和加拉孜组。河北省地调院(2002)在 1∶25 万萨嘎县幅区域地质调查报告中将该套地层自下而上称为曲下组和加拉孜组，其中河北省地调院(2002)划分的加拉孜组相当于万晓樵等(2001)划分的“加拉孜组＋冈底斯群”。本书采用西藏岩石地层清理(西藏自治区地质矿产局，1997)的意见，将错江顶群(含“冈底斯砾岩”或“冈底斯群”)自下而上划分为达机翁组及日康巴组。

达机翁组($E_{1-2}dj$)为砂岩、含砾砂岩、泥质粉砂岩夹灰岩。厚 251.1m。为滨浅海沉积。含有孔虫 *Nummulites*－*Fascillites*－*Assilina* 组合(赵政璋等，2001)。在萨嘎一带产有孔虫 *Operculina* sp.，*O. patalensis* Pavies，*O. canalifera* Archiac，*Actinosiphon tibetica*，*Assilina* cf. *tingriensis*，*Nummulites rhombicus*，*N. megalocalus*，*Textularia dollfussi*，*Amphistegina* sp. 和菊石类 *Dipoloceras* sp.；瓣鳃类 *Spondylus* sp，*Septifer* sp.；腹足类 *Syrnoia* sp.，*Velates tibeticus*，*Conocezithum* sp.，*Crommium* sp. 等(河北省地质调查院，2004，1∶25 万札达县幅区域地质调查报告)。该组与岗巴地区产 *Rotalia*－*Lockhatia*－*Smoutina* 的丹尼期基堵拉组和宗浦组下段相对应(河北省地质调查院，2002，1∶25 万萨嘎县幅区域地质调查报告)，时代为古新世。与下伏中生代地层或侵入岩呈断层接触。

日康巴组($E_2r$)为砾岩、含砾砂岩夹灰岩及页岩。厚 267.8m。为滨-浅海沉积。含有孔虫 *Alveolina*－*Nummulites* 组合；腹足 *Ampullospira* cf. *acuminata*(Lamarck)，*Cyprcaedia* cf. *bellireticulata* Yu，*Mathildia* cf. *costellata*(Desh)，*Architectonica* sp.，*A. vredenburgi*(Cossman and Pissarro)，*Commium* sp.；双壳 *Pseudomiltha*(*Zorrita*)sp.，*Corbula* sp.，*Echinolampas* sp.，*Astarte* sp.(河北省地质调查院，2004，1∶25 万札达县幅区域地质调查报告)。在萨嘎一带含有孔虫 *Operculina* sp.，*O. patalensis* Pavies，*O. canalifera* Archiac，*Actinosiphon tibetica*(Dourille)，*Assilina* cf. *tingriensis* Wang，*Nummulites rhombicus* Wang，*N. megalocalus* Wang，*Textularia dollfussi* Lalicaker，*Amphistegina* sp.；菊石类 *Dipoloceras* sp. 等(河北省地质调查院，2002，1∶25 万萨嘎县幅区域地质调查报告)。据化石组合，其时代为古—始新世。与下伏达机翁组呈整合接触。

3)蹬岗组($E_{1-2}d$)

该组为灰绿—紫红色页岩、灰绿—黄绿色(含砾)长石岩屑砂岩夹灰绿色硅质岩，底部为灰白色厚层砂岩。厚 698.1m。为半深海-远洋沉积。含放射虫 *Amphipternis*－*Stylotrochus* 组合(早古新世)、*Actiuomma*－*Orbula* 组合(晚古新世)和 *Lithomespilus*－*Spongotrochus* 组合(始新世)(河北省地质调查院，2002，1∶25 万萨嘎县幅区域地质调查报告)。时代为古新世—始新世。与下伏晚白垩世海相沉积呈整合接触。

4)郭雅拉组($E_2g$)

该组为灰紫—灰绿色中—薄层硅质岩，夹灰紫—灰绿色薄层粉砂岩、页岩、玄武岩及薄层灰岩。厚 3 982.64m。为半深海-远洋沉积。含有孔虫 *Orbitolites contentinensis* Lehman，*Orbitolites* sp.，*Assilina* sp.(河北省地质调查院，2006，1∶25 万霍尔巴幅和巴巴扎东幅区域地质调查报告)。时代为始新世。

与下伏古近纪深海相沉积为整合接触。

5)盐多组($E_2y$)

该组为灰紫—灰绿色中厚层玄武岩、玄武质角砾熔岩,夹灰绿—紫红色放射虫硅质岩、泥岩、页岩、含生屑泥晶灰岩。为半深海相沉积与火山堆积。厚1 085.3m。含放射虫 *Stylotrochus natives* Lipman,*Godia lenticulatus*(Jud),以及有孔虫 *Orbitolites contentinensis* Lehman,*Orbitolites* sp.,*Assilina* sp.(河北省地质调查院,2006,1∶25万霍尔巴幅和巴巴扎东幅区域地质调查报告)。时代为始新世。盐多组与下伏郭雅拉组为整合接触。

6)蹬岗混杂岩($E_{1-2}dgm$)

该混杂岩属于硅质泥砂质混杂岩,基质为蹬岗组地层,为灰色、灰黑色、灰紫色等砂岩、泥页岩、硅质岩的韵律层,局部夹有玄武岩层。硅质岩中含有 *Acanthocircus eugeneus*(Squinabol),*Amphipternis clara*(Ehrenberg)等丰富的放射虫化石,共有2个组合,时代为古新世至始新世。岩块为二叠纪灰色——灰白色夹灰紫色变质灰岩岩块,部分岩块中含有海百合茎等化石。岩块大小不等,小者几十米,大者可达100m左右,多呈椭球状等以断裂关系镶嵌于基质地层中(河北省地质调查院,2006,1∶25万霍尔巴幅和巴巴扎东幅区域地质调查报告)。与围岩为断层接触。

7)盐多混杂岩($E_2ym$)

该混杂岩为玄武质混杂岩,基质为始新世盐多组玄武岩地层,岩性为灰黑色—灰绿色玄武岩夹紫红色气孔杏仁状玄武岩和灰岩,玄武岩全岩K-Ar法年龄为52.85Ma。岩块为二叠纪灰岩及古新世至始新世灰黑色页岩等,岩块介于1～400m,为构造混杂岩。厚1 085.3m。硅质岩岩块中含有 *Orbiculiforma* sp.等放射虫化石,时代为晚三叠世卡尼期(河北省地质调查院,2006,1∶25万霍尔巴幅和巴巴扎东幅区域地质调查报告)。基质时代为始新世。该混杂岩与围岩为断层接触。

8)桑麦混杂岩($E_2sm$)

该混杂岩为砂泥质混杂岩,基质为砂岩、泥岩夹灰岩,为大陆斜坡相沉积。含有孔虫化石 *Globigerina eugubina*,*G. fringa*,*G.* sp.,*Globorotalia* sp.等(河北省地质调查院,2004,1∶25万札达县幅区域地质调查报告),时代为古新世。岩块为安山岩、硅质岩、灰岩、泥岩、砂岩。与相邻地层呈断层接触。

9)甲查拉组($E_1jc$)

该组为青灰色夹灰绿色巨厚层含砾凝灰质细砂岩夹青灰色页岩。在江孜以西的白朗县江公乡西北一带,甲查拉组中鲍马序列十分发育(中国地质大学(北京)地质调查研究院,2003),总体表现为斜坡相的沉积特征。厚大于2 764m。含沟鞭藻 *Apectodinium quinquelatum*-*Apectodiniumhyperacanthum* 组合、*Canningiachinensis*-*Palaeoperidinium pyrophorum* 组合和 *Cymatiosphaerareticulosa*-*Samlandia chlamydophora* 组合,孢粉 *Arliaceoipollenites baculatus*-*Anacolosidites subtrudens* 组合、*Aglaoreidiacyclops*-*Pinuspollenites microinsigis* 组合和 *Elaeangnacites asper*-*Ilexpollenites iliacus* 组合(中国地质大学(北京)地质调查研究院,2003;李国彪等,2004;魏玉帅,2006),为古新世—始新世早期。与下伏晚白垩世海相地层呈整合接触。

10)基堵拉组($E_1j$)

该组为灰白色(风化呈棕褐色)厚层块状含砾石英砂岩夹深灰色泥晶生物灰岩透镜体,底部普遍含砾石,局部为砾岩。顶、底部富含褐铁矿。发育冲洗交错层理及大量虫管。产有孔虫 *Rotalia*-*Lockhartia* Zone,介形虫 *Urolederis inflata*,*Brachycythere xizangensis*,*Bairdia plana* 及遗迹化石 *Skolithos* ichno sp.等,时代属古近纪古新世丹尼期(Danian)。厚133～293.6m(中国地质大学(北京)地质调查研究院,2003;成都地质矿产研究所,2003)。为滨浅海沉积。与下伏地层整合接触。

11)宗浦组($E_{1-2}z$)

该组为灰色厚层块状生物碎屑灰岩、砾状灰岩夹薄层泥灰岩及砂屑灰岩等。厚301～436m。自下而上产有孔虫 *Rotalia*-*Lockhartia* 带,*Keramosphaera* 带,*Actinosiphon* 带,*Miscellanea*-*Operculina*-*Daviesina* 带;腹足 *Confusiscala indica*,*Campanile brevius* 等;介形虫 *Bairdia* sp.,*B. angusta*,

*B. dignata*, *Leptoconcha sinensis*, *Brachycythere xizangensis*, *Uroleberis sinensis*, *Quadracythere kangpaensis*, *Cytherelloidea secostata*；六射珊瑚 *Dendrophyllia*, *Stylophora*, *Pocillopora*, *Kangiliacyathus*。时代属古新世晚丹尼期(Danian)—坦尼特期(Thanetian)(中国地质大学(北京)地质调查研究院，2003；赵文金等，2003)。为滨浅海沉积。与下伏基堵拉组整合接触。

12)遮普惹组($E_2z$)

该组主要为灰绿、紫红色等杂色粉砂质页岩夹中薄层状泥质灰岩，底部为灰色厚层块状有孔虫微晶灰岩(厚约 25 m，分布不稳定)。厚 478.4m。自下向上产有孔虫 *Alveolina* - *Nummulites* - *Orbitolites* 带和 *Morozovella spinulosa* - *Acarinina bullbrooki* 带及介形虫 *Paracypris mayaensis* - *Bairdia zongpuxiensis* 带和 *Phlyctenophora zongpuensis* - *Semicytheru subsymmetros* 带(中国地质大学(北京)地质调查研究院，2003)。时代属始新世。藏南最高海相层-遮普惹组砂页岩段(李祥辉等(2000)曾命名为朋曲组)顶部的时代约为 40Ma(李祥辉等，2000)，代表新特提斯海在藏南最终消亡的时间(李祥辉等，2000；李国彪等，2003)。与下伏宗浦组整合接触。

13)旦增竹康组($N_1d$)

该组为灰红色、紫红色、粉红色、橘红色夹灰白色、灰色、灰黄色等以红色为主的杂色巨厚层状具叠瓦状构造砾岩，冲刷面十分发育。下部夹浅红色含砾薄层泥岩、紫红色厚层状含砾粉砂质泥岩和红色含砾粉砂质泥岩透镜体；中和上部夹灰色薄层状含砾粗砂岩透镜体和灰白色砂质条带。厚度 180～894m。为冲、洪扇环境沉积。孢粉组合以乔木植物花粉为主，占 81.2%，其中又以松及桦的花粉较多；灌木及草本植物花粉较少，占 12.9%；蕨类植物孢子少(河北省地质调查院，2006，1∶25 万亚热和普兰县幅区域地质调查报告)。本次在吉隆盆地沃马村南面的旦增竹康组中获得较丰富的孢粉，自下而上划分为两个孢粉组合：麻松-麻黄-落叶栎-桦组合和松-铁杉-常绿栎-桦组合。据孢粉组合时代为中新世晚期。与下伏较老岩层呈角度不整合接触。

14)沃马组(N*wm*)

沃马组在吉隆沃马村南侧约 2km 一带以灰黄、黄褐夹蓝灰、灰黑等杂色砂岩、粉砂岩、泥岩与砾岩和含砾粗砂岩互层为主，总厚 386.5m，与下伏旦增竹康组砾岩整合接触。分下段和上段两个岩性段。

下段($Nwm^1$)为由灰黄、黄褐、棕褐、灰白色巨厚层至薄层状含砾中粗粒砂岩和浅黄褐、褐黄、灰黄色厚层状细砂岩，与蓝灰、灰黑、深灰、灰白、灰黄色薄—中层状粉砂岩、泥质粉砂岩-深灰、灰黑、蓝灰、灰黄、土黄色薄层状粉砂质泥岩-蓝灰、灰黑、灰绿、红棕、灰黄色薄层泥岩反复构成的韵律旋回层，夹褐红、褐、黄褐、灰白、浅黄色薄层—巨厚层状具叠瓦状构造砾岩或砾岩透镜体。砂岩中发育板状、楔状交错层理和平行层理；粉砂岩中发育爬升层理；泥岩中发育水平层理。含腹足动物和植物化石碎屑。下段厚 122.7m，总体以灰黄色调为主，以薄—中层状细砂、粉砂和泥岩为主，砾岩和含砾粗砂岩常呈透镜状产出，砾岩和含砾粗砂岩的底部均发育冲刷面构造。下段以湖泊环境沉积(具水平层理粉砂和泥岩)为主，夹多层水下扇沉积(具各种交错层理砂岩和叠瓦状构造砾岩的夹层)。本段在吉隆沃马村西北面约 2km 处的龙骨沟剖面的中下部产三趾马等脊椎动物化石(计宏祥等，1980；黄万波等，1980)：吉隆三趾马(*Hipparion gyizhongensis* Ji, Xu et. Huang)，西藏大唇犀(*Chilotherium xizangensis* Ji, Xu et. Huang)，狍鹿(*Metacervulus capreolinus* Teilhard et Trassaert)，小古长颈鹿(*Palaeotragus microdon* Koken)，葛氏羚羊(*Gazalla gaudryi* Schlosser)，吉隆短耳兔(*Ochotona gyizhongensis* Ji, Xu et. Huang)，鬣狗(*Hyaena* sp.)。吉隆三趾马动物群中的葛氏羚、狍鹿及小古长颈鹿等都是华北三趾马动物群中的常见属，同属于广布欧亚大陆的种属，但与邻近本区喜马拉雅山南麓的西瓦利克动物群有明显差别(黄万波等，1980)，这也许与喜马拉雅山的地形阻隔有关。本次我们在本段获如下介形虫和孢粉化石：介形虫 *Qaidamuthere vena*, *Ilyocypris pentanoda*, *Leucocythere dorsotuberosa*, *L. rugosa*, *L. mirabilis*, *Candoniella xizangensis*, *C. zadaensis*, *L. hyalina*, *L. glabra*, *I. subdushanensis*, *Herpetocyprella dvalyi*, *Leucocytherella sinensis*, *L. trinoda*；孢粉自下而上可识别出 5 个组合，即水龙骨-麻黄-松-常绿栎组合、松-云杉-雪松-麻黄组合、水龙骨-雪松-云杉-藜科组合、雪松-云杉-落叶栎-藜科组合和水龙骨-冷杉-雪松-麻黄组合。

上段($Nwm^2$)为由灰黄、黄灰、黄褐、深灰、灰黑、蓝灰、灰红色薄—巨厚层状具冲刷面和叠瓦状构造的细—巨砾岩与黄灰、黄褐、蓝灰、灰白、灰色薄—厚层状具板状、楔状、槽状交错层理和平行层理的含砾粗砂岩-细砂岩,夹灰黄、浅黄、土黄、灰白、浅灰、灰黑、蓝灰色极薄层—薄层泥质粉砂岩、具水平层理粉砂质泥岩、钙质泥岩和碳质泥岩反复构成的韵律旋回层。粉砂岩和泥岩中含植物化石碎屑。上段厚263.8m,总体以灰黄色调为主的砾岩和中粗粒砂岩为主,细砂、粉砂和泥岩次之。本段以扇三角洲环境沉积为主(具冲刷面和叠瓦状构造砾岩和具各种交错层理砂岩),以湖泊环境沉积次之(具水平层理粉砂和泥岩)。本次我们在本段获如下介形虫和孢粉化石:介形虫 *Leucocytherella trinoda*, *L. hyalina*, *L. glabra*, *Leucocythere mirabilis*, *Candoniella xizangensis*, *Leucocytherella trinoda*, *L. hyalina*, *L. glabra*。孢粉自下而上可识别出 3 个组合:松-云杉-麻黄-落叶栎组合、雪松-云杉-冷杉-落叶栎组合和麻黄-冷杉-桦-胡桃组合。

吉隆盆地的沃马组时代最早由黄万波等(1980)根据三趾马动物群化石确定为上新世,并与华北地区的保德组、坝河组和榆社组相当。本次据介形虫化石,在沃马组中自下而上建立了 *Qaidamothere* - *Ilyocypris* 组合和 *Leucocythere* - *Leucocytherella* 组合,经区域对比时代为中新世晚期—上新世。施雅凤等(1998)选择吉隆盆地的塔千沟、加莫沟和龙骨沟 3 条剖面的沃马组进行了系统的磁性地层研究,其年龄为 7.0～1.67Ma。岳乐平等(2004)对龙骨沟剖面沃马组的古地磁测年为 7.2～3.2Ma。

15)乌郁群(N*W*)

该群下部为厚层状中粗砾复成分砾岩,夹中薄层状含砾岩屑长石砂岩、砂砾岩;上部为紫灰色中厚层状砾岩,夹含砾岩屑砂岩、岩屑长石砂岩和细砾岩,为湖、河流相沉积。厚 3 671.5m。部分地区相变为以陆相火山岩为主的沉积,下部为火山碎屑岩夹含凝灰质岩屑粗粒砂岩、钙质粉细砂岩和含砾长石岩屑砂岩;底部夹中薄层状泥晶灰岩;上部为英安质火山熔岩及少量凝灰质岩屑砂岩,厚 4 290m(吉林大学地质调查研究院,2003,1∶25 万申扎幅区域地质调查报告)。为河湖相沉积和火山堆积。

16)札达群($N_2Qp^1Z$)

该群为含三趾马、古小长颈鹿、孢粉及腹足类的半胶结-松散状态泥岩、粉砂岩、砂岩、砂砾岩和砾岩组合。厚度大于 1 300m(西藏自治区地质矿产局,1997)。为河湖相沉积。包括下部托林组和上部香孜组。

托林组($N_2t$)分为三段,一段下部为灰色厚层砾岩夹砂岩透镜体,含向上变细的两个沉积韵律;中部为褐黄色含砾粗砂岩、中粗粒砂岩夹细砾岩;上部为厚层砾岩。二段为黄绿色—灰色中—厚层含砾粗砂岩、粗砂岩、泥质粉砂岩夹粉砂质泥岩透镜体。三段由青灰色—土黄色泥岩和泥质粉砂岩组成。厚842m。为湖泊和扇三角洲环境沉积。一段 ESR 测年为 5.1Ma,三段 ESR 测年为 3.3Ma。二段含三趾马、偶蹄类鹿科、牛科及介形虫化石,三段含介形虫、腹足及植物化石(河北省地质调查院,2004,1∶25 万札达县幅区域地质调查报告)。古地磁年龄为 9.5～3.7Ma(王世峰等,2008),时代为中新世晚期—上新世。与下伏地层呈角度不整合接触。

香孜组($N_2Qp^1xz$)为褐黄—褐灰色中层—巨厚层砾岩、含砾粗砂岩、粗砂岩夹少量细砂岩和粉砂质泥岩。厚 654.4m。为冲洪积扇-河流相沉积。含介形虫化石(河北省地质调查院,2004,1∶25 万札达县幅区域地质调查报告),古地磁年龄为 3.7～2.6Ma(王世峰等,2008)和 3.4～2.48Ma(孟宪刚等,2005)。时代为上新世—早更新世。与下伏托林组整合接触。

(3)恒河地层分区

该地层分区仅包括一个盆地,即恒河盆地,除古新世和始新世为海相沉积外,渐新世开始为陆相沉积,其形成机制为前陆(挠曲)盆地。前陆盆地中的新生代磨拉石表现出向上变粗变厚、向南变细变新的变化趋势,并有盆地西部先沉积的特征。

1)含货币虫群(E*H*)

该群以海相碎屑岩(砂岩、炭质泥岩)和货币虫灰岩为主,局部夹火山凝灰岩。厚 9 000m。含有孔

虫 *Nummulites vredenburgi*，*N. atacicus* 和爬行类化石（潘桂棠等，2004），时代为古近纪。

2）勃固群（EN*P*）

该群以碎屑岩为主，为浅红或紫红色泥岩、灰绿色粗砂岩和含油岩系，上部夹流纹岩、安山岩和凝灰岩。厚 6 000～14 000m（潘桂棠等，2004）。与下伏地层角度不整合接触。

3）穆里（Murree）组（EN*m*）

该组分两段，下段（Degshia 段）为浅红或紫红色泥岩，为泻湖沉积；上段（Kasauli 段）为粗粒灰绿色粗砂岩。厚 2 500m。时代为渐新世至中新世早期（徐叔鹰，1995）。与下伏含货币虫群角度不整合接触。

4）西瓦利克群（NQ*X*）

该群底部为巨厚层卵石层，下部为粗砂岩、细砂岩、粉砂质岩组成韵律层，向上则为蓝灰色粗砂岩；中部是砾岩夹松散的砂岩层；上部为灰色硬砂质含云母砂岩。厚 1 800m。为前陆盆地磨拉石建造，表现出向上变粗变厚、向南变细变新的变化趋势，并有盆地西部先沉积的特征。NQ*X* 下部年龄为 14.6Ma（徐叔鹰，1995；向芳等，2002）。NQ*X* 时代为中新世—更新世，与下伏地层呈角度不整合接触。

### 2.2.2　青藏高原及邻区第四纪地层

第四纪地层分区原则：根据第四系年代新而时间短的特点，分区原则以地质构造和地貌两个主要因素为基础。根据这一原则，首先将青藏高原与邻区划分出 5 个一级地层区：青藏高原区、塔里木盆地区、黄土高原区、四川盆地区和印度河恒河平原区。然后将青藏高原及邻区划分出 7 个二级地层区。各地层区地层划分见表 2-2。

#### 1. 早更新世地层

（1）藏南高山高原湖盆谷地地层分区

藏南高山高原湖盆谷地地层分区早更新世地层仅发育香孜组冲湖积（$N_2Qp^1xz$）（与上新世连续沉积）一种沉积类型。

香孜组（$N_2Qp^1xz$）主要分布于札达盆地盆缘、门士、玛旁雍错周围一带。岩性为褐黄—褐灰色中层—巨厚层砾岩、含砾粗砂岩、粗砂岩、细砂岩夹粉砂质泥岩薄层或透镜体。为冲积扇-滨湖相沉积。砾岩中砾石成分有两类，一类以就地取材、随地而异、快速堆积为特征，成分简单、大小混杂，呈棱角—次棱角状，属原地洪积扇沉积；另一类成分复杂、大小差别小，以次圆状为主、颗粒支撑、泥钙质胶结，主要分布于盆地较中部地段，未见顶。与下伏托林组整合接触。局部地段呈指状交互关系，产介形虫化石。香孜组中细砂岩层和粉沙质泥岩层中产介形虫化石，主要分子有：*Condona xizangensis* Huang，*Lencocythere dorsotuberosa* Huang，*Leucocythere postilira* Pang，*Limnocytherellina kunlunrnsis* Pang，*Ilyoypris bipLicata*（Koch），*Leucocythere mirabilis kanfmann* 等（河北省地质调查院，2004）。此外还发现孢粉化石，主要成分包括：裸子植物花粉松（*Pinus*）、云杉（*Picea*）、冷杉（*Abies*），桦（*Betula*）、柳（*Salix*）等；灌木植物花粉绣线菊（*Spiraea*）、麻黄（*Ephedra*）、水柏枝（*Myricaria*）、接骨木（*Sambucus*）等；草木植物花粉藜科（Chenopodiaceae）、蒿（*Artemisia*）、禾本科（Gramineae）、菊科（Compositae）、毛茛（*Ranuncula*）、玄叁科（Scrophulariaceae）、虎耳草（*Saxifraga*）、蔷薇科（Rosaceae）、唇形科（Labiatae）等，其次还有少量新近纪形态属分子，如三沟粉多种（*Tricolpopollenites* spp.）、扁三沟粉（*Tricolpites*）、网面三孔沟粉（*Retitricolporites.*）、单沟粉（*Monocolpollenites*）等；蕨类植物孢子凤尾蕨（*Pteris*）、铁线蕨（*Adiantum*）等，水龙骨单缝孢（*Polypodiaceaesporites*）等（李建国，2001；韩建恩，2005）。ESR 测年为 2.58±0.22Ma 、2.4Ma 、2.3Ma（河北省地质调查院，2004），属早更新世。朱大岗等（2006）对札达盆地香孜组地层进行的古地磁测年指出香孜组底界年龄为 2.68±0.10Ma。

（2）羌塘高原内陆湖盆地地层分区

羌塘高原内陆湖盆地地层分区早更新世地层主要发育猪头山组湖冲积（$Qp^1z$）、湖积（$Qp^{1l}$）和赛利

## 表 2-2　青藏高原及邻区第四系划分对比表

| 系(纪) | 统(世) | 阶(期) 中国(2001) | 国际(2005) | 地层分区 Ma | 青藏高原地层区：藏南高山高原湖盆谷地地层分区 | 青藏高原地层区：羌塘高原内陆湖盆地地层分区 | 青藏高原地层区：藏东川西高山深谷地地层分区 | 青藏高原地层区：东昆仑山巴颜喀拉山高原湖盆谷地地层分区 | 青藏高原地层区：柴达木盆地地层分区 | 青藏高原地层区：阿尔金山祁连山高山高原湖盆谷地地层分区 | 青藏高原地层区：西昆仑山高山高原湖盆谷地地层分区 | 印度河恒河平原地层区 | 塔里木盆地地层区 | 黄土高原地层区 | 四川盆地地层区 | 构造运动与气候事件 |
|---|---|---|---|---|---|---|---|---|---|---|---|---|---|---|---|---|
| 第四系 Q | 全新统 Qh | 未建 | Holocene | | $Qh^{pal}$ 洪冲积<br>$Qh^{gl}$ 冰碛<br>$Qh^{gfl}$ 冰水堆积<br>$Qh^{l}$ 湖积<br>$Qh^{fl}$ 湖沼沉积<br>$Qh^{gol}$ 风积 | $Qh^{pal}$ 洪冲积<br>$Qh^{gl}$ 冰水堆积<br>$Qh^{r}$ 沼泽沉积<br>$Qh^{l}$ 湖积<br>$Qh^{fl}$ 湖沼沉积<br>$Qh^{ch}$ 化学沉积<br>$Qh^{col}$ 风积 | $Qh^{pal}$ 洪冲积<br>$Qh^{gl}$ 冰碛 | $Qh^{pal}$ 洪冲积<br>$Qh^{r}$ 沼泽沉积<br>$Qh^{gfl}$ 冰水堆积<br>$Qh^{gl}$ 冰碛<br>$Qh^{fl}$ 湖沼沉积<br>$Qh^{l}$ 湖积<br>$Qh^{gol}$ 风积 | $Qh^{pal}$ 洪冲积<br>$Qh^{gol}$ 风积<br>$Qh^{r}$ 沼泽沉积<br>$Qh^{rl}$ 湖沼沉积<br>$Qh^{l}$ 湖积<br>$Qh^{ch}$ 化学沉积 | $Qh^{pal}$ 洪冲积<br>$Qh^{gol}$ 风积<br>$Qh^{gfl}$ 冰水堆积<br>$Qh^{gl}$ 冰碛<br>$Qh^{r}$ 沼泽沉积<br>$Qh^{fl}$ 湖沼沉积<br>$Qh^{l}$ 湖积<br>$Qh^{ch}$ 化学沉积 | $Qh^{pal}$ 洪冲积<br>$Qh^{al}$ 冲积<br>$Qh^{gfl}$ 冰水堆积<br>$Qh^{gl}$ 冰碛<br>$Qh^{fl}$ 湖沼沉积<br>$Qh^{l}$ 湖积<br>$Qh^{col}$ 风积<br>$Qh\beta$ 玄武岩 | $Qh^{pal}$ 洪冲积 | $Qh^{pal}$ 洪冲积<br>$Qh^{gol}$ 风积<br>$Qh^{r}$ 沼泽沉积<br>$Qh^{rl}$ 湖沼沉积<br>$Qh^{l}$ 湖积<br>$Qh^{ch}$ 化学沉积<br>$Qh^{al}$ 冲积 | $Qh^{pal}$ 洪冲积<br>$Qh^{gol}$ 风积<br>$Qh^{fl}$ 湖沼沉积<br>$Qh^{ch}$ 化学沉积<br>$Qh^{l}$ 湖积 | $Qh^{pal}$ 洪冲积 | 冰后期 |
| | 更新统：上更新统 $Qp^3$ | 萨拉乌苏阶(马兰阶) | Pleistocene Upper | 0.0118 | $Qp^{3pal}$ 洪冲积<br>$Qp^{3gfl}$ 冰水堆积<br>$Qp^{3gl}$ 冰碛<br>$Qp^{3l}$ 湖积 | $Qp^{3pal}$ 洪冲积<br>$Qp^{3}$ 钙华<br>$Qp^{3gl}$ 冰碛<br>$Qp^{3l}$ 湖积 | $Qp^{3pal}$ 洪冲积<br>$Qp^{3gl}$ 冰碛 | $Qp^{3pal}$ 洪冲积<br>$Qp^{3l}$ 湖积<br>$Qp^{3gfl}$ 冰水堆积<br>$Qp^{3gl}$ 冰碛 | $Qp^{3pal}$ 洪冲积<br>$Qp^{3ch}$ 化学沉积 | $Qp^{3pal}$ 洪冲积<br>$Qp^{3gfl}$ 冰水堆积<br>$Qp^{3gl}$ 冰碛<br>$Qp_3m$ 马兰组(风成黄土) | $Qp^{3pal}$ 洪冲积<br>$Qp^{3gfl}$ 冰水堆积<br>$Qp^{3gl}$ 冰碛<br>玄武岩<br>$Qp^{3l}$ 湖积 | Q 第四系(未分) | $Qp^{3pal}$ 洪冲积<br>$Qp^{3l}$ 湖积<br>$Qp^{3ch}$ 化学沉积<br>$Qp^{3col}$ 风积<br>$Qp_3m$ 马兰组(风成黄土) | $Qp^{3pal}$ 洪冲积<br>$Qp_3m$ 马兰组(风成黄土) | $Qp^{3pal}$ 洪冲积 | 末次间冰阶与末次冰期泛湖期 |
| | 更新统：中更新统 $Qp^2$ | 周口店阶(离石阶) | Pleistocene Middle | 0.126 | $Qp^{l}$ 湖积<br>$Qp^{2-3pal}$ 洪冲积<br>$Qp^{2gfl}$ 冰水堆积<br>$Qp^{2gl}$ 冰碛 | $Qp^{2l}$ 湖积<br>$Qp^{2pal}$ 洪冲积<br>$Qp^{2gl}$ 冰碛 | $Qp^{2pal}$ 洪冲积<br>$Qp^{2gl}$ 冰碛 | $Qp^{2pal}$ 洪冲积<br>$Qp^{2l}$ 湖积<br>$Qp^{2gfl}$ 冰水堆积<br>$Qp^{2gl}$ 冰碛 | $Qp^{2l}$ 湖积 | $Qp^{2pal}$ 洪冲积<br>$Qp^{2gfl}$ 冰水堆积<br>$Qp^{2gl}$ 冰碛<br>$Qp^{2l}$ 湖积 | $Qp^{2pal}$ 洪冲积<br>$Qp^{2l}$ 湖积<br>$Qp^{2gl}$ 冰碛<br>$Qp^{2}\beta$ 玄武岩<br>$Qp\alpha$ 安山岩 | | $Qp^{2pal}$ 洪冲积<br>$Qp^{2l}$ 湖积 | $Qp^{2pal}$ 洪冲积 | | 共和运动<br>倒三与倒二期冰期 |
| | 更新统：下更新统 $Qp^1$ | 泥河湾阶(午城阶) | Pleistocene Lower | 0.781 | | $Qp\beta$ 赛利普组(玄武岩)<br>$Qp^{1l}$ 湖积<br>$Qp_1z$ 猪头山组(湖冲积) | | $Qp^{1}$ 湖冲积<br>$Qp^{1al}$ 冲积<br>$Qp_1q$ 羌塘组 | $Qp_1q$ 七个泉组(冲湖积砂砾石层) | $Qp^{1pal}$ 洪冲积<br>$Qp^{1}$ 湖冲积<br>$Qp_1d$ 东山组(湖积) | $Qp\tau\alpha$ 安山粗面岩<br>$Qp\beta$ 玄武岩 | | $Qp^{1col}$ 风积 | $Qp^{1pal}$ 洪冲积<br>$Qp_1w$ 午城组(风成黄土)<br>$Qp^{1l}$ 湖积 | | 昆黄运动 |
| | | | Pliocene Gelasian | 1.806 | | | | | | | | | | | | |
| 新近系 N | 上新世 $N_2$ | 麻则沟阶 | Pliocene Piacenzian | 2.688 | $N_2Qp_1x$ 香孜组(冲湖积砂砾石层) | | | $N_2jx$ 惊仙谷组 | | $N_2j$ 积石山组<br>$N_2Qp_1y$ 玉门组(冲湖积砂砾石层) | $N_2Qp_1x$ 西域组(冲湖积砂砾石层) | NQX 西瓦利克群 | $N_2Qp_1x$ 西域组(冲湖积砂砾石层)<br>$N_2Qp_1y$ 玉门组(冲湖积砂砾石层) | $N_2Qp_1y$ 玉门组(冲湖积砂砾石层) | | 青藏运动 |

普组玄武岩($Qp^{1-2}\beta$)3种沉积类型。

1)猪头山组洪冲积($Qp^{1}z$)

早更新世猪头山组湖冲积层零星分布于安多县一带,下部岩性为灰红色钙质含砂砾岩,具板状交错层理,砾石磨圆度较差,成分复杂。胶结物为钙质、砂、泥质等,弱胶结。上部岩性为浅棕土黄色粘土。厚度一般为10～65m。ESR年龄1 180ka(中国地质调查局宜昌地质调查中心,2004)。

2)湖积($Qp^{1l}$)

零星分布于改则县附近以及昂达尔错一带,大致分布于海拔4 660m以上。岩性主要以黄色薄层细砂岩、粗粉砂岩,紫色薄层、极薄层粉砂岩、细粉砂岩、粘土岩为主,呈土黄色与紫色互层状。发育小型交错层理。在多玛区崩则错达贡测得TL年龄1 021±95ka(吉林省地质调查院,2006),其地质时代属早更新世。

3)赛利普组玄武岩($Qp^{1-2}\beta$)

赛利普组主要分布于昂拉仁错西南部赛利普一带,岩性为一套深灰色、灰色、紫灰色及紫红色碱性黑云母橄榄辉石玄武岩、气孔状碱性黑云母橄榄石玄武岩不等厚互层,夹少量含白榴石气孔状黑云母碱性橄榄辉石玄武岩。底部发育少量碱性黑云母橄辉玄武质沉凝灰角砾岩及沉凝灰岩。熔岩为流面构造、气孔状构造,斑状结构,基质为间粒结构—半晶质结构。为陆相火山喷发,底部火山碎屑岩为陆相湖相环境,其上的火山熔岩为陆相水上环境。其底部覆盖于第四系湖积阶地之上,紫红色的烘烤面特征明显。湖积阶地砂的ESR年龄值为26.8±2.6万年(成都理工大学,2005),马润泽等(2008)在该套火山岩下伏及层间湖相碎屑沉积层中获得ESR年龄0.268Ma与0.349Ma,属于中更新世。因此,将赛利普组置于中更新统。

但值得注意的是赛利普组火山岩的同位素年龄为Ar-Ar法(全岩)15.47±0.30Ma、16.35±0.33Ma,K-Ar法(全岩)15.24±0.3Ma(成都理工大学,2005),明显偏老,为中新世年龄范围;下伏湖积砂土及赛利普组玄武岩中所夹湖积砂土的孢粉分析结果为乔木植物花粉61.0%、灌木及草本植物花粉25.9%、蕨类植物孢子13.1%,鉴定时代为上新世—早更新世;从湖积物的颜色为灰色—灰白色来分析,与上新世的气候条件不符,而与早中更新世的气候条件相吻合,与地质事实一致。因此,本书将赛利普组地层的形成时代暂归为早中更新世。

(3)藏东川西高山深谷地地层分区

藏东川西高山深谷地地层分区无早更新世地层分布。

(4)东昆仑山巴颜喀拉山高原湖盆谷地地层分区

东昆仑山巴颜喀拉山高原湖盆谷地地层分区早更新世地层主要发育羌塘组湖积($Qp^{l}qt$)、湖冲积($Qp^{1l-al}$)和冲积($Qp^{1al}$)3种沉积类型。

1)羌塘组湖积($Qp^{l}qt$)

主要分布于昆仑山垭口盆地、东大滩及阿拉克湖盆地一带,地貌上呈小山包或平缓山坡,常发育指状冲沟。主要由黄灰色砂层、灰黄色粉砂与浅灰—灰黄色薄层至极薄层粘土质粉砂、粉砂质粘土组成韵律层,下部粉砂质粘土较多,缟状层理发育。厚度84～155m。

湖滨三角洲相和湖沼相在羌塘中部交替出现,湖滨三角洲相表现为:岩性为褐色或灰色砾石层、砂砾层、砂层、粉砂层;具有典型的向上变粗的层序;底部粉砂,向上变为砂层、砂砾层、砾石层;夹有植物碎片和滑塌变形构造,前积层具有大型的斜层理。湖沼相则表现为:岩性以灰色、深灰色粘土层为主;局部夹薄层粉砂;水平层理发育;有时呈致密块状;常见植物碎屑化石和植物碎屑层,肉眼可见水螺和贝壳化石、介形虫化石,并出现钙质泥岩层。

昆仑山垭口羌塘组形成的年代,钱方等(1982,1993,1994)进行了古地磁测定,古地磁测定在惊仙谷组地层顶部发现了松山反极性世与高斯正极性世的界限。ESR年龄为2.5Ma、1.67Ma(崔之久,1998),阿拉克湖测得ESR年龄为1 840.6ka、1 560.0ka、1 525.5ka(向树元等,2003)。数据显示均为早更新世。

2)早更新世湖冲积($Qp^{1l-al}$)

早更新世湖冲积地层主要出露于乌兰乌苏郭勒和扎陵湖之间,呈带状分布,呈低山或长梁状地形,发育羽毛状冲沟。主要为黄灰色块层状弱胶结砾岩-卵石岩、砂砾石层局部夹中砾透镜体或者具平行层理的粉砂层。砾石成分中灰白色灰岩占50%以上,其他砾石成分为紫红色及灰绿色砂岩、花岗岩类等,分选性较差,磨圆度次圆至浑圆状,平行层理发育。下部砾石扁平面叠瓦状排列不明显;上部砾石扁平面叠瓦状排列明显。总厚大于67.2m。该地层底部获得ESR年龄为1 113.9kaBP、836.3ka(向树元等,2003),均为早更新世。

3)早更新世冲积($Qp^{1al}$)

早更新世冲积主要分布于阿拉克湖至乌兰乌苏郭勒以北布尔汗布达山南坡上。下部以土黄色具平行层理的砂砾石层为主;上部以砾石层为主,局部夹卵石层,分选性较差,磨圆度以次棱—次圆为主。厚度大于100m。与下伏地层早更新世湖积-湖三角洲沉积呈侵蚀接触。因其直接覆于早更新世湖积-湖三角洲沉积之上,其年龄应小于1 525.5ka(向树元等,2003),为早更新世。

(5)柴达木盆地地层分区

柴达木盆地地层分区早更新世地层仅发育七个泉组($Qp^1q$)一种沉积类型。

七个泉组($Qp^1q$)在柴达木盆地内广泛分布于盆地北侧的芒崖、西台吉乃尔湖、甘森泉至德令哈市湖库尔雷克湖一带,呈带状分布。岩性主要为一套粗碎屑沉积物,半胶结,碎屑成分复杂,主要岩性为:上部发育灰色含砾粗砂岩,灰色复成分砾岩,砾石成分复杂,砾石磨圆度较好,砾径大小不一且悬殊较大,一般为次圆状,最大者砾径可达60cm,一般3~20cm,偶尔可见2m以上的漂砾,具定向排列,砾石扁平面(60%)平行层面,砂质胶结,胶结类型为孔隙式—接触式,砾石层中发育粉砂质、细砂质透镜体;下部为土色泥质粉砂岩、细砂岩等。上部地层呈上粗下细的反粒序层理,下部地层发育水平层理及小型交错层理,小型对称波痕。整体呈现出反粒序的特点。在该套地层采获大量的介形虫 *Cningnaicypriscrassa*(Hudng),*Leucocytntre mirabiliskdufm*,*Eucyprris infcata*(G. o. Sdrs)等,并在相当于七个泉组层位的柴达木西部盐湖构造中曾采到脊椎动物化石,经鉴定为 *Steyodon*,*Oriehtslia*,*Oaen*,其时代为早更新世,介形虫化石和脊椎动物化石都可以和年龄数据丰富的共和组对比(青海省地调院,2004)。ESR年龄为1 004.9ka、1 155.6ka(青海省地调院,2004)。

(6)阿尔金山祁连山高山高原湖盆谷地地层分区

阿尔金山祁连山高山高原湖盆谷地地层分区早更新世地层主要发育玉门组冲湖积($N_2Qp^1y$)(与上新世连续沉积)、东山组湖积($Qp^1d$)、湖冲积($Qp^{1l-al}$)和冲积($Qp^{1al}$)四种沉积类型。

1)玉门组冲湖积($N_2Qp^1y$)

玉门组冲湖积主要分布于酒泉盆地边缘,昌马河流域东岸,尤其在酒泉盆地南缘祁连山北麓的玉门市—文殊山一带最为发育。岩性为暗灰色、灰黄色中粗砾岩、细砂砾层夹灰白色、黄色砂岩层,最大厚度约507m。砾岩底部粒径较大,一般大于5cm,最大可达50cm,向上粒径变小,一般0.5~3cm,大者达15cm,砾石磨圆度一般,呈棱角状—次棱角状,分选性一般,宏观上向上砾石的分选性、磨圆度逐渐增高,下部砾石略具定向性并显层理。赵志军等(2001)通过古地磁测年确定玉门砾石层顶界的年龄约为0.84Ma。方小敏等(2004)通过ESR测年和古地磁方法得出玉门组的底界为3.66~0.99Ma,陈杰等(2006)认为玉门组的底界具有穿时性,其形成年代分别为4Ma和3.55Ma,故可判断玉门组形成于上新世—早更新世。

2)东山组湖积($Qp^1d$)

东山组湖积主要分布于临夏盆地、共和盆地和贵德盆地,沿龙羊峡水库南岸至沙沟地区和沙珠玉河沿岸都有广泛分布,其中临夏盆地东山顶剖面研究程度最为深入。岩性可分为3段:下段为褐黄色湖相粉砂岩,含层状钙质结核,产Equus等化石,厚35m;中段为褐黑色湖沼相粉砂岩,含腐树,厚30m;上段为块状含大量钙质结核的褐黄色湖相粉砂岩,厚12m。东山组中产孢粉化石,其中以草本植物和灌木植物分子占绝大多数,含量约在80%以上,主要可见 *Artemisia* 蒿,Chenopodiaceae 藜,Gramineae 禾本科，Rosaceae 蔷薇科，Compositae 菊科，Cruciferae 十字花科，*Potamogeton* 眼子菜属、*Euonymus* 卫茅属等；木本植物分子主要可见 *Carya* 山核桃属，*Juglans* 胡桃属，*Quercus* 栎属，*Ulmus* 榆属，*Picea* 水杉，*Betula* 桦，*Salix* 柳，*Abies* 冷杉，*Acer* 槭属，*Tamarix* 柽柳属；蕨类植物分子较少，仅可见少量水龙骨科、卷柏等（潘安定，1997）。另在东山组中发现哺乳动物化石 *Eqqus sanmeniensis*，*Lynx* sp.，*Gazella* sp. 等（方小敏，1997）。古地磁年代为 2.58～1.76Ma（李吉均等，1996），贝壳类化石氨基酸测年年龄为 1.83Ma，树木化石氨基酸测年平均年龄为 1.765Ma（李吉均等，1996）。

3）湖冲积（$Qp^{ll-al}$）

湖冲积主要分布于共和-兴海盆地内兴海-贵南-同德一带，出露于黄河、大河坝河、巴曲、茫拉河等深切河谷中，地貌上为河谷两岸的陡壁。主要为一套粗碎屑沉积物，岩性主要为黄灰色、土黄、褐黄、灰绿、灰色砾卵石夹中粗—中细粒砂、粉砂以及亚砂土、亚粘土，具河流冲积特征，在下部土黄、灰绿色中细粒砂中夹有钙质结核层和铁质条带即少量黄土和暗红色泥岩。砾石成分复杂，磨圆度良好，均未成岩，局部具明显的交错层理及水平层理。ESR 年龄为 1 323.9ka、1 164.2ka、1 055.9ka、884.0ka、755.5ka（青海省地质调查院，2001），为早更新世。

4）洪冲积（$Qp^{1pal}$）

洪冲积零星分布于临夏盆地中，康乐、广河、积石山等地皆有出露，常构成河流 T5、T6 阶地的下部。以砾石层为主，局部夹粉砂层，分选性较差，磨圆度中等，较松散。李吉均等（1996）将其命名为井头沟组，为河流沉积的砾石层，其上的黄土底部的年龄为 1.2～1.6Ma。

（7）西昆仑山高山高原湖盆谷地地层分区

西昆仑山高山高原湖盆谷地地层分区早更新世地层主要发育西域组湖冲积（$N_2Qp^1x$）（与上新世连续沉积）、玄武岩（$Qp^1\beta$）和安山粗面岩（$Qp^1\tau\alpha$）3 种沉积类型。

1）西域组湖冲积（$N_2Qp^1x$）

西域组湖冲积零星分布于托库孜达坂山南麓金水河流域，出露面积较小，主要为山麓相磨拉石堆积，岩性为灰色砾岩、砂砾岩夹砂岩透镜体。砾岩胶结物为砂泥质、钙质等，半固结状，砾石成分主要以灰岩为主，砂岩、硅质岩、石英岩及脉石英其次，由钙质或泥砂质胶结半成岩。砾岩层为厚层或巨厚层，分选和磨圆均较差，无定向性排列，偶见正韵律和反韵律。部分地区发育有不明显的交错层理、块状层理。西域组砾岩底界年龄从 4.8Ma 到 1.0Ma 不等（陈杰，2000；郑洪波，2002，2003；Zheng *et al.*，2006），郑洪波对塔里木盆地南缘叶城县附近的西域砾岩进行的磁性年代学测定年龄为 3.5～1.8Ma（Zheng *et al.*，2000），属上新世—早更新世。

2）玄武岩（$Qp^1\beta$）

该岩出露于于田县西南，西昆仑北坡的普鲁村以东或以北的克里雅代牙侧旁。主要组成岩石有橄榄安粗岩、钾玄岩、杏仁状辉石安山岩，辉石玄武安山岩。下游火山岩前人做了较为详细的研究（邓万明等，1989、1991），该处火山岩夹于克里雅河Ⅳ级阶地的河床砾石层之间，上层熔岩厚 10～15m，下层熔岩厚 5～7m，中间夹有 2～4m 厚的砾石层，与熔岩接触的砾岩被烘烤成砖红色，岩层顶部气孔发育，下部呈致密块状。普鲁火山岩较一致的 K－Ar 年龄是 1.43～1.21Ma（刘嘉麟等，1990）、1.1～1.4Ma（刘从强，1989）。

3）安山粗面岩（$Qp^1\tau\alpha$）

该岩零星出露于银石山西北部金顶山一带，出露面积约 81km²。其中金顶山火山岩规模最大，约 70km²。金顶山火山岩地貌上呈中间高四周低缓的盾形，高差约 300m，火山口位于火山岩中部，直径近 1km，至少存在三次火山喷发。为陆相中心式喷发，由溢流相和喷发相组成。溢流相主要由安粗岩组成，由下往上出现较明显的结构构造颜色分带，即熔岩层的下部及上部主要为紫红色、黑色气孔状安粗岩，中部为浅灰色—灰色块状安粗岩，熔岩顶部为渣状熔岩或浮岩，局部见保存较好的表壳流动构造。爆发岩相由火山角砾岩组成，火山角砾岩呈紫红色、灰紫色、斑杂色，分布于火山口附近。金顶山火山岩第一、二次及火山口中心块状安粗岩，全岩 K－Ar 法同位素年龄值分别为 1.93Ma、1.08Ma、0.45Ma

(湖南省地调院,2003),于摘星山第二次火山岩中全岩 K－Ar 法同位素年龄值为 2.97Ma(湖南省地调院,2003),由此得出火山岩形成时代为早更新世。

## 2. 中更新世地层

(1)藏南高山高原湖盆谷地地层分区

藏南高山高原湖盆谷地地层分区中更新世地层主要发育湖冲积($Qp^{2l-al}$)、冰碛($Qp^{2gl}$)、冰水堆积($Qp^{2gfl}$)和湖积($Qp^{2-3l}$)(与晚更新世连续沉积)4 种沉积类型。

1)湖冲积($Qp^{2l-al}$)

湖冲积零星分布于普兰县玛旁雍错、沙穷等地的湖泊、河流的Ⅴ级阶地。岩性为褐红、灰色含砂砾粘土、砂等。具水平层理。剖面上取孢粉样品 9 件,时代为中更新世。

2)冰碛($Qp^{2gl}$)

冰碛大量分布于冈底斯山脉、喜马拉雅山脉和念青唐古拉山脉两侧。形态上呈复合终碛堤,长可达几十千米,宽 10 余千米,高 300～800m。冰碛物岩性为巨砾、砾、砂、亚砂土等的混合堆积物。基本无分选、磨圆。砾石多呈次棱角状,排列混乱无序,砾径差别大,几厘米到十几米均有。砾石表面可见冰蚀坑及擦痕,少量砾石表面具钙质膜。

3)冰水堆积($Qp^{2gfl}$)

冰水堆积大量分布于冈底斯山脉、喜马拉雅山脉和念青唐古拉山脉两侧。往往分布于中更新世冰碛外侧,形态上呈冲积平原或冰蚀谷两侧阶地。岩性为灰白色细小的砾、砂等。成分与附近基岩基本一致。水平层理发育。

4)湖积($Qp^{2-3l}$)(与晚更新世连续沉积)

湖积主要分布于定西县和定结县昌龙古湖盆、致克古湖盆地区,分布面积近千平方千米。主要岩性为褐色至浅灰色厚层状粉砂粘土层、粘土层,局部夹砾石层,具水平层理,厚 30m 以上。光释光测年结果为 233.4±27.4ka、107.2±8.4ka、84.7±7.2ka、65.9±6.0ka(中国地质大学地质调查院,2002),为中晚更新世产物。

(2)羌塘高原内陆湖盆地地层分区

羌塘高原内陆湖盆地地层分区中更新世地层主要发育洪冲积($Qp^{2pal}$)、冰碛($Qp^{2gl}$)和湖积($Qp^{2l}$)3 种沉积类型。

1)洪冲积($Qp^{2pal}$)

中更新世冲洪积层零星分布于尼玛县阿苏躺勒、沙足勒及扎曲等地,发育于河流Ⅲ级阶地之上,厚度一般为 15～50m。岩性为灰、灰黄色砂、砾石层夹砂土层,略具胶结成岩作用,但胶结程度不高,易风化成松散砂砾层。热释光年龄测试结果为 26.97±2.16 万年(吉林省地质调查院,2003),属中更新世沉积产物。

2)冰碛($Qp^{2gl}$)

冰碛零星分布于盆地内山脉周围。形态上呈复合终碛堤,或侧碛垅。冰碛物岩性为巨砾、砾、砂、亚砂土等的混合堆积物。基本无分选、磨圆。砾石多呈次棱角状,排列混乱无序,砾径差别大。砾石表面可见冰蚀坑及擦痕。

3)湖积($Qp^{2l}$)

湖积主要分布于内陆盆地内较大的湖盆地周围高级湖阶地上,如扎日南木错、当惹雍错、色林错等湖盆地周围。上部岩性多为滨湖相砂砾层,局部可见浅湖相粉砂-粘土沉积层;下部岩性多以浅湖相粉砂、粉砂质粘土层为主夹滨湖相砂砾石层。厚度 10～20m 不等。ESR 测年为 369.3ka、230.43ka(江西省地质调查院,2002),属中更新世沉积产物。

(3)藏东川西高山深谷地地层分区

藏东川西高山深谷地地层分区中更新世地层主要发育洪冲积($Qp^{2pal}$)和冰碛($Qp^{2gl}$)两种沉积类型。

1)洪冲积($Qp^{2pal}$)

洪冲积零星分布于云南元谋至一带的龙川江、普渡河两岸的高阶地之上。岩性为灰、灰黄色砂砾石层夹砂土层。

2)冰碛($Qp^{2gl}$)

冰碛零星分布于念青唐古拉山脉、他念他翁山脉等周围。形态上呈复合终碛堤,或侧碛垅岗。冰碛物岩性为巨砾、砾、砂、亚砂土等的混合堆积物。基本无分选、磨圆。砾石多呈次棱角状,排列混乱无序,砾径差别大。ESR年龄为705ka(西藏自治区地质调查院,2005)。

(4)东昆仑山巴颜喀拉山高原湖盆谷地地层分区

东昆仑山巴颜喀拉山高原湖盆谷地地层分区中更新世地层主要发育洪冲积($Qp^{2pal}$)、冰碛($Qp^{2gl}$)、冰水堆积($Qp^{2gfl}$)和湖积($Qp^{2l}$)4种沉积类型。

1)洪冲积($Qp^{2pal}$)

洪冲积主要分布于东昆仑布青山北加鲁河谷南岸和阿其克库勒湖南侧一带。岩性以棕黄色—土黄色砂砾石层为主夹透镜状粉砂-砂。厚度大于250m。TL年龄为302±22ka(于庆文,2000),OSL年龄为179.8±18.1ka(向树元等,2003),属中更新世产物。

2)冰碛($Qp^{2gl}$)

冰碛零星分布于东昆仑山脉、巴颜喀拉山脉等周围。地貌上常表现为底碛丘陵、终碛垄等垄岗状地形。岩性主要为灰黄色、土黄色泥质砂砾石、卵石、漂砾层,分选性极差,磨圆度以尖棱角状为主,无层理。

3)冰水堆积($Qp^{2gfl}$)

冰水堆积零星分布于东昆仑山脉、巴颜喀拉山脉等周围。地貌上为中更新世冰碛前缘的冰水冲积平缓台地。岩性主要为泥质砂砾石层,砾石大小混杂,分选性极差,磨圆度为尖棱角状,砾石扁平面排列无规律,并常见扁平面近直立排列。砂砾石层中常夹不规则状粉砂质团块。OSL年龄为151±13.2ka(向树元等,2003)。

4)湖积($Qp^{2l}$)

零星分布于索县古湖。下部岩性为砂砾层夹粉砂层;上部岩性以粉砂、粉砂质粘土层为主夹砂砾石层。厚度40~60m。ESR测年为425.3ka(西藏自治区地质调查院,2005),属中更新世沉积产物。

(5)柴达木盆地地层分区

柴达木盆地地层分区中更新世地层仅发育湖积($Qp^{2l}$)一种沉积类型。

主要分布于柴达木盆地北部和西部。上部岩性为黄褐色含粉砂石盐层夹细粉砂和黑色含石膏泥层;下部岩性为土黄色含石膏粘土质粉砂层,夹石膏层。厚度136m。

(6)阿尔金山祁连山高山高原湖盆谷地地层分区

阿尔金山祁连山高山高原湖盆谷地地层分区中更新世地层主要发育洪冲积($Qp^{2pal}$)、冰碛($Qp^{2gl}$)、冰水堆积($Qp^{2gfl}$)和湖积($Qp^{2l}$)4种沉积类型。

1)洪冲积($Qp^{2pal}$)

洪冲积零星分布于青海东部和甘肃西南的循化、临夏、临洮等地的河流高阶地上,常构成河流T5阶地的下部。岩性以棕黄色—土黄色砂砾石层为主夹透镜状粉砂-砂。为河流相沉积的砂砾石层,其上的黄土底部的年龄为0.6~0.15Ma(施雅风等,1998)。

2)冰碛($Qp^{2gl}$)

冰碛零星分布于祁连山脉、拉脊山、青海南山等周围。地貌上常表现为底碛丘陵、终碛垄等垄岗状地形。岩性主要为灰黄色、土黄色泥质砂砾石、卵石、漂砾层,分选性极差,磨圆度以尖棱角状为主,无层理。

3)冰水堆积($Qp^{2gfl}$)

冰水堆积零星分布于祁连山脉、拉脊山、青海南山等周围。地貌上为中更新世冰碛前缘的冰水冲积平缓台地或古冰蚀谷阶地。岩性主要为泥质砂砾石层，砾石大小混杂，分选性极差，磨圆度多为尖棱角状，砾石扁平面排列无规律。砂砾石层中常夹不规则状粉砂质团块。

4)湖积($Qp^{2l}$)

湖积零星分布于西宁市西北。岩性为砂砾石层、粉砂—粘土沉积层。

(7)西昆仑山高山高原湖盆谷地地层分区

西昆仑山高山高原湖盆谷地地层分区中更新世地层主要发育洪冲积($Qp^{2pal}$)、冰碛($Qp^{2gl}$)、湖积($Qp^{2l}$)、安山岩($Qp^2\alpha$)和玄武岩($Qp^2\beta$)5种沉积类型。

1)洪冲积($Qp^{2pal}$)

洪冲积零星分布在叶尔羌河支流两侧的V－VIII级阶地上。高出河谷50～120m，每级阶地的砾石层及砂砾层均为钙质胶结或半胶结，粒径一般5～15cm，辫状河建造中的砾石层中普遍发育砾石的叠瓦状构造，并发育斜层理前积纹层，砾石磨圆度及分选性均好。少数地段为洪积扇相沉积，主要由块状层理的巨厚的砾石层构成，砾石层中砾石无序排列，不显叠瓦状构造，大小混杂，磨圆度差。

2)冰碛($Qp^{2gl}$)

冰碛零星分布于喀喇昆仑山脉、喀什塔什山脉等周围。地貌上常表现为底碛丘陵、底碛平台、终碛垄等垄岗状地形。岩性主要为灰黄色、土黄色泥质砂砾石、卵石、漂砾层，分选性极差，磨圆度以尖棱角状为主，无层理，砾径最大者可达10m，胶结相对紧密。在玉龙喀什河上游热释光年龄样，结果为333±46ka(郑兴本等，1987)。在布拉克巴什附近热释光测年为206±17ka(郑兴本等，1987)。

3)湖积($Qp^{2l}$)

湖积仅在木吉盆地见及，面积约33km²。可形成多级阶地，所见可达五级，阶高几米至数十米不等。由高到低，主要为砾石层、砂层、粉砂层和泥质层，具明显的粒序特征。砾岩的砾石多呈次棱—次圆状，少量为扁平状。每一阶地沉积物均表现为由砾岩层—砂层—粉砂质—泥质层的韵律性变化，但向上整体变细，砾岩变少，至晚期阶地则以粉砂和泥为主。

4)安山岩($Qp^2\alpha$)

西昆仑中更新世安山岩主要分布在阿什库勒盆地的东南部，岩性为辉石安山岩，其中一个火山锥保存完好，相对高度150m，锥体直径约为6km，火山口直径200m，锥顶呈深达50m的漏斗状负地形，其南面有一个深30m的豁口，北侧内壁上有一破火山口。整个火山锥全部由熔岩流多次叠加堆垒而成，火山口内可看到熔岩典型的层状构造，附近主要是暗紫红色气孔密集的浮岩。熔岩流一直到阿什库勒湖边，厚度约100m，自火山锥向外变薄，成分为辉石安山岩。

关于阿什库勒地区火山岩时代前人已作了大量工作，所测同位素年龄最老为2.8Ma(K－Ar法，刘嘉麒、买买提依明，1990)，最新一个热释光年龄为7.4±0.4万年(陕西省地质调查院，2002)，但以0.2～1.43Ma占绝大多数。该区火山活动贯穿整个第四纪各个时段，但以中—晚更新世最频繁，规模也大。

在阿他木帕下一带的火山岩，岩性以辉石安山岩、浮岩为主，另有少量安山岩。可见两期喷发的火山岩，下火山岩层为安山岩，上层为辉石安山岩，其间夹一层冲积砾石层，砾石层顶部有明显的烘烤现象。该区火山岩亦有多个喷发点，其中一个火山口远观为一发红的火山岩突起，岩石为明显的碎裂状，气孔构造不发育，流纹、流层构造明显，由流纹、流层圈闭成直径3～5m的桶状，有些桶状体向上进一步分叉，说明在一个大的火山口里岩浆向上涌出是此起彼伏的。邓万明(1991)在火山岩下部烘烤层中采热释光年龄样，测定结果为0.56±0.034Ma(邓万明，1991)，故火山活动时间应为中更新世。

5)玄武岩($Qp^2\beta$)

西昆仑中更新世玄武岩主要集中于阿什库勒盆地东北侧，岩性为橄榄玄武岩，岩石呈灰黑色块状，含少许气孔。肉眼可识别灰白色的条状斜长石，橄榄石的粒度较细，有轻微的伊丁石化。中—基性斜长石为自形板状结构，很少见到钠长石双晶。基质以玻璃质为主，其间均匀分布了不规则的斜长石、镁铁矿物微晶和磁铁矿颗粒，组成了玻晶交织结构。

### 3. 晚更新世地层

(1)藏南高山高原湖盆谷地地层分区

藏南高山高原湖盆谷地地层分区晚更新世地层主要发育洪冲积($Qp^{3pal}$)、冰碛($Qp^{3gl}$)、冰水堆积($Qp^{3gfl}$)和湖积($Qp^{3l}$)4 种沉积类型。

1)洪冲积($Qp^{3pal}$)

洪冲积广泛分布于雅鲁藏布江中游Ⅲ-Ⅳ阶地和雅鲁藏布江上游,其他注入内陆湖的河流Ⅱ-Ⅲ阶地、内陆湖周围洪冲积扇及大滩上。岩性为灰色、浅灰色砂砾石层,常夹透镜状、似层状细砂或粉砂等,常发育平行层理。TL 年龄为 59.8±6.0ka、32.0±3.3ka、41.5±5.3ka(河北省地质调查院,2004),OSL 年龄为 114.8±9.9ka、21.9±2.2ka、18.6±+2.2ka、35.6±2.6ka、24.5±2.6ka(中国地质大学地质调查院,2002)。

2)冰碛($Qp^{3gl}$)

冰碛大量分布于冈底斯山脉、喜马拉雅山脉和念青唐古拉山脉两侧。形态上呈复合终碛堤和古冰蚀谷中底碛。冰碛物岩性为巨砾、砾、砂、亚砂土等的混合堆积物。基本无分选、磨圆。砾石多呈次棱角状,排列混乱无序,砾径差别大,几厘米到十几米均有。砾石表面可见冰蚀坑及擦痕,少量砾石表面具钙质膜。TL 年龄分别为 77.1±8.6ka、67.1±7.1ka(河北省地质调查院,2004)。

3)冰水堆积($Qp^{3gfl}$)

冰水堆积大量分布于冈底斯山脉、喜马拉雅山脉和念青唐古拉山脉两侧。往往分布于晚更新世冰碛外侧,形态上呈冲积平原或滩地。岩性为灰白色细小的砾、砂等。成分与附近基岩基本一致。水平层理发育。

4)湖积($Qp^{3l}$)

湖积零星分布于米林以东雅鲁藏布江高Ⅲ级阶地(堰塞湖沉积)和内陆湖周围湖积阶地上,岩性为灰色—浅灰色粉砂质泥层与泥质粉砂层互层夹细砂、粉砂层。水平纹层理发育。米林机场剖面获得$^{14}C$年龄 42 915±430a、27 955±100a(本项目组,2007)。

(2)羌塘高原内陆湖盆地地层分区

羌塘高原内陆湖盆地地层分区晚更新世地层主要发育洪冲积($Qp^{3pal}$)、冰碛($Qp^{3gl}$)、湖积($Qp^{3l}$)和钙华沉积($Qp^{3ca}$)4 种沉积类型。

1)洪冲积($Qp^{3pal}$)

晚更新世冲洪积层零星分布于注入内陆盆地的河流Ⅱ级以上阶地及河口洪冲积扇上,厚度一般为 5～50m。岩性为灰、灰黄色砂、含砂砾石层夹砂土层,分选性较差,磨圆度次棱至次圆状为主,砾石扁平面定向排列较明显,常发育平行层理。ESR 年龄为 0.084Ma(成都地质矿产研究所,2005),$^{14}C$ 年龄为 13 190±670a、15 600±540a(广西壮族自治区地质调查院,2005)。

2)冰碛($Qp^{3gl}$)

冰碛零星分布于盆地内山脉周围。形态上呈复合终碛堤、底碛或侧碛垅。冰碛物岩性为巨砾、砾、砂、亚砂土等的混合堆积物。砾石无分选、无磨圆。砾石多呈次棱角状,排列混乱无序,砾径差别大。成分复杂,具泥包砾现象。整体上不显层理。冰川堆积物 OSL 年龄值为 29 670a(吉林大学地质调查院,2003)。

3)湖积($Qp^{3l}$)

湖积主要分布于内陆盆地内不同大小的湖盆地周围Ⅱ级以上湖阶地上,如扎日南木错、当惹雍错、色林错等湖盆地周围。岩性主要以滨湖相砂砾层和浅湖相粉砂、粉砂质粘土层为主夹滨湖相砂砾石层,厚度 5～20m 不等。ESR 年龄为 104.42ka、铀系法年龄为 34.7±1.9ka(江西省地质调查院,2002),TL 年龄为 1.64±0.13 万年(吉林省地质调查院,2003)。

4)钙华沉积物($Qp^{3ca}$)

该沉积物零星发育于色林错周围,数量多但规模不大,主要沿近东西向断裂分布。钙华体的规模不一,从 0.05km² 至几十平方千米。以钙华锥、钙华平台为主,次为钙华阶地。钙华体呈层状产出,单层厚 10cm 左右,自古泉口向四周倾斜,远离泉口,产状越平缓。

(3)藏东川西高山深谷地地层分区

藏东川西高山深谷地地层分区晚更新世地层主要发育洪冲积($Qp^{3pal}$)和冰碛($Qp^{3gl}$)两种沉积类型。

1)洪冲积($Qp^{3pal}$)

洪冲积主要分布于雅鲁藏布江、怒江、澜沧江、金沙江等河流的主流和支流Ⅱ级以上河流阶地上。以砾石层为主,局部夹粉砂层,分选性较差,磨圆度中等,较松散,砾石扁平面定向排列明显,并向上游方向倾斜,常具平行层理。OSL 年龄为 59.5±4.9ka、30.8±2.5ka、20.3±1.7ka、17.4±1.5ka(西藏自治区地质调查院,2005)。

2)冰碛($Qp^{3gl}$)

冰碛零星分布于念青唐古拉山脉、他念他翁山脉等周围。形态上呈复合终碛堤、冰蚀谷底碛或侧碛垅岗。冰碛物岩性为巨砾、砾、砂、亚砂土等的混合堆积物。基本无分选、磨圆。砾石多呈次棱角状,排列混乱无序,砾径差别大。砾石表面可见冰蚀坑及擦痕。

(4)东昆仑山巴颜喀拉山高原湖盆谷地地层分区

东昆仑山巴颜喀拉山高原湖盆谷地地层分区晚更新世地层主要发育洪冲积($Qp^{3pal}$)、冰碛($Qp^{3gl}$)、冰水堆积($Qp^{3gfl}$)和湖积($Qp^{3l}$)4 种沉积类型。

1)洪冲积($Qp^{3pal}$)

洪冲积大量分布于东昆仑山巴颜喀拉山区黄河、沱沱河、澜沧江上游及注入内陆湖的河流两岸Ⅱ级以上河流阶地或洪冲积扇上。以砾石层为主,局部夹粉砂层,分选性较差,磨圆度中等,较松散,常具平行层理。OSL 年龄为 86.6±9.5ka 、56.5±7.1ka、13.3±1.4ka、11.4±1.3ka(向树元等,2003)。

2)冰碛($Qp^{3gl}$)

冰碛零星分布于东昆仑山脉、巴颜喀拉山脉等周围。地貌上为在保存完好的 U 形谷中呈侧碛垄、中碛垄或底碛丘陵。主要为灰黄色、土黄色泥质砂砾石、卵石、漂砾层,漂砾上可见到冰川擦痕,分选性极差,磨圆度以尖棱角状为主,无层理。

3)冰水堆积($Qp^{3gfl}$)

冰水堆积零星分布于东昆仑山脉、巴颜喀拉山脉等周围。地貌上为晚更新世冰碛前缘的冰水冲积平缓台地。岩性主要为泥质含砂砾石层、砂层夹粉砂层,砾石分选性较差,磨圆度为尖棱角状,砾石扁平面排列略定向,但层理不发育。砂砾石层中常夹不规则状粉砂质团块。

4)湖积($Qp^{3l}$)

湖积主要分布于东昆仑山和巴颜喀拉山区内陆湖盆周围湖积阶地或湖滩上。常位于晚更新世洪冲积砾石层之下,岩性多为以滨湖相砂砾层和浅湖相粉砂、粉砂质粘土层为主夹滨湖相砂砾石层。

(5)柴达木盆地地层分区

柴达木盆地地层分区晚更新世地层主要发育洪冲积($Qp^{3pal}$)和化学沉积($Qp^{3ch}$)两种沉积类型。

1)洪冲积($Qp^{3pal}$)

洪冲积大量分布于柴达木盆地周围洪冲积扇和大滩上。以砾石层为主,局部夹粉砂层,分选性较差,磨圆度中等,较松散,常具平行层理。

2)化学沉积($Qp^{3ch}$)

化学沉积主要分布于柴达木盆地西北部大滩上,岩性为黄褐色粉砂石盐层,夹灰色含石盐、石膏粉砂层。

(6)阿尔金山祁连山高山高原湖盆谷地地层分区

阿尔金山祁连山高山高原湖盆谷地地层分区晚更新世地层主要发育洪冲积($Qp^{3pal}$)、冰碛($Qp^{3gl}$)、冰水堆积($Qp^{3gfl}$)和马兰组风成黄土($Qp^{3}m$)4 种沉积类型。

1)洪冲积($Qp^{3pal}$)

洪冲积大量分布于黄河及其支流的Ⅱ-Ⅳ级阶地和其他流入内陆湖的河流Ⅱ级以上阶地上。岩性以棕黄色—土黄色砂砾石层为主夹透镜状粉砂-砂。OSL 年龄为 51.5±4.9ka、31.9±3.5ka(中国地质大学地质调查院,2006)。

2)冰碛($Qp^{3gl}$)

冰碛零星分布于祁连山脉、拉脊山、青海南山等周围。地貌上常表现为底碛丘陵、终碛垄等垄岗状地形。岩性主要为灰黄色、土黄色泥质砂砾石、卵石、漂砾层,分选性极差,磨圆度以尖棱角状为主,无层理。

3)冰水堆积($Qp^{3gfl}$)

冰水堆积零星分布于祁连山脉、拉脊山、青海南山等周围。地貌上为晚更新世冰碛前缘的冰水冲积平缓台地或冰蚀谷滩地。岩性主要为泥质砂砾石层、含砾砂层,砾石分选性较差,磨圆度多为尖棱角状,砾石扁平面排列无规律。砂砾石层中常夹不规则状粉砂质团块。

4)马兰组风成黄土($Qp^{3}m$)

该风成黄土主要分布于青海东部民河盆地和甘肃西南部临夏盆地一带,常覆盖于河流Ⅱ级以上阶地及平缓山坡上。为浅灰黄色黄土(灰黄色泥质粉砂、粉砂质泥与灰褐色古土壤旋回层),物质组成较粗,垂直节理发育,质地疏松,层理不明显,厚 40~50m。OSL 年龄为 92.42 ka 、51.77 ka 、48.5±4.5 ka(曾方明等,2007)。

(7)西昆仑山高山高原湖盆谷地地层分区

西昆仑山高山高原湖盆谷地地层分区晚更新世地层主要发育洪冲积($Qp^{3pal}$)、冰碛($Qp^{3gl}$)、冰水堆积($Qp^{3gfl}$)、湖积($Qp^{3l}$)和玄武岩($Qp^{3}\beta$)5 种沉积类型。

1)洪冲积($Qp^{3pal}$)

洪冲积广泛分布于各级河流两侧的Ⅱ-Ⅳ级阶地和河口洪冲积扇上。为灰黄色砂砾石层,厚度 20~150m 不等,砾石成分复杂,分选性较差,磨圆较好,呈次棱角—次圆状,常夹有透镜状细砂层或粉砂层,平行层理发育。

2)冰碛($Qp^{3gl}$)

冰碛零星分布于喀喇昆仑山脉、喀什塔什山脉等周围。地貌上常表现为底碛丘陵、底碛平台、终碛垄等垄岗状地形。岩性主要为灰黄色、土黄色泥质砂砾石、卵石、漂砾层,分选性极差,磨圆度以尖棱角状为主,无层理,砾径最大者可达 10m,胶结相对紧密。崇测冰川外围可见两列终碛垅,内列终碛垅外侧的湖相沉积层上部的$^{14}$C 测年为 14 930±370a,外终碛垅挤压在变形的湖相沉积之上,该湖相沉积$^{14}$C 测年为 30 915±1 700a(郑兴本等,1987)。在西昆仑山北坡,终碛垅$^{14}$C 测年为 18 250±625a。里田河终碛垅$^{14}$C 测年为 16 510±553a(陕西省地质调查院,2002)。

3)冰水堆积($Qp^{3gfl}$)

冰水堆积零星分布于喀喇昆仑山脉、喀什塔什山脉等周围。地貌上为晚更新世冰碛前缘的冰水冲积平缓台地或冰蚀谷滩地。岩性主要为泥质砂砾石层、含砾砂层,砾石分选性较差,磨圆度多为尖棱角状,砾石扁平面排列无规律。

4)湖积($Qp^{3l}$)

湖积主要分布于甜水海、阿克赛钦湖、萨利吉勒干南库勒等内陆湖周围Ⅱ-Ⅳ级湖积阶地上。岩性主要为灰色、灰黄色细砂、粘土质粉砂与粉砂质粘土互层,粉砂和粉砂质粘土层水平微层理发育,常夹含砾砂层和泥炭层、硝类等。表面常有一层白色无机盐,呈松散状,粒度较细。甜水海湖积$^{14}$C 年龄为 23.947±1.300 ka、19.228±0.205 ka。

5)玄武岩($Qp^3\beta$)

该玄武岩零星分布于克里雅河上游,琼木孜塔格西北侧一带。主要为辉石安山岩及玄武质浮岩等,形成了区内保存最好的1号和2号火山,2号火山(锥)稍老,其上已布满了小型冲沟,而1号火山(锥)则极为新鲜,没有任何破坏,该期火山熔岩被保存完好,保留了原始风貌,其上甚少有风成物覆盖,前人所获同位素年龄多在晚更新世,少部分为全新世。

4.全新世地层

(1)藏南高山高原湖盆谷地地层分区

藏南高山高原湖盆谷地地层分区全新世地层主要发育洪冲积($Qh^{pal}$)、冰碛($Qh^{gl}$)、冰水堆积($Qh^{gfl}$)、湖积($Qh^{l}$)、湖沼沉积($Qh^{fl}$)和风积($Qh^{eol}$)6种沉积类型。

1)洪冲积($Qh^{pal}$)

洪冲积广泛分布于雅鲁藏布江中游Ⅰ、Ⅱ阶地,现代谷底和雅鲁藏布江上游,以及其他注入内陆湖的河流Ⅰ阶地和谷底、内陆湖周围洪冲积扇及大滩上。岩性为灰色、浅灰色砂砾石层,常夹透镜状、似层状细砂或粉砂等。

2)冰碛($Qh^{gl}$)

冰碛大量分布于冈底斯山脉、喜马拉雅山脉和念青唐古拉山脉两侧现代冰川前缘。形态上呈终碛堤和冰蚀谷中底碛丘陵。冰碛物岩性为巨砾、砾、砂、亚砂土等的混合堆积物。基本无分选、磨圆。砾石多呈次棱角状,排列混乱无序,砾径差别大,几厘米到十几米均有。砾石表面可见冰蚀坑及擦痕,少量砾石表面具钙质膜。

3)冰水堆积($Qh^{gfl}$)

冰水堆积大量分布于冈底斯山脉、喜马拉雅山脉和念青唐古拉山脉两侧。往往分布于全新世冰碛外侧,形态上呈冲积平原或滩地。岩性为灰白色细小的砾、砂等。成分与附近基岩基本一致。

4)湖积($Qh^{l}$)

湖积零星分布于内陆湖周围湖积周围上,岩性为灰色—浅灰色粉砂质泥层与泥质粉砂层互层夹细砂、粉砂层。水平纹层理发育。

5)湖沼沉积($Qh^{fl}$)

湖沼沉积主要分布于内陆湖周围、沼泽区及部分河流中堰塞湖沼地段。岩性主要为灰色、灰黄色细砂、粘土质粉砂与粉砂质粘土互层,粉砂和粉砂质粘土层水平层理发育,常夹含砾砂层和泥炭层等。

6)风积($Qh^{eol}$)

风积零星分布于雅鲁藏布江中游河谷中,呈风成新月形沙丘或沙堆。岩性以灰黄色细砂和粉砂为主,常具风成交错层理或斜层理。

(2)羌塘高原内陆湖盆地地层分区

羌塘高原内陆湖盆地地层分区全新世地层主要发育洪冲积($Qh^{pal}$)、冰碛($Qh^{gl}$)、湖积($Qh^{l}$)、沼泽沉积($Qh^{f}$)、湖沼沉积($Qh^{fl}$)、化学沉积($Qh^{ch}$)和风积($Qh^{eol}$)7种沉积类型。

1)洪冲积($Qh^{pal}$)

全新世冲洪积层零星分布于注入内陆盆地的河流Ⅰ级阶地、现代河床及河口洪冲积扇上。岩性为灰、灰黄色砂、含砂砾石层、砂层夹粉砂层,分选性较差,磨圆度次棱至次圆状为主,砾石扁平面定向排列较明显。

2)冰碛($Qh^{gl}$)

冰碛零星分布于盆地内山脉周围,现代冰川前缘。形态上呈终碛堤、底碛丘陵或侧碛垅。冰碛物岩性为巨砾、砾、砂、亚砂土等的混合堆积物。砾石无分选、无磨圆。砾石多呈次棱角状,排列混乱无序,砾径差别大,成分复杂,具泥包砾现象。整体上不显层理。

3)湖积($Qh^{l}$)

湖积主要分布于内陆盆地内不同大小的湖盆地周围Ⅰ级湖阶地上。岩性主要以滨湖相砂砾层和浅湖相粉砂、粉砂质粘土层为主夹滨湖相砂砾石层。

4)湖沼沉积($Qh^{fl}$)

湖沼沉积主要分布于内陆湖周围、沼泽区及部分河流中堰塞湖沼地段。岩性主要为灰色、灰黄色细砂、粘土质粉砂与粉砂质粘土互层，粉砂和粉砂质粘土层水平层理发育，常夹含砾砂层和泥炭层等。

5)沼泽沉积($Qh^{f}$)

沼泽沉积主要分布于内陆湖周围沼泽、河流堰塞沼泽地段。岩性主要为灰色、黄灰色粘土质粉砂与粉砂质粘土互层，粘土层水平层理发育，有机质含量较高，常夹泥炭层等。

6)化学沉积(($Qh^{ch}$))

化学沉积主要分布于羌塘盆地北部和西部的内陆盆地周围或部分已干涸的湖盆地中。主要分布于古湖区和现代部分湖区，形成盐碱滩或硼砂矿。岩性主要为灰至灰黑色含石盐钙质泥层、灰白至白色含硼砂矿钙质泥层夹粉砂层等。

7)风积($Qh^{eol}$)

风积零星分布于内陆湖盆地周围，呈风成新月形沙丘或不规则状沙堆。岩性以灰黄色细砂和粉砂为主，常具风成交错层理或斜层理。

(3)藏东川西高山深谷地地层分区

藏东川西高山深谷地地层分区全新世地层主要发育洪冲积($Qh^{pal}$)和冰碛($Qh^{gl}$)两种沉积类型。

1)洪冲积($Qh^{pal}$)

洪冲积主要分布于雅鲁藏布江、怒江、澜沧江、金沙江等河流的主流和支流Ⅰ级河流阶地和现代河床中。以砾石层为主，局部夹粉砂层，分选性较差，磨圆度中等，较松散，砾石扁平面定向排列明显，并向上游方向倾斜，常具平行层理。

2)冰碛($Qh^{gl}$)

冰碛零星分布于念青唐古拉山脉、他念他翁山脉等现代冰川前缘。形态上呈终碛堤、冰蚀谷底碛丘陵或侧碛垅。冰碛物岩性为巨砾、砾、砂、亚砂土等的混合堆积物。基本无分选、磨圆。砾石多呈次棱角状，排列混乱无序，砾径差别大。砾石表面可见冰蚀坑及擦痕。

(4)东昆仑山巴颜喀拉山高原湖盆谷地地层分区

东昆仑山巴颜喀拉山高原湖盆谷地地层分区全新世地层主要发育洪冲积($Qh^{pal}$)、冰碛($Qh^{gl}$)、冰水堆积($Qh^{gfl}$)、湖积($Qh^{l}$)、沼泽沉积($Qh^{f}$)、湖沼沉积($Qh^{fl}$)和风积($Qh^{eol}$)7 种沉积类型。

1)洪冲积($Qh^{pal}$)

洪冲积大量分布于东昆仑山巴颜喀拉山区黄河、沱沱河、澜沧江上游及注入内陆湖的河流两岸Ⅰ级河流阶地、现代河床或洪冲积扇上。以砾石层为主，局部夹粉砂层，分选性较差，磨圆度中等，较松散，常具平行层理。

2)冰碛($Qh^{gl}$)

冰碛零星分布于东昆仑山脉、巴颜喀拉山脉等周围的现代冰川前缘。地貌上在保存完好的 U 形谷中呈侧碛垄、底碛丘陵和终碛堤。岩性主要为灰黄色、土黄色泥质砂砾石、卵石、漂砾层，漂砾上可见到冰川擦痕，分选性极差，磨圆度以尖棱角状为主，无层理。

3)冰水堆积($Qh^{gfl}$)

冰水堆积零星分布于东昆仑山脉、巴颜喀拉山脉等周围。地貌上为全新世冰碛前缘的冰水冲积平缓台地。岩性主要为泥质含砂砾石层、砂层夹粉砂层，砾石分选性较差，磨圆度为尖棱角状，砾石扁平面排列略定向，但层理不发育。

4)湖积($Qh^{l}$)

湖积主要分布于东昆仑山和巴颜喀拉山区内陆湖盆周围Ⅰ级湖积阶地或湖滩上。岩性多以滨湖相砂砾层和浅湖相粉砂、粉砂质粘土层为主夹滨湖相砂砾石层。

5)湖沼沉积($Qh^{fl}$)

湖沼沉积主要分布于内陆湖周围、沼泽区及部分河流中堰塞湖沼地段。岩性主要为灰色、灰黄色细砂、粘土质粉砂与粉砂质粘土互层,水平层理发育,常夹泥炭层。

6)沼泽沉积($Qh^{f}$)

沼泽沉积主要分布于内陆湖周围沼泽、河流堰塞沼泽地段。岩性主要为灰色、黄灰色粘土质粉砂与粉砂质粘土互层,粘土层水平层理发育,有机质含量较高,常夹泥炭层等。

7)风积($Qh^{eol}$)

风积零星分布于内陆湖盆地周围,呈风成新月形沙丘或不规则状沙堆。岩性以灰黄色细砂和粉砂为主,常具风成交错层理或斜层理。

(5)柴达木盆地地层分区

柴达木盆地地层分区全新世地层主要发育洪冲积($Qh^{pal}$)、湖积($Qh^{l}$)、沼泽沉积($Qh^{f}$)、湖沼沉积($Qh^{fl}$)、化学沉积($Qh^{ch}$)和风积($Qh^{eol}$)6 种沉积类型。

1)洪冲积($Qh^{pal}$)

洪冲积大量分布于柴达木盆地周围现代河流洪冲积扇上。以砾石层为主,局部夹粉砂层,分选性较差,磨圆度次圆至次圆状,较松散,常具平行层理。

2)湖积($Qh^{l}$)

湖积零星分布于湖盆东部和北部湖滩上。岩性为黄褐色、青灰色砂砾石、粉砂、砂质粘土和淤泥,并伴生盐、石膏和芒硝。沉积物成分由湖心向周边呈环带状变化,边部混合有冲积,碎屑粒度较粗,以砂、粉砂为主,伴有细砾。湖心部位以砂质粘土、淤泥为主,并含石盐、石膏等化学沉积。

3)湖沼沉积($Qh^{fl}$)

湖沼沉积主要分布于盆地中湖沼区,周围多被风成砂掩盖。岩性为青灰、灰黑色含腐殖质很高的细砂、粉砂、砂质粘土、淤泥夹有泥炭,局部有石盐和石膏夹层。地表水草茂盛,为牧民的良好牧场。

4)沼泽沉积($Qh^{f}$)

沼泽沉积主要分布于盆地东部和北部的沼泽、河流堰塞沼泽地段。岩性主要为灰色、灰黑色粘土质粉砂与粉砂质粘土互层,粘土层水平层理发育,有机质含量较高,常夹泥炭层、石盐和石膏层等。

5)化学沉积($Qh^{ch}$)

化学沉积大量分布于柴达木盆地西北部较低洼地段,为封闭型内陆咸水湖沉积。岩性为黄褐色粉砂石盐层、芒硝层、石膏粉砂层,呈层状产出,以湖心厚度最大,向周边厚度变薄。

6)风积($Qh^{eol}$)

风积大量分布于内陆湖盆地内部及周围,呈风成新月形沙丘或不规则状沙堆、沙垅、沙梁,有的组成波状沙链。岩性以灰黄色细砂和粉砂为主,常具风成交错层理或斜层理。

(6)阿尔金山祁连山高山高原湖盆谷地地层分区

阿尔金山祁连山高山高原湖盆谷地地层分区全新世地层主要发育洪冲积($Qh^{pal}$)、冰碛($Qh^{gl}$)、冰水堆积($Qh^{gfl}$)、湖积($Qh^{l}$)、沼泽沉积($Qh^{f}$)、湖沼沉积($Qh^{fl}$)、化学沉积($Qh^{ch}$)和风积($Qh^{eol}$)8 种沉积类型。

1)洪冲积($Qh^{pal}$)

洪冲积大量分布于黄河及其支流和其他流入内陆湖的河流的Ⅰ级河流阶地及现代河床中。岩性以棕黄色-土黄色砂砾石层为主夹透镜状粉砂-砂。

2)冰碛($Qh^{gl}$)

冰碛零星分布于祁连山脉、拉脊山、青海南山等周围现代冰川前缘。地貌上常表现为底碛丘陵、终碛垄等垄岗状地形。岩性主要为灰黄色、土黄色泥质砂砾石、卵石、漂砾层,分选性极差,磨圆度以尖棱角状为主,无层理。

3)冰水堆积($Qh^{gfl}$)

冰水堆积零星分布于祁连山脉、拉脊山、青海南山等周围。地貌上为全新世冰碛前缘的冰水冲积平缓台地或冰蚀谷滩地。岩性主要为泥质砂砾石层、含砾砂层,砾石分选性较差,磨圆度多为尖棱角状,砾石扁平面排列无规律。砂砾石层中常夹不规则状粉砂质团块。

4)湖积($Qh^{l}$)

湖积零星分布于青海湖等内陆湖泊周围Ⅰ级湖积阶地和湖滩上。岩性为黄褐色、青灰色砂砾石、粉砂、砂质粘土和淤泥,少数伴生石盐、石膏和芒硝。

5)湖沼沉积($Qh^{fl}$)

湖沼沉积主要分布于内陆沼泽化湖盆地中。岩性为青灰、灰黑色含腐殖质很高的细砂、粉砂、砂质粘土、淤泥夹有泥炭,局部有石盐和石膏夹层。

6)沼泽沉积($Qh^{f}$)

沼泽沉积主要分布于湖盆地周围的沼泽、河流堰塞沼泽地段。岩性主要为灰色、灰黑色粘土质粉砂与粉砂质粘土互层,粘土层水平层理发育,有机质含量较高,常夹泥炭层和石膏层等。

7)化学沉积($Qh^{ch}$)

化学沉积零星分布于乌兰盆地,为封闭型内陆咸水湖沉积。岩性为黄褐色粉砂石盐层、芒硝层、石膏粉砂层。

8)风积($Qh^{eol}$)

风积零星分布于内陆湖盆地周围,呈风成新月形沙丘或不规则状沙堆、沙垅。岩性以灰黄色细砂和粉砂为主,常具风成交错层理或斜层理。

(7)西昆仑山高山高原湖盆谷地地层分区

西昆仑山高山高原湖盆谷地地层分区全新世地层主要发育洪冲积($Qh^{pal}$)、冰碛($Qh^{gl}$)、冰水堆积($Qh^{gfl}$)、湖积($Qh^{l}$)、湖沼沉积($Qh^{fl}$)、沼泽沉积($Qh^{f}$)、玄武岩($Qh\beta$)和风积($Qh^{eol}$)8 种沉积类型。

1)洪冲积($Qh^{pal}$)

洪冲积广泛分布于各级河流两侧的Ⅰ级河流阶地及现代河床中。为灰黄色砂砾石层,厚度 5～20m 不等,砾石成分复杂,分选性较差,磨圆较好,呈次棱角—次圆状。常夹有透镜状细砂层或粉砂层。平行层理发育。

2)冰碛($Qh^{gl}$)

冰碛零星分布于喀喇昆仑山脉、喀什塔什山脉等周围现代冰川前缘。地貌上常表现为底碛丘陵、底碛平台、终碛垄等。岩性主要为灰黄色、土黄色泥质砂砾石、卵石、漂砾层,分选性极差,磨圆度以尖棱角状为主,无层理。冰碛物$^{14}C$ 测年为 3 983±120a 、3 522±117a(郑兴本,1987)。

3)冰水堆积($Qh^{gfl}$)

冰水堆积零星分布于喀喇昆仑山脉、喀什塔什山脉等周围。地貌上为全新世冰碛前缘的冰水冲积平缓台地或冰蚀谷滩地。岩性主要为泥质砂砾石层、含砾砂层,砾石分选性较差,磨圆度多为尖棱角状,砾石扁平面排列无规律。

4)湖积($Qh^{l}$)

湖积主要分布于萨利吉勒干南库勒等内陆湖周围Ⅰ级湖积阶地和湖滩上。岩性主要为灰色、灰黄色细砂、粘土质粉砂与粉砂质粘土互层,粉砂和粉砂质粘土层水平微层理发育,常夹含砾砂层和泥炭层、硝类等。

5)湖沼沉积($Qh^{fl}$)

湖沼沉积主要分布于郭扎错等内陆湖盆地周围沼泽化湖盆地中。岩性为青灰、灰黑色含腐殖质很高的细砂、粉砂、砂质粘土、淤泥,夹有泥炭或石膏夹层。

6)沼泽沉积($Qh^{f}$)

沼泽沉积零星分布于湖盆地周围的沼泽、河流堰塞沼泽地段。岩性主要为灰色、灰黑色粘土质粉砂与粉砂质粘土互层，粘土层水平层理发育，有机质含量较高，常夹泥炭层。

7）玄武岩（Qh$\beta$）

该玄武岩零星分布于阿什库勒盆地东侧，主要岩性为橄榄玄武岩及玄武质浮岩等，火山（锥）则极为新鲜，没有任何破坏，该期火山熔岩被保存完好，保留了原始风貌，其上甚少有风成物覆盖，前人所获同位素年龄为全新世。

8）风积（Qh$^{eol}$）

风积零星分布于内陆湖盆地周围，呈风成新月形沙丘或不规则状沙堆、沙垅。岩性以灰黄色细砂和粉砂为主，常具风成交错层理或斜层理。

# 第3章　岩石

## 3.1　青藏高原新生代侵入岩

### 3.1.1　青藏高原新生代侵入岩单元划分及时空分布

青藏高原岩浆活动频繁而强烈。火山岩和深成岩都有大面积出露，深成岩出露 126 787$km^2$，其中中酸性岩类占 94.6%，基性、超基性岩类占 5.4%。

根据地质构造、岩浆作用及地球物理资料，可将青藏高原地区自北向南划分为五个构造-岩浆岩带，依次为昆仑-可可西里构造-岩浆岩带、北羌塘-唐古拉-江达构造-岩浆岩带、喀喇昆仑-南羌塘-类乌齐构造-岩浆岩带、冈底斯-念青唐古拉构造-岩浆岩带和喜马拉雅构造-岩浆岩带（莫宣学，2000），其中冈底斯-念青唐古拉晚中生代—新生代（为主）花岗岩带、东昆仑古生代—早中生代（为主）花岗岩带、“三江”（金沙江-澜沧江-怒江）晚古生代—早中生代（为主）花岗岩带三个巨型的复式大岩基带，构成了全区构造-岩浆岩带的基本格架（莫宣学等，2005）。冈底斯-念青唐古拉构造-岩浆岩带、喜马拉雅构造-岩浆岩带是青藏高原新生代侵入岩主要发育地区。

花岗岩是大陆特有的重要组成部分，花岗岩浆作用是大陆地壳形成与演化的重要过程，同时与矿产资源有密切的关系。青藏高原地区发育有大量的花岗岩，其蕴含着关于青藏高原大陆地壳成因、演化与现状的宝贵信息。本项目统计了青藏高原地区 1∶25 万区域矿产地质调查报告中所有新生代侵入岩的岩性、年龄、分布面积、构造-岩浆岩带等信息（表 3-1，图 3-1），并结合近年来的科研资料等，对各个构造岩浆岩带新生代侵入岩信息进行了分析和总结。

#### 1. 昆仑-可可西里构造-岩浆岩带

该带新生代主要发育有中新世、上新世的浅成-超浅成侵入岩体，主要为花岗斑岩、二云母花岗斑岩、石英斑岩、潜流纹斑岩及少量始新世二长花岗岩，零星出露且面积很小。该带侵入岩大都显示板内环境，并与区域性断裂活动有关。

该带北部苏吾什杰地区，阿尔金断裂附近，红柳泉北及岗扎日地区有浅成-超浅成侵入岩 $N\gamma\pi$ 零星分布，报告中给出的时代为上新世，是壳源 S 型板内型花岗斑岩。苏吾什杰地区岩体形成与陆内构造演化时期阿尔金南缘断裂带活动有关。据 Molnar 等研究，木孜塔格北坡，二长花岗岩中的二云母花岗岩的 Ar-Ar 年龄为 10.5Ma，侵入二长花岗岩中的石英斑岩 Ar-Ar 年龄 4.6Ma，为浅成-超浅成侵入岩。在银石山地区有上新世流纹斑岩，白云母 K-Ar 法模式年龄 3.65Ma，中新世花岗斑岩 K-Ar 法年龄 13.2Ma，壳源板内构造特征；银石山地区图幅西北角关水沟一带，青春山、洒阳沟也有少量分布，有 4 个二长花岗岩岩体，锆石 U-Pb 法模式年龄值为 38±7Ma，48±6Ma，主、微量元素特征显示为壳源。阿克萨依湖地区，$N\gamma\pi$ 中新世花岗斑岩 Rb-Sr 等时线年龄为 8±0.1Ma；$N_1\eta\gamma\pi$ 中新世二长花岗斑岩锆石 U-Pb 一致年龄为 10.02±0.06Ma；主、微量元素与同位素特征显示为壳幔混源型，板内张性环境，

**表 3-1 青藏高原构造-岩浆岩带新生代侵入岩单元及年龄信息表**

<table>
<tr><td>构造<br>分区</td><td colspan="2">昆仑-可可西里<br>构造岩浆岩带</td><td colspan="2">北羌塘-唐古拉-<br>江达构造-岩浆岩带</td><td colspan="2">喀喇昆仑-南羌塘-类<br>乌齐构造岩浆岩带</td><td colspan="6">冈底斯构造岩浆岩带</td><td colspan="2" rowspan="2">喜玛拉雅构造<br>岩浆岩带</td></tr>
<tr><td></td><td colspan="2"></td><td colspan="2"></td><td colspan="2"></td><td colspan="2">北带</td><td colspan="2">中带</td><td colspan="2">南带</td></tr>
<tr><td>时代</td><td>单元</td><td>年龄</td><td>单元</td><td>年龄</td><td>单元</td><td>年龄</td><td>单元</td><td>年龄</td><td>单元</td><td>年龄</td><td>单元</td><td>年龄</td><td>单元</td><td>年龄</td></tr>
<tr><td>$N_2$</td><td>$\lambda\pi N_2$</td><td>3.65Ma<br>银石山幅</td><td></td><td></td><td>$\gamma\pi N_2$</td><td>帕度错幅</td><td></td><td></td><td></td><td></td><td></td><td></td><td></td><td></td></tr>
<tr><td rowspan="13">$N_1$</td><td rowspan="5">$\gamma\pi N_1$</td><td rowspan="5">8Ma<br>阿克萨依湖幅<br>13.2Ma<br>银石山幅</td><td rowspan="13">$\gamma\pi N_1$</td><td rowspan="13">21Ma<br>治多县幅</td><td rowspan="7">$\xi N_1$</td><td rowspan="7">10.71Ma<br>10.26Ma<br>8.99Ma<br>杂多县幅</td><td rowspan="13"></td><td rowspan="13"></td><td>$\eta\gamma N_1$</td><td>5.45Ma<br>申扎县幅<br>21.6Ma<br>14.2Ma<br>13.2Ma<br>赛利普幅</td><td rowspan="3">$\eta\gamma N_1$</td><td rowspan="3">10.3Ma<br>13.9Ma<br>15.9Ma<br>拉孜县<br>16.11Ma<br>16.20Ma<br>桑桑区幅<br>15.89Ma<br>霍尔巴，<br>巴巴扎东幅<br>17Ma<br>19.2Ma<br>墨脱县幅</td><td rowspan="9">$\eta\gamma N_1$</td><td rowspan="9">6.11Ma<br>16.83Ma<br>17.39Ma<br>萨嘎县幅<br>16.11Ma<br>16.83Ma<br>17.39Ma<br>吉隆幅<br>定结幅<br>10.2～15.8Ma<br>洛扎县幅<br>11.1Ma<br>20.4Ma<br>32.8Ma<br>隆子县幅<br>5.95～14.43Ma<br>霍尔巴，<br>巴巴扎东幅<br>12.5Ma<br>17.2 Ma<br>聂拉木幅</td></tr>
<tr><td>$o\pi N_1$</td><td>5.45Ma<br>申扎县幅</td></tr>
<tr><td rowspan="2">$\gamma N_1$</td><td rowspan="2">5.45Ma<br>申扎县幅<br>18.2Ma<br>11.0Ma<br>门巴区幅</td></tr>
<tr><td>$\eta\delta N_1$</td><td>10.3Ma<br>拉孜县幅</td></tr>
<tr><td rowspan="9">$\gamma\delta N_1$</td><td rowspan="9">10.5Ma<br>门巴区幅<br>5.45Ma<br>申扎县幅</td><td rowspan="2">$u\eta N_1$</td><td rowspan="2">20.33Ma<br>桑桑区幅</td></tr>
<tr><td rowspan="3">$\eta\gamma\pi N_1$</td><td rowspan="3">10.02Ma<br>冈扎日幅</td></tr>
<tr><td rowspan="4">$\eta o N_1$</td><td rowspan="4">17.1Ma<br>17.3Ma<br>18.1Ma<br>墨脱幅<br>11.94Ma<br>霍尔巴，<br>巴巴扎东幅</td></tr>
<tr><td rowspan="4">$\nu N_1$</td><td rowspan="4">12.5Ma<br>丁固幅</td></tr>
<tr><td rowspan="5">$\lambda\pi N_1$</td><td rowspan="5">23Ma<br>阿克萨依湖幅</td></tr>
<tr><td>$\gamma\delta N_1$</td><td>12.3Ma<br>9.43Ma<br>洛扎县幅</td></tr>
<tr><td rowspan="2">$\beta\xi\gamma N_1$</td><td rowspan="2">19.2Ma<br>17Ma<br>墨脱幅</td><td rowspan="3">$u\gamma N_1$</td><td rowspan="3">定结幅<br>16.7 Ma<br>隆子县幅</td></tr>
<tr><td rowspan="2">$\nu\mu N_1$</td><td rowspan="2">12.5Ma<br>丁固幅</td></tr>
<tr><td>$\gamma\delta N_1$</td><td>22.0Ma<br>墨脱幅</td></tr>
</table>

**续表 3-1**

| 构造分区 | 昆仑-可可西里构造岩浆岩带 | | 北羌塘-唐古拉-江达构造-岩浆岩带 | | 喀喇昆仑-南羌塘-类乌齐构造岩浆岩带 | | 冈底斯构造岩浆岩带 | | | | | | 喜马拉雅构造岩浆岩带 | |
|---|---|---|---|---|---|---|---|---|---|---|---|---|---|---|
| | | | | | | | 北带 | | 中带 | | 南带 | | | |
| 时代 | 单元 | 年龄 | 单元 | 年龄 | 单元 | 年龄 | 单元 | 年龄 | 单元 | 年龄 | 单元 | 年龄 | 单元 | 年龄 |
| $E_3$ | | | $\xi\pi E_3$ | 33,34Ma 沱沱河幅 26.7Ma 库赛湖幅 28.7Ma 33.7Ma 37.5Ma 乌兰乌拉湖幅 | $\gamma o\pi E_3$ | 31.8Ma 日土幅 | $\beta\eta\gamma E_3$ $\eta o E_3$ | 27.1Ma 边坝县幅 | $\xi E_3$ | 27.14Ma 措勤县幅 | $\eta\gamma E_3$ | 20.3Ma 林芝县幅 | | |
| | | | | | | | $\eta\gamma E_3$ $\xi\gamma E_3$ | 31.8Ma 斯诺乌山幅 | | | $\beta o\gamma E_3$ | 23.9Ma 林芝县幅 | | |
| | | | $\gamma l$ $E_3$ | 34.3Ma 31.2Ma 33.3Ma 乌兰乌拉湖幅 | | | $\gamma E_3$ | 31.9Ma 斯诺乌山幅 | $\beta\eta\gamma E_3$ | 27.1Ma 嘉黎县幅 | $\gamma E_3$ | 33.6Ma 26.3Ma 拉孜县幅 27.8Ma 林芝县幅 | | |
| $E_2$ | | | $\eta o\delta\mu E_2$ | 37.86Ma 沱沱河幅 | $\gamma E_2$ | 50.1Ma 51.0Ma 喀纳幅 | $\gamma\delta E_2$ | 36.15Ma 那曲县幅 | $\eta\gamma E_2$ | 35.8Ma 措勤县幅 39Ma 热布喀幅 55.6Ma 嘉黎县幅 | $\eta\gamma E_2$ | 33.92Ma 34.93Ma 措勤区幅 46.53Ma 措麦区幅 37.9Ma 49.5Ma 54.3Ma 拉孜县幅 45.3Ma 林芝县幅 51.79Ma 萨嘎县幅 | | |
| | | | $\gamma\pi E_2$ | 39Ma 治多县幅 | $\gamma\delta E_2$ | 51.0Ma 喀纳幅 | $\eta\gamma E_2$ | 45.3Ma 邦多区幅 班戈幅 45.13Ma 边坝县幅 50.4Ma 斯诺乌山 | | | $\beta\eta E_2$ | 53.5Ma 措勤区幅 | | |
| | | | | | | | | | | | $\eta o E_2$ | 50.21Ma 措勤区幅 54.6Ma 拉孜县幅 | | |

**续表 3-1**

| 构造分区 | 昆仑-可可西里构造岩浆岩带 | | 北羌塘-唐古拉-江达构造-岩浆岩带 | | 喀喇昆仑-南羌塘-类乌齐构造岩浆岩带 | | 冈底斯构造岩浆岩带 | | | | | | 喜马拉雅构造岩浆岩带 | |
|---|---|---|---|---|---|---|---|---|---|---|---|---|---|---|
| | | | | | | | 北带 | | 中带 | | 南带 | | | |
| 时代 | 单元 | 年龄 | 单元 | 年龄 | 单元 | 年龄 | 单元 | 年龄 | 单元 | 年龄 | 单元 | 年龄 | 单元 | 年龄 |
| | | | $\delta\mu E_2$ | 38.44Ma<br>41.19Ma<br>沱沱河幅 | | | $\lambda\pi E_2$ | 49.5Ma<br>班戈幅 | $\xi\gamma E_2$ | 39Ma<br>热布喀幅 | $\xi o E_2$ | 35.1Ma<br>措勤区幅 | | |
| | | | $\eta\gamma E_2$ | 41.8Ma<br>46Ma<br>治多县幅 | $\eta\gamma E_2$ | 51.0Ma<br>喀纳幅 | $\beta\eta E_2$ | 48Ma<br>斯诺乌山 | $\gamma\pi E_2$ | 48.4Ma<br>申扎县幅 | | | | |
| | | | | | | | $\xi\gamma E_2$ | 50.4Ma<br>斯诺乌山 | $o\pi E_2$ | 48.4Ma<br>申扎县幅 | $\gamma\delta E_2$ | 43.04Ma<br>措麦区幅<br>37.9Ma<br>53.6Ma<br>拉孜县幅 | | |
| | | | $\xi\gamma E_2$ | 46Ma<br>治多县幅 | | | $\tau\pi E_2$ | 54.18Ma<br>邦多区幅 | $o\eta E_2$ | 54.42Ma<br>门巴区幅<br>39Ma<br>热布喀幅 | | | | |
| $E_1$ | | | | | $\gamma E_1$ | 50.5Ma<br>杂多县<br>56.8Ma<br>日土幅 | $o\mu E_1$ | 68.5Ma<br>邦多区幅 | $\delta\mu E_1$ | 措勤县幅<br>赛利普幅 | $\gamma\delta E_1$ | 58.9Ma<br>措麦区幅 | | |
| | | | | | $\nu E_1$ | 51.0～52.8Ma<br>丁固幅 | $\eta\gamma E_1$ | 59.4Ma<br>多巴区幅<br>68.5Ma<br>邦多区幅 | $\gamma E_1$ | 57.5Ma<br>门巴区幅<br>63.4Ma<br>热布喀幅<br>69.2～51.01Ma<br>51.01Ma<br>赛利普幅 | $\eta o\pi E$ | 桑桑区幅 | | |
| | | | | | $\kappa\beta E_1$ | 51.0～52.8Ma<br>丁固幅 | $\xi\gamma E_1$ | 68.5Ma<br>邦多区幅 | | | | | | |
| | | | | | $\gamma\delta E_1$ | 56.8Ma<br>日土幅 | $\gamma\delta E_1$ | 68.5Ma<br>邦多区幅 | $\gamma\delta\pi E_1$ | 69.2～51.01Ma<br>51.01Ma<br>赛利普幅 | $\eta\gamma E_1$ | 61.9Ma<br>拉孜幅<br>57.7Ma<br>林芝县幅 | | |
| | | | | | | | | | $\zeta\mu E_1$ | 63.4Ma<br>热布喀幅 | | | | |
| | | | | | $\eta\gamma E_1$ | 56.8Ma<br>日土幅 | $o\eta E_1$ | 68.5Ma<br>邦多区幅 | $\eta\gamma E_1$ | 60Ma<br>65.49Ma<br>61.85Ma<br>嘉黎县幅 | $\nu\beta E$ | 桑桑区幅 | | |

受大红柳滩-泉水沟断裂带活动的控制明显。

## 2. 北羌塘-唐古拉-江达构造-岩浆岩带

27～46Ma 的碱性、浅成侵入岩为该带侵入岩主体，岩性主要为正长斑岩、正长花岗岩、斑状二长花岗岩、闪长玢岩类。总体为板内后造山期，各类岩体出露面积依然不大。碱性侵入岩反应的是板内张性环境下岩浆活动的产物。另外，据廖忠礼、姚东生、秦德厚等人的研究，该带有各拉丹东二长花岗岩（U－Pb 法年龄 40Ma）和牢日特错花岗斑岩（U－Pb 法年龄 37.1Ma）；基性、超基性侵入体出现在雀莫错西山地区。雀莫错西山有两个橄榄岩-辉长岩小侵入体，侵入于上三叠统和上二叠统，并导致围岩产生 2m 宽的热液蚀变，锆石 U－Pb 年龄 31±3Ma。正长斑岩主要出现在乌兰乌拉山东段的望性山-玛章错侵北东、雀莫错-吾果及祖尔肯乌拉山北的半成河中游，组成长 20～50m 的三条斑岩带，每个岩带有 5～10 个斑岩体分布，单个岩体面积 0.5～5km$^2$，最大的雀莫错斑岩体 22km$^2$，K－Ar 年龄为 45～29.7Ma。在拉雄错东、半岛湖等地也有正长斑岩发现，碱性岩仅见于东部的查吾拉东北，有 4～5 个面积小于 0.55km$^2$ 的岩体；煌斑岩则呈脉状沿断裂、裂隙贯入，分布在沱沱河上源，半岛湖、玛依岗日-巴毛穷宗等南北向新断裂旁侧，岩性以云煌岩、橄榄云煌岩为主，宽 0.5～2m，长 10～30m（潘桂棠等，2004）。

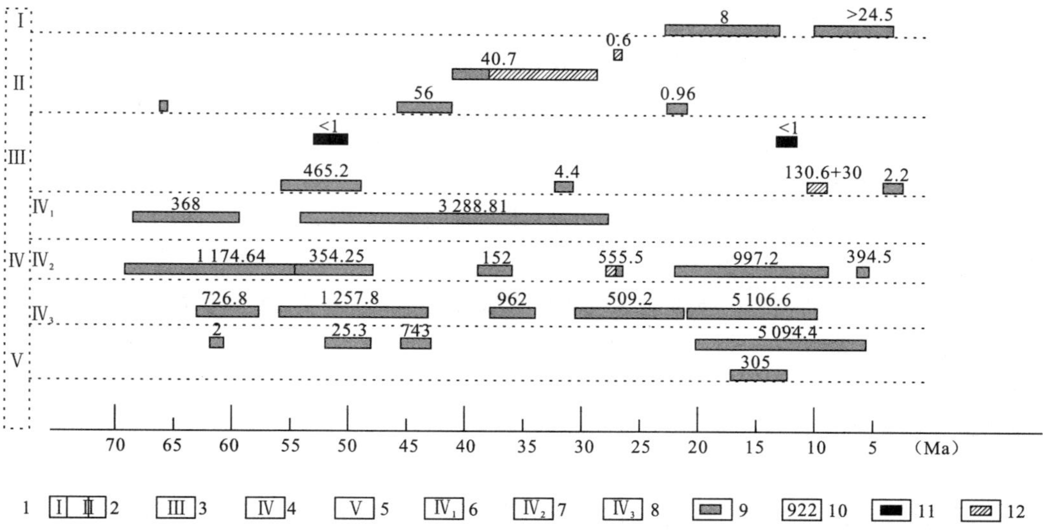


图 3－1　青藏高原各构造岩浆岩带新生代侵入岩年龄结构对比图

1. 昆仑-可可西里构造-岩浆岩带；2. 北羌塘-唐古拉-江达构造-岩浆岩带；3. 喀喇昆仑-南羌塘-类乌齐构造-岩浆岩带；4. 冈底斯构造-岩浆岩带；5. 喜马拉雅构造-岩浆岩带；6. 冈底斯构造-岩浆岩带-北带；7. 冈底斯构造-岩浆岩带-中带；8. 冈底斯构造-岩浆岩带-南带；9. 中酸性侵入岩；10. 岩浆岩出露面积；11. 基性侵入岩；12. 碱性侵入岩

1∶25 万区域资料显示，库塞湖、沱沱河、乌兰乌拉湖等地区发育渐新世正长斑岩，年龄为 26.7～38Ma，出露面积约为 14.5km$^2$。治多县地区发育有 41.8～46Ma 左右的正常花岗岩，面积约为 14km$^2$；41.8Ma 斑状二长花岗岩，面积 42km$^2$。闪长玢岩、石英闪长玢岩、石英二长闪长玢岩的时代为 37.8～42Ma，主要位于沱沱河、治多、库塞湖等地区，出露面积为 36.5km$^2$。岩石、地球化学特征显示为壳源型或壳幔混合型。

## 3. 喀喇昆仑-南羌塘-类乌齐构造-岩浆岩带

该带中新生代侵入岩的分布相比较其北面的两个构造-岩浆带略有增大，但总体依然不发育。杂多地区发育 130.6km$^2$ 的正长岩，年龄为 9～10.8Ma，板内环境。前人资料总结显示西部羌多南部的正长

斑岩面积约 $30km^2$(潘桂堂等,2006)。

帕度错地区出露 $2.2km^2$ 的上新世 S 型花岗斑岩。日土幅发育渐新世斜长花岗斑岩,面积 $4.4km^2$,K-Ar 法年龄 31.8Ma,I 型花岗岩。总面积为 $465.2km^2$ 的 47～56Ma 酸性侵入岩岩性为黑云母花岗岩、黑云母花岗闪长岩、黑云母二长花岗岩、二长花岗岩、斑状黑云母二长花岗岩,主要分布于该带的东西两端,东端为杂多幅内岩石地球化学特征,显示为 S 型花岗岩;西端靠近喀喇昆仑地区为喀纳幅与日图幅,为 I 型花岗岩。

4. 冈底斯构造-岩浆岩带

冈底斯带(也称为拉萨地块)是夹持于班公湖-怒江蛇绿岩带(BNSZ)与雅鲁藏布蛇绿岩带(YZSZ)之间的一条巨型构造岩浆岩带,东西长约 2 500km,南北宽 100～300km。西藏境内 80%的岩浆岩都集中在该带内。花岗岩类与火山岩类的出露面积大致相等,各约 11 万 $km^2$。该带东部绕过雅鲁藏布江大拐弯呈近南北向,进入缅甸北部,向西与印度、巴基斯坦的拉达克、科希斯坦相连。

冈底斯构造-岩浆岩带大致可以分为 3 个亚带:北带(Ⅰ)、中带(Ⅱ)和南带(Ⅲ)。从宏观上看,各带的岩石类型和时代都有差别,但是各带之间并无截然的界线,花岗岩分布也有少量重叠。

大致从 40～45Ma 开始,青藏高原进入了后碰撞(post-collisional)期。在冈底斯带,40～26Ma 期间几乎是一个岩浆活动的间歇期。只在 30Ma 左右有零星的源于中上地壳的强过铝花岗岩开始活动,至 24～18Ma 达到高潮。从 25～10Ma,自西向东依次发生了源于陆下岩石圈(SCLM)的钾质-超钾质火山活动。18～12Ma 发生了来源于加厚下地壳或早先的俯冲洋壳的埃达克质含铜斑岩事件。这 3 个准同时的后碰撞构造岩浆事件,主要都发生在 20～10Ma。这是南北向“裂谷”(地堑)发育的时期。同时,也是藏南拆离系(STDS)与高喜马拉雅淡色花岗岩活动的高峰期。学者们对产生这些事件的地球动力学机制有各种看法,如板片断离(Maheo *et al.*,2002)、热对流侵蚀(Turner *et al.*,1996)、横向地幔流(Flower *et al.*,2001;Mo *et al.*,2005b)等,但还没有一致的意见(莫宣学等,2005)。

北带大致位于班公湖-东巧-怒江缝合带(BNSZ)以南,狮泉河-申扎-嘉黎一线以北,相当于潘桂棠等(2004)所划分的昂龙岗日-班戈-腾冲带,也称为兴都库什-改则-班戈-伯舒拉岭岩花岗岩带。新生代侵入岩的年龄结构主要为 27～54Ma,出露面积 $3\ 288.8km^2$;59.4～68.5Ma,出露面积 $368km^2$。岩石类型主要有英云闪长岩、黑云母花岗闪长岩、黑云母二长花岗岩、石英二长岩、黑云母花岗岩、强过铝质二云母花岗岩、花岗斑岩、石英二长斑岩及石英玢岩。

该带西端斯诺乌山幅内有 31.9Ma 的过铝质二长花岗岩,面积 $247km^2$,另外就是 50～48Ma 同碰撞到后碰撞时期的二长花岗岩、钾长花岗岩、角闪二长岩,面积 $262km^2$,以及 31.8Ma 下地壳减压熔融形成的钾长花岗岩。该带的东南端边坝幅内发育 27.1Ma、45.13Ma 的黑云母二长花岗岩,也含有过铝质花岗岩,具有 I 型花岗岩的特点,出露面积 $2\ 244km^2$。中部班戈幅、那曲幅、邦多幅地区,发育始近纪 36.5～54Ma 二长花岗岩、黑云母二长花岗岩、花岗闪长岩及少量的潜火山流纹斑岩,岩石化学及地球化学特征均显示为过铝质 S 型花岗岩类,面积约 $384km^2$。该带中部邦多幅内出露有 68.5Ma 的同碰撞期 I 型花岗岩,面积 $145.6km^2$;多巴区出露有 $222.5km^2$ 的 59.4Ma 后碰撞期 S 型二长花岗岩。

前人的研究资料总结如下。徐荣科等对该带西段日土南部地区的阿依拉杂岩体进行了锆石定年,认为 69.8Ma 代表了青藏高原西构造结一带印度大陆和欧亚大陆最初的碰撞时间(徐荣科等,2006)。安多和班戈岩体具有冷却速度较快、侵位较浅的特征(林传勇等,2004)。而东段(高黎贡-腾梁地区)则主要为强过铝质 S 型花岗岩,基本不含暗色包体,不发育与花岗岩共生的同时期火山岩。一般认为,北带花岗岩的形成与班公湖-怒江洋向南俯冲消减以及羌塘-拉萨陆块碰撞有关。

中带大致位于潘桂棠等(2004)划分的革吉-措勤弧后盆地带和隆格尔-工布江达断隆带上,即狮泉河-措勤-纳木错花岗岩带,与南、北亚带并无截然的界线(潘桂堂等,2004)。该带对比冈底斯北带在年龄结构上的明显特征为出现了大面积的中新世花岗岩类。前人资料指出位于西藏当雄县境内的念青唐古拉花岗岩形成于中新世,属拉萨地块内部最年轻的巨型花岗岩岩基(刘琦胜等,2005),而 1∶25 万资料统计显示该带内最年轻的花岗岩类年龄为5.45Ma，面积为394.51km²，出露于申扎幅内东南部念青唐古拉西段地区，为富铝的钙碱性花岗岩。中新世9～21.6Ma花岗岩、二长花岗岩类还出露在门巴区幅、塞利普幅内，面积为997.2Ma。其中，门巴区幅内的中新世花岗岩类的形成与该区内深大断裂-嘉黎断裂的作用有关。渐新世27.1Ma左右的花岗岩类位于东部的嘉黎县幅内，面积554.27km²，在该带西部措勤县幅内出露有1.2km² 同时期的碱性侵入岩-正长岩。

始新世35.8～39Ma二长花岗岩、正长花岗岩类发育于措勤县幅与热布喀幅内，总面积为152km²，措勤县幅内显示为I型花岗岩特点，热布喀幅内则为俯冲碰撞环境壳源花岗岩特点。在申扎幅、门巴区幅内出露有48.4～54.5Ma的浅成侵入岩、花岗斑岩、石英斑岩类，面积354.25km²，岩石化学及地球化学特征显示为晚碰撞期S型花岗岩。陈振华等也在当惹雍错吉松地区发现了同位素K-Ar法测年45.3Ma的环斑花岗岩(陈振华等，2006)。55.6～69Ma期间的侵入岩主要为闪长玢岩、二长花岗岩、黑云母正常花岗岩等，其岩石化学及地球化学特征显示主要为同碰撞期的I型花岗岩，出露面积为1 174km²。另外，该带布嘎寺地区的正长岩体是目前冈底斯乃至青藏高原地区唯一含似长石及碱性暗色矿物的新生代碱性正长岩体(马润则等，2007)。

南带位于隆格尔-工布江达断隆带以南地区，也称拉达克-南冈底斯-尼木-上察隅花岗岩带，是冈底斯花岗岩带的主体，主要由岩基及大的复合岩体构成，并有同时代大规模中酸性火山岩带相伴，二者共占冈底斯岩浆岩带总面积的60%以上。新生代侵入岩主要有三类：同碰撞花岗岩类(65～45Ma)，同碰撞-后碰撞强过铝花岗岩(56～8Ma，主要在该带北侧及东、西段)、含铜斑岩带(8～12Ma)(莫宣学等，2005)。

南带同碰撞花岗岩类是近年来冈底斯带研究最多的花岗岩，以展布于谢通门-南木林-尼木-曲水一带的曲水岩基为典型代表。熊清华进行了详细的划分，岩石类型多样，从中基性到酸性都有，以花岗闪长岩、石英闪长岩、石英二长岩、二长花岗岩为主，含有丰富的暗色铁镁质微粒包体及其他岩浆混合作用标志。特别醒目的是在冈底斯花岗岩带的最南缘，呈东西向断续出露着一条辉长岩-浑绿岩-辉石岩小岩体带(熊清华，1998)。它在空间上，与中国国土资源航空物探遥感中心发现和报道的分布于雅鲁藏布蛇绿岩带以北并与之平行的航磁异常带(熊盛青等，2001)吻合，被认为是岩浆底侵作用的产物。前人在曲水北到谢通门之间约200km范围成套地采集辉长岩/辉绿岩、花岗岩类寄主岩及其中的暗色铁镁质微粒包体样品，进行了锆石SHRIMP U-Pb同位素定年，获得47～52.5Ma的年龄范围(主要在50Ma左右)，表明岩浆底侵与岩浆混合基本上是同时发生的(Mo *et al.*，2005；董国臣等，2006)。王立全等在林周盆地西缘发现古新世与碰撞过程相关的花岗斑岩体，获得岩体锆石SHRIMP加权平均年龄值为58.7±1.1Ma，代表了印度-亚洲大陆碰撞过程中斑岩体的岩浆侵位年龄(王立全等，2006)。

南带含铜矿斑岩体侵入在上述俯冲型及碰撞型大花岗岩或中—新生代火山岩中，受东西向与南北向两组断裂控制，形成近东西向展布的斑岩带。现在已经勘查揭露的含矿斑岩带有450km长，30～50km宽，其中有若干重要的Cu-Mo、Cu-Au、Cu-Fe矿床，如驱龙、甲马、冲江、雄村-洞嘎等。含矿斑岩主要为二长花岗斑岩、石英二长斑岩、正长花岗斑岩，具有埃达克岩的地球化学特征(侯增谦等，2003；Hou *et al.*，2004；Chung *et al.*，2003)。锆石SHRIMP U-Pb同位素定年表明，斑岩形成年龄为12～18Ma(高峰为15Ma)；辉钼矿Re-Os同位素定年厘定，成矿年龄为14.5～16.8Ma(Hou *et al.*，2004；芮宗瑶等，2003)。

强过铝花岗岩类岩石在冈底斯带已发现15个岩体(多数为小岩体)，主要为含白云母花岗岩，其中常含铁铝榴石，有时可见黑电气石、红柱石(廖忠礼，2003，2004，2006a、b、c、d、e)。其中，新生代该类岩石大致分布在2个年龄段：①56～50Ma，主要分布在羊八井、察隅、朗县等地，可能对应于印度-亚洲大陆碰撞期；②35～8Ma(高峰期24～8Ma)，主要分布在察隅、桑日、林芝、日土等地，相当于印度-亚洲大陆后碰撞期，与喜马拉雅带淡色花岗岩主要活动期对应(莫宣学等，2005)。

1∶25万区域地质调查资料总结(表3-1，图3-1)结果如下。该带对比中带、北带，其年龄结构与中带近似，但新近纪侵入岩的面积更大，通过对比还可以看出南带中侵入岩出露的面积是最大的。该带中新世 10～22Ma 侵入岩贯穿东西，出露面积 5 106.6km²，岩性主要为二长花岗岩、黑云母二长花岗岩、斑状黑云母二长花岗岩、石英闪长岩等，岩石化学及地球化学特征显示其以 S 型或改造型花岗岩为主。东西两端霍尔巴幅和墨脱幅内岩体显示有 I 型同熔花岗岩的特点。渐新世 20.3～33.6Ma，林芝、拉孜县地区发育有黑云母花岗斑岩、黑云母花岗岩、二长花岗岩、黑云母石英花岗岩等，面积 509.2km²，其中林芝地区岩体的地球化学特征显示其为造山后的拉张环境，拉孜县内的岩体为壳源 S 型花岗岩。始新世 34～38Ma，措勤区和拉孜县内发育有 962km² 的黑云母二长花岗岩、斑状黑云母二长花岗斑岩、黑云母花岗闪长岩，具有壳源重熔型花岗岩的特点。始新世早期 43～56M，普遍发育有1 257.8km²的二长花岗岩类、石英闪长岩、石英二长岩、花岗闪长岩等岩体，其主要为大陆碰撞花岗岩和陆缘火山弧花岗岩，在东部林芝地区则为造山后拉张环境的 S 型花岗岩。58～63Ma 期间，在该带内发育有 726.8km² 的二长花岗岩、二长花岗斑岩 、花岗闪长斑岩等岩体，岩石地球化学特征主要显示为同碰撞 I 型花岗岩。

董昕等人对冈底斯岩浆岩带南带 4 个岩体的锆石 U－Pb SHRIMP 测年得出，噶尔布达岩体的形成年龄为 51.17～49.3Ma，冈仁波齐岩体的形成年龄为 47.66～42.48Ma，噶尔岩体的形成年龄为 49.45Ma，狮泉河西岩体的形成年龄为 80.28～79.5Ma，收集定年数据统计得出冈底斯岩浆岩带南带花岗岩的形成年龄主要集中在 70～40Ma，属于燕山晚期—喜马拉雅早期岩浆作用事件，与冈底斯中段花岗岩的形成高峰期一致。冈底斯西南部中新生代花岗岩的岩性主要为花岗岩-二长花岗岩-石英二长岩-石英二长闪长岩-碱性长石正长岩-正长岩-二长岩-二长闪长岩-花岗斑岩-花斑岩，半自形粒状结构、斑状结构，块状构造，电子探针结果显示斜长石、角闪石和黑云母均具有壳、幔混合的地球化学成分特征，微量元素构造判别图显示主要为火山弧和同碰撞环境。同位素分析结果显示，冈底斯西段花岗岩的物质来源中具有地幔物质加入的特征，这与冈底斯带中部的花岗岩体类似，但是 Pb 同位素则反映了西部地区具有高 Pb 的特征，反映出西部具有较多的基底岩石的加入(董昕，赵志丹，2008)。

### 5.喜马拉雅构造-岩浆带

喜马拉雅构造-岩浆岩带内新生代侵入岩最显著的特点是岩性均为二长花岗岩类，即喜马拉雅淡色花岗岩，据前人资料显示在东构造节地区发育新近纪超基性岩。喜马拉雅淡色花岗岩的形成与陆陆碰撞后的构造演化有着重要的关系。前人研究显示该带内的单色花岗岩目前可划分为两个区，即北喜马拉雅淡色花岗岩区、高喜马拉雅淡色花岗岩区。其中，北喜马拉雅淡色花岗岩区位于雅鲁藏布江缝合带与藏南拆离系之间，高喜马拉雅淡色花岗岩区位于主中央逆冲断裂带与藏南拆离系之间。淡色花岗岩的成因有多种，与流体渗透、绝热降压、地幔拆离、放射性生热和剪切摩擦生热熔融等有关(Harrison *et al*.，1997；Harris *et al*.，1994；Edwards *et al*.，1997；石耀霖，王其允，1997)。张宏飞等人研究认为北喜马拉雅淡色花岗岩区和高喜马拉雅淡色花岗岩区在成因上均起于构造减压作用，由此导致白云母发生脱水反应诱发高喜马拉雅结晶岩系的深熔。但北喜马拉雅淡色花岗岩开始形成于喜马拉雅渐新世的地壳增厚，之后形成于众新世穹隆片麻岩的折返时期，具有一定的时间跨度(27.5～10Ma)；而高喜马拉雅淡色花岗岩与中新世高喜马拉雅结晶岩系的构造挤出作用有关，时间跨度为 23～12Ma(张宏飞等，2005)。

所有搜集到位于喜马拉雅构造-岩浆岩带内的 1∶25 万区域地质资料显示该带内酸性侵入岩出露面积很大，北喜马拉雅带出露的淡色花岗岩的面积为 5 121.7km²，高喜马拉雅淡色花岗岩出露为 1 048km²，其中高喜马拉雅带淡色花岗岩的出露面积受有些地区没有 1∶25 万实测资料的影响，出露面积应为最小值。一般认为高喜马拉雅带分布着东西长达 2 000 多千米的淡色花岗岩带，其研究程度较高(杨晓松，金振民，2001)。在霍尔巴-巴巴扎东幅、萨嘎幅、吉隆幅、定结幅、洛扎幅和隆子幅内出露有大量的二长花岗岩、黑云母二长花岗岩、白云母二长花岗岩及少量的白云母花岗岩、花岗闪长岩，时代为 6～20.5Ma，面积为 5 094.4km²。上述地区都属于北喜马拉雅淡色花岗岩带内岩浆岩的分布情况。1∶25万实测资料中高喜马拉雅淡色花岗岩在聂拉木地区存在 305km² 的 $N_1\eta\gamma$ 二长花岗岩，年龄为

12.5Ma、17.2Ma。

### 3.1.2　青藏高原新生代侵入岩的岩石地球化学记录

#### 1.昆仑-可可西里构造-岩浆岩带的岩石地球化学记录特征

岩石类型主要为流纹斑岩、花岗斑岩、二长花岗斑岩等浅成-超浅成侵入岩。与中国花岗岩相比，$SiO_2$ 含量较高，铝指数显示多数为过饱和型，也含有铝指数小于1的正常型，该带内岩石化学分析几乎均为钙碱性系列，同时又有钾质、钠质碱性板内花岗岩的特点。

微量元素典型的特点是：Rb/Sr 比值为 0.2～5.89(平均 2)，高于大陆壳均值(0.24)，显著高于上地幔均值(0.025)，总体与S型或壳源型花岗岩接近，亲石元素 Rb、Ba、K、Ta、Nb、Sr、Zr 等与原始地幔值相比明显富集，高场强元素相对亏损，均反映为板内壳源花岗岩。

大多数总量(∑REE)变化很大，含量高的达 $308\times10^{-6}$～$340.89\times10^{-6}$，含量低的为 $88.46\times10^{-6}$。轻重稀土分异较强烈，LREE/HREE 为 24.19～34.49，Eu 亏损一般到明显，在稀土元素标准化模式图上，为平行度较好的向右倾斜的斜线。说明各岩石为同源岩浆演化的产物。

#### 2.北羌塘-唐古拉-江达构造-岩浆岩带的岩石地球化学记录特征

青海省地质调查院在沱沱河地区发现了内岗齐曲上游分布的闪长玢岩明显具有埃达克岩的特征。岩石类型主要为闪长玢岩、石英闪长玢岩，其形成时代集中在 35.64～41.19Ma(青海地质矿产局，1989；邓万明，1999)，$SiO_2$ 含量为 62%～68.44%，均大于 56%，$K_2O+Na_2O$ 总量为 7.54%～8.37%，$Al_2O_3$ 含量分别为 16.23%、16.50%，均大于 15%，MgO 含量分别为 0.62%、0.42%、1.35%、2.12%，均小于 3%。它们具有埃达克岩的主量元素地球化学特征。

微量元素含量为 Sr：$984\times10^{-6}$～$2\ 466\times10^{-6}$；Ba：$1\ 590\times10^{-6}$～$4\ 274\times10^{-6}$；Y：$8.37\times10^{-6}$～$14.91\times10^{-6}$；Sr/Y：162.37～165.39。与典型埃达克岩相比，$Y<18\times10^{-6}$、$Yb\leqslant1.9\times10^{-6}$、$Sr>400\times10^{-6}$，特征十分相似(史连昌等，2007)。

岩石类型在该带另一个显著的特点就是出现了正长岩、正长斑岩、碱性岩等，同时出露的还有二长花岗岩类。ALK($Na_2O+K_2O$)含量非常高，为 7.71%～10.09%。大部分侵入岩样品中 $K_2O$ 比 $Na_2O$ 含量高，在 AR－$SiO_2$ 图上，属碱性系列，少量为钙碱性。大多数总量(∑REE)变化很大，基本没有 Eu 异常，或 Eu 异常微弱。

各样品稀土总量一般在 $401.8\times10^{-6}$～$606.9\times10^{-6}$；Yb 含量为 0.71～1.15，$Yb\leqslant1.9\times10^{-6}$；La/Yb 为 139.56～151.69，说明该单元以轻稀土富集为特征。δEu 介于 0.86～0.96，说明岩浆中 Eu 处于亏损，(La/Sm)Ⅳ 介于 5.70～7.83，(Gd/Yb)Ⅳ 介于 3.29～6.29，也说明轻稀土富集，且分馏程度高。

#### 3.喀喇昆仑-南羌塘-类乌齐构造-岩浆岩带的岩石地球化学记录特征

该带在丁固地区发现了新生代基性的辉长岩、碱性辉绿岩、辉长玢岩。其形成环境为板内环境。丁固幅1∶25万区域矿产地质调查报告中描述的该类基性侵入岩的岩石化学及地球化学特征如下。

$SiO_2$＝41.14%～53.18%，A/CNK＝0.39～0.68＜1，为偏铝质类型，碱度(AR)＝1.37～2.57 及组合指数 δ＝－26.46～31.92，长英指数(FL)和分异指数(DI)高于地幔来源的结晶岩石，而固结指数(SI)、镁铁指数(MF)低于地幔来源的结晶岩石，斜长石牌号＝26.53～44.19

微量元素 Rb($W_B/10^{-6}$)＝5.0，Sr($W_B/10^{-6}$)＝442；Rb($W_B/10^{-6}$)＝57.5～243，Sr($W_B/10^{-6}$)＝1 730～3 160。大离子亲石元素前者相对贫化，而后者相对富集。Nb($W_B/10^{-6}$)＝20.0～59.3，Ta($W_B/10^{-6}$)＝1.82～3.47，Nb/Ta＝7.09～23.02。Zr($W_B/10^{-6}$)＝169～549，Hf($W_B/10^{-6}$)＝5.78～12.40，Zr/Hf＝29.24～44.27。

稀土元素 ∑REE＝$136.24\times10^{-6}$～$790.73\times10^{-6}$，∑LREE＝$112.43\times10^{-6}$～$754.00\times10^{-6}$，

$\sum$HREE＝23.81×$10^{-6}$～36.73×$10^{-6}$，$\sum$LREE/$\sum$HREE＝4.72～20.83。$E_3-N_1$ 基性侵入岩稀土元素总量偏高，介于地幔源区岩浆与地壳源区岩浆之间。

另外，该带中出现的新生代酸性侵入岩的特点有：A/NK 均大于 1 为铝过饱和类型，属偏铝质或过铝质花岗岩。其余元素化学及地球化学方面无明显相同规律。

### 4. 冈底斯构造-岩浆岩带的岩石地球化学记录特征

该带内的岩石记录特征莫宣学等从 Sr、Nd 同位素方面做了系统的研究，认为冈底斯带存在着两类地壳，一类是年轻的初生地壳，分布在冈底斯南带的主体部分；另一类是经过多次再循环形成的成熟的古元古代—中元古代地壳，分布在冈底斯中北带及西南带。

冈底斯南带的大部分地区均具有 εNd(*t*)(＋)值(＋1.64 ～＋5.21)。少数具 εNd(*t*)(－)值，也多在 2.5 以内。花岗岩类岩石的 εNd(*t*)值，与伴生的底侵岩浆产物辉长岩/辉绿岩(＋2.34～＋8.56)及林子宗火山岩下部典中组(＋3.24～＋1.0)相似。它们的$^{87}$Sr/$^{86}$Sr(*i*)初始值都在 0.704～0.706 之间。这些花岗岩的 Nd－Sr 同位素成分点靠近地幔趋势线及 MORB 端元，说明在花岗岩成因中地幔物质有重要的贡献。它们的模式年龄 $t_{DM}$也很年轻(＜500Ma)。以上特征，是初生地壳的特征。这些花岗岩的成因，或者是由于年轻的、从地幔分异不久、极不成熟的地壳的部分熔融，甚至可能就是侏罗—白垩纪新特提斯洋壳俯冲形成的年轻岛弧或陆缘弧地壳部分熔融的结果；或者是地幔物质通过岩浆底侵-岩浆混合作用大量进入地壳的结果。究竟哪种机制更为可能，还需要进一步的研究。然而，至少可以说，冈底斯南带中、东段大规模初生陆壳的出现，为造山带环境显生宙大陆地壳生长提供了又一个重要范例(莫宣学等，2005)。

冈底斯中带以及冈底斯南带西段花岗岩类，具有 ε Nd(*t*)(－)值。如冈底斯中带西段的江巴、邦巴、雄巴岩体，年龄为 170～144Ma，ε Nd(*t*)值南带的岩石记录为－7.41～－17.34；中段念青唐古拉片麻状花岗岩，年龄为 8.63 ～9.80Ma(吴珍汉等，2003)，εNd(*t*)值为－5.3～－6.3(许荣华等，1990)；中段乌郁巨斑状花岗斑岩，年龄为 10Ma，εNd(*t*)值为－6.9～－8.3。冈底斯南带的冈仁波齐花岗岩，年龄为 60Ma，εNd(*t*)值为－6.7(邱瑞照，2002)，冈底斯北带花岗岩类的 Nd、Sr 同位素数据很少，且出现了矛盾情况：东段班戈花岗岩体，121Ma，εNd(*t*)值为－6.0(许荣华等，1990)；西段日土南正长花岗岩年龄为 80Ma，εNd(*t*)值为＋5.7，这两处花岗岩的 εNd(*t*)值出现如此大的差别的原因尚不清楚。

从大多数数据来看，冈底斯中带、北带及南带西段的花岗岩类以 εNd(*t*)(－)值为特征(－5.3～－17.3)，模式年龄 $t_{DM}$有 1.2 Ga 及 2.0～2.5 Ga 两组值。在一些火山岩的 SHRIMP 测年中，也多次发现这些年龄信息(廖忠礼，2003)。这表明，这些地区的地壳具有古元古代—中元古代基底。在花岗岩成因中，地壳组分具有主要贡献(莫宣学等，2005)。董国臣对该带的研究认为，巨型冈底斯岩浆岩带横亘于青藏高原南部，主要由花岗质岩石组成，其中存在大量的镁铁质微粒包体，以辉长岩为主的基性岩相对集中在岩浆岩带南部。辉长岩类与花岗质岩石呈渐变过渡关系。辉长岩中出现有石英、暗色矿物沿着长石颗粒边部分布，花岗闪长岩中出现有基性倍长石(An＞80)，辉长岩中有中长石(An＝45)出现，镁铁质微粒包体(MME)中倍长石、钙长石(An＝72～90)和中长石(An＝37)共存，这些矿物组合的不协调现象是岩浆演化过程中混合作用的表现形式。MME 的化学成分相对高钾、铝和铁镁，MME、花岗岩类寄主岩及辉长岩类岩石化学成分呈直线变异趋势，MME 的 $SiO_2$ 和 $K_2O$、$Na_2O$ 成分的过渡性变化也都反映出混合作用特征；基性辉长岩类、酸性花岗质岩石和 MME 包体的稀土配分模式基本一致，其微量元素特征也具有明显的一致性，反映了岩浆混合作用的特征；辉长岩类的$^{143}$Nd/$^{144}$Nd 比值较高，$^{87}$Sr/$^{86}$Sr 比值较低，而偏酸性的花岗质岩石中$^{143}$Nd/$^{144}$Nd 比值较低，$^{87}$Sr/$^{86}$Sr 比值较高，构成直线性分布趋势，并位于地幔演化线的延伸方向上，显示区域岩浆混合作用特征；辉长岩、花岗岩类和 MME 的同位素年龄值十分接近，也表明三者属于岩浆混合作用产物。研究证明，冈底斯岩浆岩带中不同岩性均由不同比例的基性端元和酸性端元成分混合而成，其中，基性端元成分所占的比例在 16%～90%不等，仅从侵入岩浆推算，幔源基性岩浆对冈底斯地壳垂向增厚的贡献率超过 5% 。可以推断，随着俯冲-碰撞过程中产生的基性岩浆底侵作用，冈底斯岩浆岩带发生壳幔岩浆混合作用，其时代为50～45Ma，属于印度-欧亚大陆碰撞开始15Ma后的主碰撞期内，岩浆混合作用是碰撞过程中壳幔物质与成分交换的主要形式之一，是研究主碰撞带北部青藏高原的陆壳增生与改造、地壳结构及成分变化重要途径之一（董国臣等，2006）。

5.喜马拉雅构造-岩浆岩带岩石地球化学记录特征

该带侵入岩的岩石化学与中国花岗岩平均值相比，$SiO_2$、$Al_2O_3$、$Na_2O$、$K_2O$ 含量均高，$TiO_2$、$Fe_2O_3$、FeO、CaO、MgO、MnO 含量均略低，$P_2O_5$ 含量相近。CIPW 标准矿物组合为 Q＋ap＋il＋mt＋or＋ab＋an＋C＋hy。在 CIPW 标准矿物中，石英含量较高，北喜马拉雅和高喜马拉雅带分别为32.33和31.78，为 $SiO_2$ 过饱和岩石类型。另外，在CIPW标准矿物量上出现刚玉，且多数大于1，表明 $Al_2O_3$ 在配给铝硅酸岩矿物之后还有剩余，铝饱和指数 A/CNK 在北喜马拉雅带和高喜马拉雅带分别为0.97～2.27和0.85～1.52，在铝饱和指数图上绝大多数落在过铝质区，少数为偏铝质区。岩石化学成分属亚碱性系列钙碱性岩。里特曼指数（δ）在北喜马拉雅带为0.66～4.61，平均为2.01；高喜马拉雅带为1.25～3.88，平均2.29，也属于钙碱性系列。固结指数 SI 平均为5.96和4.01，分异指数 DI 平均为94.10和94.50，岩浆分异较彻底，上述特征显示，该带岩石为过铝饱和钙碱性花岗岩类。

稀土元素具如下特点：①稀土分配模式图呈现明显的V字形，右倾斜，Eu亏损，负铕异常中等—强烈，Eu低谷明显，显示轻稀土分馏明显，重稀土分馏不明显，呈现陆壳改造S型花岗岩的特征；②多数样品的 δEu、δCe、$(La/Yb)_N$、$(La/Sm)_N$、LREE/HREE 值差别较小，反应有相同的岩浆源；③Nb、Ta 含量较高，Sm/Nb 多数小于0.3，显示S型花岗岩的特征（潘桂堂等，2004）。

整个喜马拉雅带侵入岩以小岩体为主，掩饰组合简单，以淡色花岗岩为主，斜长石以奥-钠长石为主，化学成分富 Si、Al，贫 Ca、Fe、Mg，具S型花岗岩的成因特点，稀土总量较低，Eu异常明显，$\delta^{18}O_{SMOW}$ 值很高（＞10%）（Blattuer *et al.*，1983）。

## 3.2 青藏高原新生代火山岩

青藏高原新生代火山岩十分发育，事件跨度大，层位多，分布范围广，火山岩岩石类型多，主要火山岩分布层位见图2-2、表2-2及第二章新生代地层有关文字说明。本章从新生代火山岩时空分布和岩石地球化学基本特点作进一步阐述。

1.印缅地区

印缅地区新生代火山岩出现于西部隆起带和那加带。

西部隆起带以德干暗色岩系为代表，其大面积出露于印度地块西部，主要为受断裂控制的裂隙型高原玄武岩，多期喷发，产状平缓，平均厚度600m，以拉斑玄武岩或粗玄岩为主夹有沉积岩系（李春昱等，1982）。根据夹层中的化石和帕瓦加达等地玄武岩的年龄数值（65～42Ma），其喷发时代从晚白垩世—始新世末。

那加带构造位置属于那加-钦墩江褶冲带，主要是以安山岩为主的中间缅甸火山弧（Mitchell，1975）。缅甸火山弧是断续隆起的中央火山弧，火山岩岩石类型多样，有凝灰质沉积、火山灰、火山角砾、粒玄岩床、流纹岩、英安岩、安山岩，局部为玄武岩等，火山岩中夹冲积沉积物。时代为新近纪—第四纪，在上新世/更新世转换期间，火山活动达到顶峰。火山岩具有岛弧和大陆边缘钙碱性岩特征，如 $^{87}Sr/^{86}Sr$ 比值低、$K_2O$ 高等，岩石化学特征说明从西向东岩浆来源加深，起源于向东倾的俯冲带上。火山岩的岩石化学特征与印度尼西亚和苏门达腊的火山岩相似。

### 2. 北喜马拉雅地区

北喜马拉雅地区新生代火山岩时代主要为古新世—始新世，赋存层位为错江顶群($E_{1-2}C$)、盐多组($E_2y$)、蹬岗混杂岩($E_{1-2}dgm$)、盐多混杂岩($E_2ym$)。岩性主要为深水玄武岩、玄武质角砾熔岩及少量中酸性火山岩。玄武岩与深水相含放射虫硅质岩伴生，代表印度板块与欧亚板块之间的残留洋构造环境。

### 3. 冈底斯地区

冈底斯地区新生代火山岩广泛发育，具有层位多、分布广、厚度大、类型多、活动强烈的特点，新生代火山岩的发育时代主要包括古新世—始新世以及中新世两个不同时期。其中以古新世—始新世林子宗火山岩的大面积带状分布为特色。

古近纪—始新世林子宗火山岩角度不整合于晚白垩世设兴组或更老地质体之上，主要分布于该带中西部地区。林子宗火山岩早期主要由安山岩、玄武岩、角砾熔岩和碎屑凝灰岩组成，中期为英安质熔岩、流纹岩、流纹质凝灰岩及湖相砂屑类岩、生物碎屑类岩夹层，晚期为粗安岩、流纹质熔结凝灰岩，柱状节理发育。火山岩系及其夹层厚度一般在 2 000～4 000m，$^{40}Ar/^{39}Ar$ 年龄介于 65～41Ma，为印度-欧亚板块同碰撞阶段的构造岩浆作用产物(莫宣学等，2003；Mo *et al.*，2008)。

中新世火山岩主要分布在南冈底斯带中西部，分布于布嘎斯组($N_1b$)、乌郁群($NW$)、嘎扎村组($Ng$)和鱼鳞山组等地层层位中，主要为一些钾质-超钾质火山岩，中东部则以钾质、钠质火山岩为特征，后期沿南北向断裂有钠质花岗斑岩侵位，这些中新世岩浆活动时代在 25～10Ma 之间(赵志丹等，2006)。

### 4. 羌塘地区

(1)南羌塘区新生代火山岩

南羌塘新生代火山岩较为发育，遍布整个南羌塘地区，主要分布在鱼鳞山、纳丁错、拉嘎拉、走构油茶沟、康托等地。岩石组合极为复杂，鱼鳞山主要由白榴斑岩、响岩、霓石粗面岩、霓霞粗面岩、黝方石粗面岩等组成，纳丁错岩区主要为安山岩、玄武岩、安粗岩、流纹岩、英安岩以及火山碎屑岩，拉嘎拉主要为含橄榄石斑晶的玄武岩，走构油茶沟主要为高钾钙碱性安山岩-粗安岩。南羌塘西部的通天桥、红山湖和邦达错等地，主要为钠质基性火山岩，岩石组合为粗面玄武岩-(粗面)安山岩，属中钾、高钾钙碱性系列和橄榄粗玄岩系列。主要新生代层位火山岩特征见表 3-2。

**表 3-2　南羌塘地区新生代火山岩特征简表**

<table>
<tr><th>地层名称</th><th>时代</th><th>火山岩岩石类型</th><th>岩石系列</th><th>岩相</th><th colspan="2">岩石构造类型</th></tr>
<tr><td>美苏组</td><td>$E_{1-2}$</td><td>英安岩、安山岩、安山质火山碎屑岩、沉火山碎屑岩</td><td>钙碱性系列</td><td>喷发相、溢流相、喷发沉积相</td><td colspan="2">碰撞型</td></tr>
<tr><td>纳丁错组</td><td>E</td><td>橄榄玄武岩、安山岩、辉石安山岩、流纹英安岩</td><td>钙碱性系列</td><td>喷溢相</td><td>(后)碰撞</td><td>拉张环境</td></tr>
<tr><td>松西组</td><td>$E_2-N_1$</td><td>安山岩、英安岩、安山质凝灰岩、英安质晶屑凝灰熔岩</td><td>钙碱性系列</td><td>爆发、喷溢相</td><td colspan="2">(后)碰撞</td></tr>
<tr><td>康托组</td><td>$N_1$</td><td>杏仁状玄武岩、玄武安山岩</td><td>钙碱性系列</td><td>溢流相</td><td>(后)碰撞</td><td>裂谷环境</td></tr>
<tr><td>鱼鳞山组</td><td>Q</td><td>气孔、杏仁状霞石响岩</td><td>钙碱性系列</td><td>喷溢相</td><td>(后)碰撞</td><td></td></tr>
</table>

(2)北羌塘区新生代火山岩

北羌塘地区新生代火山岩也广泛出露，以新近纪为主，分为渐新世—中新世、上新世—第四纪等阶段(表3-3)，火山岩以角度不整合覆盖于中上侏罗统和白垩系之上，其产出形态明显受断裂、断陷盆地控制，主要岩性有英安岩、流纹英安岩、粗面英安岩、橄榄玄粗岩、安粗岩、粗面岩及相应的火山碎屑岩，分属于超钾质、钾玄岩系和高钾钙碱岩系等三个火山岩系列(赖邵聪等，2001，2002，2003)。

**表3-3 北羌塘地区主要新生代层位火山岩特征简表**

| 地层名称 | 时代 | 火山岩岩石类型 | 岩石系列 | 岩相 | 岩石构造类型 |
|---|---|---|---|---|---|
| 查宝马组 | $N_1$ | 粗面岩、钠长粗面岩、辉石粗面岩、安山玄武岩、玄武岩、流纹岩、火山碎屑岩 | 钾玄岩-高钾钙碱性系列 | 爆发相、喷溢相 | 后碰撞 |
| 雅西措组 | $E_3-N_1$ | 玄武安山岩、杏仁状橄榄玄武岩 | 钙碱性系列 | 溢流相 | |
| 石平顶组 | $N_2$ | 凝灰质流纹岩和晶屑凝灰岩 | 亚碱性系列 | 喷发相 | |

## 5.西昆仑地区

西昆仑地区新生代火山活动明显受区域构造控制，时代新，主要为上新世—第四纪喷发的产物。西昆仑地区新生代火山岩主要分布在康西瓦、大红柳滩、泉水沟、普鲁、阿什库勒、阿塔木帕下及黑石北湖等地，年龄在6.4～0.12Ma之间(Mo *et al.*，2006)，为后碰撞钾质-超钾质火山岩。

康西瓦火山岩出露在康西瓦-大红柳滩断裂与费尔干断裂的交汇处，下部为2m厚的凝灰质角砾岩，中部为11m厚的灰黑色熔岩，上部出现1～3m的薄层未胶结的火山灰和凝灰质角砾岩。熔岩类型主要是橄榄玄武岩和粗面岩，据邓万明(1998)估计，其时代可能为中晚更新世。含有丰富的尖晶石二辉橄榄岩和方辉橄榄岩包体(罗照华，2003)。

康西瓦东喀拉喀什河南岸上新世火山岩呈层状夹于新生界河床阶地砾石层之中，由下至上为凝灰角砾岩、含角砾橄榄粗面岩、气孔状橄榄辉石粗面岩，属碱性玄武岩系列。康西瓦玄武岩SHRIMP U-Pb定年结果为3.80±0.11Ma(万渝生等，2004)，罗照华等(2006)认为这是青藏高原最新一期隆升的起始时间。

大红柳滩火山岩呈北西向延伸，下部有1～2m厚的火山角砾岩夹少量(约10cm)的椭圆形火山弹，向上变为辉石粗面岩和安粗岩，上覆厚约20m的正常河床砾石层，围岩烘烤层的热释光年龄为0.28Ma(邓万明，1989)。

泉水沟火山岩与大红柳滩、康西瓦火山岩同处于一条北西向的大断裂带上，具3次喷发特点：第一次为基性喷溢岩浆，为紫色气孔状橄榄玄武岩，厚32.6m；第二次具基性-中性-基性间隙式喷溢特点，岩石组合为气孔状橄榄玄武岩、安山玄武岩、安山岩及玄武岩，厚33.2m，上部玄武岩K-Ar年龄为5.84Ma(潘桂棠等，1990)；第三次为玄武安山岩-玄武岩，厚33.9m。各喷发韵律的熔岩间均有不等厚的砂砾岩夹层，火山岩K-Ar年龄为3.3～6.4Ma(Arnaud *et al*，1992)。

普鲁火山岩呈北东向延伸，见两层熔岩，上层熔岩厚10～15m，下层熔岩厚5～7m，中间夹有2～4m厚的河床砾石层。岩石类型主要是深灰色橄榄安粗岩和钾玄岩。安粗岩的K-Ar年龄为1.1～1.4Ma(刘嘉麒，1990)。

阿什库勒火山岩主要分布在阿什库勒盆地的南半部，熔岩面积超过200km$^2$，覆盖在古生代砂岩、灰岩或第四纪湖相沉积物之上，可见大量火山口、火山锥或子火山。火山口附近主要是暗紫红色气孔密集的渣状熔岩，常见一些已重结晶的砂岩、片麻岩捕掳体；下部为灰黑色火山岩含辉石、斜长石斑晶。岩石类型多样，包括橄榄安粗岩、安粗岩和流纹英安岩等，但以安粗岩居多。阿什库勒盆地西部出露了本岩区最老、最基性的熔岩，其 K－Ar 年龄为 2.8Ma(刘嘉麒，1990)，盆地其他地区的火山岩 K－Ar 年龄为 0.31～1.65Ma(刘嘉麒等，1990)，$^{40}Ar-^{39}Ar$ 年龄为 0.3Ma(Turner *et al.*，1993)。

阿塔木帕下火山岩直接受阿尔金断裂控制，呈北东向展布，规模小，为灰黑色气孔状安粗岩和辉石安山岩，火山岩区南端熔岩直接覆盖在花岗岩体的风化面上并形成 1m 厚的烘烤带，烘烤层的热释光年龄为 0.56Ma(邓万明，1991)。

黑石北湖的火山岩呈近东西向展布，邓万明(1989)认为可能有 3 期：第一期位于岩区南面，可能喷发于新第三纪，为含橄榄石斑晶的碱性玄武岩；第二期直接覆盖在老第三纪粘土岩、砂砾岩之上，岩石类型与第一期相似，其 K－Ar 年龄为 3.27Ma、4.64Ma(新疆维吾尔自治区地质矿产局，1993)和 9.23Ma(邓万明等，1998)；第三期熔岩流面积最大，为含粗大自形斜长石斑晶的安粗岩，其全岩 K－Ar 年龄为 1.43Ma(邓万明等，1998)。

#### 6. 北祁连地区

北祁连地区新生代火山岩分布于北祁连山构造带与阿尔金构造带交汇部位的玉门地区，主要由红柳峡、旱峡两地的新生代晚期(更新世)火山岩体所组成(潘桂棠等，1990)。红柳峡火山颈位于玉门市北西约 40km 处，岩颈周围为白垩系—第三系灰黑色页岩夹泥质砂岩，二者接触界线清晰，接触面近于直立。在岩颈南 100m 处，玄武岩流覆于白垩系—第三系之上，呈北东-南西方向延伸。旱峡位于玉门市西约 15km 处，为切入祁连山北麓的一个河谷，并切割了白垩系—第三系地层。火山岩为呈北西西向延伸的岩流产出。火山岩岩石类型主要由碱玄岩和粗玄岩组成，斑晶和基质中都出现了镁橄榄石，基质橄榄石多呈粒状，蚀变不强(赖绍聪，1999)。

#### 7. 西秦岭地区

青藏高原东北缘西秦岭地区新生代火山岩主要分布在甘肃礼县-宕昌-西和新生代断陷盆地中，为超钾质火山岩(钾霞橄黄长岩)与碳酸岩的组合。在很多超钾质火山岩筒中包含了丰富的幔源岩石包体及单斜辉石、金云母巨晶，为研究西秦岭以及青藏高原下岩石圈和软流圈地幔提供了得天独厚的条件。不同类型火山岩全岩 K－Ar 年龄及金云母的 Ar－Ar 年龄落在 23～7.1Ma 之间(喻学惠，2001)，表明该区火山岩主要是中新世火山作用的产物。

#### 8. 昌都-思茅地区

昌都-思茅地区发育少量古近纪粗面岩。形成于走滑拉伸、裂谷板内构造环境。

#### 9. 腾冲地区

腾冲地区新生代火山岩赋存层位主要为上新世芒棒组($N_2m$)和剑川组($N_2j$)，并延续到第四纪。时代为 3.83～0.053Ma(邓万明，2003)。腾冲上新世火山岩群是我国著名的新生代火山岩群之一。岩石类型主要有粗面安山岩、含橄安山岩、橄榄玄武安山岩、玄武岩、安山岩、橄榄玄武岩，为一套高钾火山岩系。火山岩体的分布明显受南北向断裂以及北东向和北西向断裂的控制。

## 3.3　青藏高原新生代高压变质岩

青藏高原新生代高压变质岩主要分布在喜马拉雅造山带地区。高喜马拉雅主体由前寒武系中高级变质岩系以及系列中新世淡色花岗岩构成，经历了中新世阶段，通过强烈构造剥蚀，从中下地壳剥露至地表。高喜马拉雅普遍伴有角闪岩相、麻粒岩相变质作用。目前高压超高压榴辉岩相变质作用已在东西构造结地区、高喜马拉雅证实，而低温高压相的蓝闪石片岩也在雅鲁藏布江缝合带附近被发现。

### 1. 蓝片岩

蓝片岩又称蓝闪石片岩，是低温高压变质作用的代表性岩石之一。以蓝闪石类矿物为代表的高压-低温变质作用一般发生在近地表岩石处于低温环境的强烈碰撞作用下，在板块碰撞带，由于冷岩石圈地壳的强烈俯冲作用，蓝片岩相变质作用往往发生在板块俯冲的特定构造部位，其形成对认识板块碰撞过程具有重要意义。印度河-雅鲁藏布江缝合带目前已经确认为新生代的蓝片岩以日喀则卡堆蓝片岩为代表，分布于雅鲁藏布江南侧，位于江孜县卡堆乡东南，岩石类型为含蓝闪石绿帘绿泥片岩、蓝闪黑云片岩和含蓝闪石的板岩。李才等(2007)通过对卡堆蓝片岩的蓝闪石 Ar－Ar 分析，获得 59.3±0.83Ma 的加权平均年龄，代表卡堆蓝片岩的高压变质年龄。蓝片岩中蓝闪石的年龄是判断陆陆碰撞时间的直接证据。

### 2. 榴辉岩

榴辉岩作为超高压变质作用的主要岩石类型，对揭示板块俯冲、碰撞作用定量化信息具有重要意义，因而一直以来都是构造地质学家关注的热点之一(金振民，1999)，而新生代的榴辉岩对认识青藏高原形成演化的意义更为特殊。20 世纪 90 年代初期，西方学者首次在巴基斯坦北部地区发现榴辉岩(Pognant and Spencer，1991)，从而激起学界广泛关注，随后人们在喜马拉雅西构造结地区陆续发现榴辉岩等高压超高压变质岩(Tonarini *et al.*，1993；Guillot *et al.*，1995；Le Fort *et al.*，1997)，近些年国内外地质工作者在喜马拉雅中部以及东构造结地区也发现了新生代榴辉岩(Lombardo，Rolfo，2000；张泽明等，2007)。东西构造结超高压变质岩的发现，加深了人们对当今世界最为年轻的大陆碰撞形成和演化过程的认识。

西构造结地区的榴辉岩主要产出于高喜马拉雅结晶岩系当中，一般呈透镜状产出，规模数米至10m，岩石一般呈花岗变晶结构，典型的矿物组合为石榴石-绿辉石-石英-金红石，另有少量多硅白云母、绿帘石和角闪石。榴辉岩变质温度一般为(650±50)℃，压力为 1～2GPa，峰值年龄为 40～55Ma(Pognant，Spencer，1991；Yaneko *et al.*，2003；Mary *et al.*，2005)。部分含柯石英榴辉岩的峰期变质温压条件更高。西构造结地区的超高压榴辉岩的发现充分说明印度欧亚板块碰撞初期曾经发生强烈的板块俯冲作用，俯冲深度至少达到 60～80km(金振民，1999)。

东构造结地区的榴辉岩与西构造结类似，也呈透镜状产出于高喜马拉雅结晶变质岩系(南迦巴瓦岩群)。矿物组合主要为富铁铝榴石的石榴子石-透辉石，含少量金红石、榍石和石英，不含斜长石和角闪石。后期经历了强烈的麻粒岩相、角闪岩相退变质作用和强烈的混合岩化作用。榴辉岩峰期变质作用的温度和压力条件是 800～900℃和 2.6～2.8GPa，变质深度为 80～100km，变质时代可能为 50Ma(张泽明等，2007)。

# 第4章 构造

青藏高原是一个时间上和空间上都经历了复杂演化过程的复合地质增生体(孙鸿烈,郑度,1998)。前新生代阶段经历了早古生代(原特提斯)、晚古生代(古特提斯)、中生代(中特提斯)多阶段的大洋闭合事件,分别形成了包括北祁连早古生代缝合带、康西瓦-木孜塔格-玛沁缝合带、龙木错-双湖缝合带和班公湖-怒江缝合带等在内的多个板块边界结合带。新生代期间新特提斯洋闭合,印度板块与欧亚板块碰撞拼合,青藏高原地区进入全新的陆内构造演化阶段。尽管地史时期存在多期板块拼合事件,但仅在新生代以来的陆陆碰撞与持续挤压作用下,才形成了被誉为世界第三极的全球最高的面状隆起——青藏高原。

以下几个方面的地质特征和事实是正确认识和理解新生代青藏高原形成和演化的重要方面。

(1)青藏高原独特的岩石圈结构。地球物理资料表明青藏高原具有厚壳薄幔的异常岩石圈结构特征,地壳厚度为70～80km,是正常地壳厚度的2倍;而岩石圈地幔则明显变薄,约为印度地盾岩石圈地幔厚度的3/5。新生代青藏高原岩石圈结构是新生代构造变形的结果,是任何青藏高原动力模型必须面对的基本事实,对青藏高原构造演化过程具有十分重要的意义。

(2)青藏高原构造变形。青藏高原内部及周边发育的一系列大型断裂,包括青藏高原北部系列大型左行走滑断裂、逆冲断裂,以及高原南部系列右行走滑断裂、逆冲断裂和伸展断裂等。这些断裂性质不同,伴随青藏高原的形成演化而发育在不同时空环境中。上述大型构造变形的形成和发展显然与青藏高原宏观动力系统之间存在着密切的内在关联。青藏高原现代变形特征也是认识青藏高原动力的重要方面。现代空间观测技术获得的大量描述青藏高原岩石圈不同层次的构造变形特征,包括全球定位系统(GPS)(张培震等,2002;Zhang *et al.*,2004;Wang *et al.*,2001;Jade *et al.*,2004)对地表运动特征的描述,地球物理数据获得的岩石圈结构信息(滕吉文等,2002;吴建平等,2001;高锐等,2001),这些基础数据是分析描述和构建青藏高原岩石圈动力及演化的重要方面。

(3)青藏高原周缘系列盆山系统。青藏高原周缘发育一系列边缘山脉和盆地系统,包括西昆仑-塔里木盆地、东昆仑-柴达木盆地-祁连山以及东部的龙门山-四川盆地。这些盆山系统的形成演化是青藏高原形成演化过程的重要内容。同时,二者是在印度-欧亚板块碰撞挤压的宏观动力体系下,通过岩石圈不同圈层之间耦合与解耦作用共同发展演化。

此外,新生代青藏高原岩浆作用(包括侵入和喷发)的时空演化与形成机制也与青藏高原宏观动力过程密切相关。例如,高喜马拉雅构造区中新世大量淡色花岗岩的形成机制,及其与喜马拉雅造山带及青藏高原演化之间的内在联系,西昆仑地区上新世以来特有的强烈火山作用机制及其与大陆内部岩石圈板块的俯冲之间的内在联系等。

上述地质事实和特征是描述青藏高原动力过程的模型所必须正视的重要方面。尽管至今全球地质学家已经从不同方面提出了众多理论模型(傅容珊等,1999;李德威,2003)来描述高原的形成和演化机制,然而当前的理论模型大多都是针对青藏高原某一特定地质特征的端元模型,而少有能涵盖青藏高原宏观及多个重大地质过程特征的动力演化模型。现有的资料和研究(傅容珊等,1999;李德威,2003;李廷栋,1995;Tapponnier *et al.*,2001)越来越广泛地表明,新生代以来青藏高原地质作用过程在时间、空间以及强度上都不是均一的,具有阶段性、空间分区性、垂向分层性,以及过程加速性;在青藏高原演化动力机制方面,当前越来越多的学者和研究(傅容珊等,1999;李德威,2003;李廷栋,1995;钟大赉,丁林,1996;Xu *et al.*,1999)倾向于认为青藏高原的形成演化在时空上受控于多个不同的动力机制。

# 4.1　青藏高原新生代构造格架及新生代构造变形区划

青藏高原新生代地质作用过程是一个具有特定时空演化内容的复杂系统,因此不同空间和时间的构造现象及特征只有置于一个合理的构造演化格架系统中才能得到正确的理解,而新生代构造变形单元的划分则是为了更好的体现构造演化的时空过程。因此,在现有研究基础上对青藏高原新生代构造变形进行综合区划是十分必要的。同时青藏高原新生代构造变形区划是与时俱进的工作,随着新的地质资料的获取和理论认识的进步,划分的标准及方案也必然会更新改进甚至变革,这在当前大陆动力学快速发展阶段具有一定的挑战性。

青藏高原新生代构造格架及构造变形单元划分与传统的大地构造单元的划分有质的区别。新生代构造变形划分立足于青藏高原新生代地质演化,而非传统大地构造单元划分所依据的整个地质历史阶段的大地构造演化。传统的大地构造单元划分往往以经典板块构造理论为指导思想,依据板块及其边界(造山带)作为划分构造单元的依据;而青藏高原新生代构造演化在时间上主体位于印度与欧亚板块拼接后的陆内构造演化阶段,在空间上,青藏高原并非传统板块构造理论的板块边界造山带范畴,而是具有大陆岩石圈类似结构的巨型面状隆起构造,诸多地质现象超越了经典板块构造理论主要研究内容。正因为如此,立足于大陆岩石圈变形及动力过程的大陆动力学应运而生,成为当前固体地球科学研究的前缘热点。因此,青藏高原新生代构造变形区划的指导思想应立足于青藏高原特有的岩石圈构造演化时空过程,同时充分吸收地球物理的研究成果,并将其与青藏高原表层构造变形相结合,充分考虑前新生代大地构造演化阶段的继承性影响。

## 4.1.1　青藏高原新生代构造格架

青藏高原是一个由不同时期的块体经发展式的拼合而成的,具有复杂结构的增生体。现有的野外调查和研究表明青藏高原由北向南存在 4 条主要的缝合带:康西瓦-昆仑南缘缝合带、金沙江-哀牢山缝合带、班公湖-怒江缝合带、印度河-雅鲁藏布江缝合带。由此将青藏高原划分为 5 个主要的块体:昆仑地体、巴颜喀拉地体、羌塘地体、冈底斯地体、喜马拉雅地体。这些古老的缝合带构造也构成了新生代以来高原强烈活动的大型构造边界,例如,印度河-雅鲁藏布江缝合带、康西瓦-东昆仑南缘缝合带等都同时是新生代大型断裂构造带。

青藏高原特有的岩石圈结构是理解和构建青藏高原深部动力机制和构造隆升的最为重要的基础资料之一。自 20 世纪 70 年代 Powell 提出印度板块的俯冲下插与地壳叠加形成的双地壳结构模型以来,地质学家提出了众多机制和模型来解释青藏高原巨厚地壳的形成。例如均匀连续增厚模型(England *et al.*,1988)、叠瓦增厚模型、逆冲增厚模型(肖序常,1988)等,随着 20 世纪 90 年代初期大量深部地球物理资料的获取,对青藏高原岩石圈的认识也得到了前所未有的深化。

地震波速度结构在纵向上具有层状结构,表明青藏高原岩石圈具有与正常岩石圈类似的结构,可以划分为上地壳、中地壳、下地壳和岩石圈地幔圈层(崔作舟,1992)。总体而言,青藏高原具有 2 倍于正常厚度的巨厚地壳,平均厚度达 70～80km,而岩石圈厚度为 90～140km(地震波资料)、120～200km(大地电磁测深资料),岩石圈地幔的厚度明显薄于正常岩石圈。地震波资料显示,青藏高原不同大地构造单元在岩石圈结构方面存在显著差别(崔作舟,1992;表 4-1)。在地壳厚度方面,青藏高原主要缝合带构造控制的大地构造单元块体之间存在明显的差别。例如,班公湖-怒江构造带两侧的冈底斯地块和北侧羌塘地块的地壳厚度差异显著,冈底斯地块莫霍面深度为 75～78km,而北侧羌塘地块的深度为 65～70km,两者相差约 10km(潘裕生和孔祥儒,1998;Zeng *et al.*,1995);印度河-雅鲁藏布江构造带两侧存在类似特征,莫霍面的深度在缝合带南侧要比北侧深 6～8km(潘裕生,孔祥儒,1998)。类似地,在青藏高原北部巴颜喀拉构造单元莫霍面深度要比昆仑构造单元深 8km,地壳厚度从昆仑山开始向北至柴达木盆地显著减薄,从 70km 减薄至 50km 左右。

**表 4-1　青藏高原主要构造单元地壳结构对比**

| | 印度 | 藏南 | 冈底斯 | 羌塘 | 巴颜喀拉 | 东昆仑 | 柴达木 |
|---|---|---|---|---|---|---|---|
| 上地壳 | | 20 | 20～30 | 14～18 | 20 | | |
| 中地壳 | | 15 | 27 | 12～18 | 40 | | |
| 下地壳 | | 40 | 27 | 25～34 | 10～15 | | |
| 地壳 | 32～38 | 55～75 | 70～80 | 65～70 | 65～70 | 60 | 50～53 |
| 岩石圈 | 230 | 120～130 | 100～120 | 130～200 | 130～200 | 130～200 | |
| | | 薄壳薄幔 | 厚壳薄幔 | 厚壳厚幔 | 厚壳厚幔 | 薄壳厚幔 | |

注：单位为 km。数据引自：崔作舟，1992；潘裕生，孔祥儒，1998；张雪梅等，2007。

在岩石圈结构方面，不同构造单元之间也存在诸多差异。例如，冈底斯构造带地壳内部普遍存在多个反射亮点层（赵文津，2001），主要分布在中地壳，15～20km，侧向断续分布。这些亮点被认为很可能是中地壳层次部分熔融层或岩浆层，而冈底斯构造带的中地壳部分熔融层并没有延伸到喜马拉雅构造单元，相反喜马拉雅构造单元的地震反射资料表明该区地壳结构以北倾反射剖面常见，反映喜马拉雅构造单元的地壳是以逆冲叠覆作用为主的方式增厚，而冈底斯构造单元中下地壳发育的多个部分熔融层指示冈底斯的地壳增厚相对复杂，可能是分层多种机制的产物。在上地壳脆性域具有类似的逆冲叠覆增厚机制，而中地壳以及下地壳，物质塑性增加，则以分层挤压增厚为主。

新生代青藏高原岩石圈构造变形在空间上样式各异，如喜马拉雅造山带 MCT、MBT 等大型逆冲构造，STDS 的大规模伸展拆离构造，塔里木盆地、四川盆地和恒河盆地的陆内俯冲构造，阿尔金及东昆仑等大型走滑构造等。在时间上，青藏高原岩石圈的变形也并非均一。印度与欧亚板块碰撞发生在古新世—始新世，而喜马拉雅造山带的主体构造变形则是在中新世以来迅速发展形成。一些重大边界构造的性质甚至发生扭转，例如 STDS 曾经历早期的逆冲作用，中新世以来转变为大规模的伸展拆离构造；红河-哀牢山断裂也曾从左行走滑构造向右行走滑转变。因此，不同的构造变形样式只有将其置于一个合理的时空构造演化体系中，才能得到正确的理解，这也是当前青藏高原地质科学面临的重大挑战之一。

青藏高原地表变形在平面上可以分为两种体系，一是近南北向的挤压缩短构造体系，二是近东西向的走滑挤出及其转换构造体系。南北向的缩短构造在空间上普遍发育，主要包括边缘造山带及其发育的一系列近东西向的逆冲推覆构造。如喜马拉雅造山带、祁连山逆冲推覆带等，这些造山带以发育倾向高原内部的系列逆冲推覆断层为主要特征。东西向走滑挤出及转换构造主要发育在高原内部。在高原北部尤为典型，以大规模的左行走滑边界断层为主，包括阿尔金断裂、海原断裂、东昆仑断裂、西大滩-玛曲断裂、鲜水河断裂等；而在青藏高原南部地区则以右行走滑断裂为典型，包括喀喇昆仑山断裂、嘉黎断裂、红河断裂、高黎贡断裂等。上述大型断裂构造在中新世以来以右行走滑作用为主，与青藏高原北部左行走滑断裂共同构成青藏高原中部地壳物质向东挤出构造。最近的 GPS 观测数据（张培震等，2002）印证了青藏高原中部和北部地区广泛的物质向东的运动挤出图形。青藏高原中部大约覆盖以东昆仑断裂和至喀喇昆仑-嘉黎断裂以北，以鲜水河一带为中心向东挤出，GPS 沿 SEE110°方向的速率最大可达 2cm/a；北部同样存在以祁连山为中心的向东挤出运动，GPS 峰值速率可达 1.5cm/a。

青藏高原新生代不同方向不同运动性质的走滑断层系统的形成，可用印度板块向北楔入青藏高原形成近南北向主应力条件下形成的两组共轭走滑断裂系统来解释（Tapponnier and Molnar，1976）。北侧以阿尔金左行走滑断裂为代表，南侧以喀喇昆仑断裂为代表，向东可断续延伸至嘉黎断裂，二者均为右行走滑断裂。在上述地表构造变形体系下，青藏高原中部和北部主要构造及 GPS 数据（Zhang *et al.*，2004）都可以得到合理的解释。

表层构造体系的形成应该是建立在整个地壳甚至岩石圈构造层次尺度上。喀喇昆仑山断裂与阿尔金断裂构成印度板块挤压最大主应力下形成的一对共轭型走滑断层，但是该两条大型断层的空间几何关系并不符合典型脆性域环境中形成的共轭剪切断层，这暗示两条断层的形成可能与更深的中下地壳层次塑性变形环境机制有密切关联。地球物理资料也充分表明，喀喇昆仑断裂和阿尔金断裂均是超壳断裂。依据 GPS 数据（Zhang *et al.*，2004；Jade *et al.*，2004）也强烈体现出青藏高原的地表变形具有显著的连续塑性变形特征，青藏高原中部巴颜喀拉构造单元、羌塘构造单元等块体内部走滑及相关构造（吴中海等，2003；吴珍汉等，2005）的发现也充分支持这一论点，因此青藏高原中部物质的向东挤出是中下地壳层次的强烈塑性变形在相对脆性的上地壳的地表响应。

### 4.1.2　青藏高原新生代构造变形区划

依据现有的认识和研究成果对青藏高原进行构造变形区划，对深化青藏高原形成演化的认识具有重要意义，尽管构造变形分区的方案以及标准都会随着研究的深入而发生变化甚至变革。综上所述，以下四个方面的事实和特征是建立青藏高原新生代构造变形分区的重要依据：①青藏高原现今岩石圈不同区块的变形特征与差异；②青藏高原现今不同区块的岩石圈结构特征及差异；③青藏高原新生代不同区块的构造演化历史；④青藏高原前新生代的大地构造演化历史——新生代构造演化的物质基础。

班公湖-怒江缝合带是冈底斯-喜马拉雅（冈瓦纳大陆）与泛华夏大陆中生代板块边界（潘桂棠等，2002），冈底斯构造带是新特提斯洋俯冲的岛弧带，喜马拉雅与冈底斯构成印度与欧亚板块碰撞体系。同时，班公湖-怒江缝合带也是新生代以来的强烈构造活动边界，地球物理调查表明该断裂是一条重大的超壳断裂，两侧岩石圈结构存在显著差异。新生代青藏高原北部特征性的边界断裂是东昆仑断裂与阿尔金断裂，二者均为大型走滑断裂，且皆为深切地壳的大型断裂。东昆仑断裂在地貌上划分了青藏高原腹地与东北缘盆山体系，是青藏高原北部一条重大的构造地貌边界。在岩石圈结构方面，高原腹地地壳厚度为 70～80km，而东昆仑断裂以北地壳厚度逐渐减薄，至柴达木地区已达 50km。阿尔金断裂则是调节青藏高原北部帕米尔-西昆仑与秦祁昆造山带构造变形的一条大型转换断层。综合上述，本书以上述重大构造带为边界，将青藏高原新生代构造变形划分为 3 个一级构造大区：秦祁昆走滑-挤压变形域，羌塘-巴颜喀拉挤出转换变形域与冈底斯-喜马拉雅汇聚挤压变形域（表 4-2，图 4-1）。进一步依据主要造山带以及大型盆地构造及其变形特征，以主要断裂边界及古缝合带构造将一级变形域分解为 12 个二级构造单元。最后以各二级构造单元内的构造样式及变形特征，进一步以新生代重要断裂和活化古缝合带为界划分出 35 个三级构造单元。

**表 4-2　青藏高原新生代构造变形区划**

| 一级构造变形分区 | 二级构造变形分区 | 代号 | 三级构造变形分区 | 代号 | 主要变形特征及构造样式 |
|---|---|---|---|---|---|
| 秦祁昆走滑-挤压变形域Ⅰ | 西昆仑构造区 | Ⅰ1 | 西昆西构造带 | Ⅰ1—1 | 缩短逆冲，走滑，强烈构造隆升剥露，局部东西向伸展 |
| | | | 西昆北构造带 | Ⅰ1—2 | 挤压逆冲，左行走滑，强烈构造隆升剥露 |
| | | | 西昆南构造带 | Ⅰ1—3 | 挤压逆冲，火山作用 |
| | 阿尔金构造区 | Ⅰ2 | 阿尔金构造带 | Ⅰ2—1 | 左行走滑，挤压逆冲，花状构造、火山作用 |
| | 柴达木构造区 | Ⅰ3 | 柴北缘构造带 | Ⅰ3—1 | 向南逆冲，内部发育背冲断裂 |
| | | | 柴达木盆地 | Ⅰ3—2 | 凹陷，南北向缩短，同沉积褶皱断层 |
| | 祁连山构造区 | Ⅰ4 | 北祁连构造带 | Ⅰ4—1 | 挤压逆冲，左行走滑，局部断陷 |
| | | | 中祁连构造带 | Ⅰ4—2 | 挤压逆冲，左行走滑，局部断陷 |
| | | | 南祁连构造带 | Ⅰ4—3 | 挤压逆冲，左行走滑，局部断陷 |
| | 东昆仑—西秦岭构造区 | Ⅰ5 | 祈漫塔格构造带 | Ⅰ5—1 | 逆冲推覆，挤压褶皱，局部断陷 |
| | | | 阿雅克库湖盆地 | Ⅰ5—2 | 断陷，盖层褶皱 |
| | | | 东昆仑构造带 | Ⅰ5—3 | 左行走滑，挤压褶皱，推覆构造 |
| | | | 西秦岭构造带 | Ⅰ5—4 | 逆冲推覆，左行剪切，局部断陷，花状构造 |

**续表 4-2**

| 一级构造变形分区 | 二级构造变形分区 | 代号 | 三级构造变形分区 | 代号 | 主要变形特征及构造样式 |
|---|---|---|---|---|---|
| 羌塘-巴颜喀拉挤出转换变形域Ⅱ | 可可西里-巴颜喀拉构造区 | Ⅱ1 | 可可西里构造带 | Ⅱ1—1 | 左行走滑,局部断陷拉分 |
| | | | 巴颜喀拉构造带 | Ⅱ1—2 | 左行走滑,局部断陷拉分,局部形成穹窿 |
| | | | 龙门山构造带 | Ⅱ1—3 | 挤压逆冲,伸展断层,褶皱,穹窿 |
| | 羌塘-三江构造区 | Ⅱ2 | 甜水海北构造带 | Ⅱ2—1 | 走滑、挤压、拉张 |
| | | | 甜水海南构造带 | Ⅱ2—2 | 走滑、挤压、拉张 |
| | | | 羌塘构造带 | Ⅱ2—3 | 右行走滑,局部断陷拉分,局部形成穹窿 |
| | | | 甘孜-理塘构造带 | Ⅱ2—4 | 右行走滑,拉分构造,挤压逆冲,褶皱,穹窿 |
| | | | 锦屏-白林构造带 | Ⅱ2—5 | 压性走滑变形,挤压逆冲,褶皱 |
| | | | 丽江构造带 | Ⅱ2—6 | 右行变形为主,走滑拉分 |
| | | | 西昌-昆明构造带 | Ⅱ2—7 | 右行变形为主,走滑拉分 |
| | | | 保山-兰坪构造带 | Ⅱ2—8 | 压性剪切走滑变形 |
| 冈底斯-喜马拉雅汇聚挤压变形域Ⅲ | 帕米尔构造区 | Ⅲ1 | 北帕米尔构造带 | Ⅲ1—1 | 南北向挤压逆冲,穹窿构造,强烈隆升 |
| | | | 南帕米尔构造带 | Ⅲ1—2 | 南北向挤压逆冲,强烈隆升 |
| | 喀喇昆仑-科希斯坦构造区 | Ⅲ2 | 兴都库什-喀喇昆仑构造带 | Ⅲ2—1 | 挤压逆冲 |
| | | | 科希斯坦-拉达克构造带 | Ⅲ2—2 | 早白垩纪岛弧作用,晚白垩增生至欧亚大陆,新生代南北向强烈挤压变形 |
| | 冈底斯-腾冲构造区 | Ⅲ3 | 冈底斯构造带 | Ⅲ3—1 | 挤压缩短,南北向裂谷,局部右行剪切 |
| | | | 拉萨-腾冲构造带 | Ⅲ3—2 | 挤压逆冲,左行剪切与右行剪切,局部伸展 |
| | 喜马拉雅构造区 | Ⅲ4 | 北喜马拉雅构造带 | Ⅲ4—1 | 逆冲、伸展、穹窿、裂谷 |
| | | | 高喜马拉雅构造带 | Ⅲ4—2 | 岩浆作用、强烈构造隆升、逆冲、伸展、穹窿 |
| | | | 低喜马拉雅构造带 | Ⅲ4—3 | 逆冲推覆构造、褶皱、穹窿 |
| | | | 小喜马拉雅构造带 | Ⅲ4—4 | 逆冲推覆构造、褶皱 |
| | 印缅构造区 | Ⅲ5 | 那加-钦敦江构造带 | Ⅲ5—1 | 逆冲推覆、走滑 |

## 4.2 青藏高原新生代构造变形

始新世以来,伴随印度与欧亚板块的碰撞,印度板块向北漂移速率显著降低,而青藏高原岩石圈地壳开始积累各种构造变形,尽管众多变形过程的具体信息仍然不清楚,但是古地磁极移曲线的研究表明印度欧亚板块碰撞约50Ma以来,青藏高原岩石圈发生了约2 500km的水平挤压缩短,巨量岩石圈缩短是造成现今青藏高原两倍于正常地壳厚度及平均5 000m高度,以及青藏高原宏观构造格架的根本原因。现今GPS地壳运动观测数据表明,印度与欧亚大陆之间仍然存在约50mm/a水平汇聚应变速率,但是其中仅有25～10mm/a的速率在喜马拉雅造山带吸收消耗,因此青藏高原并非传统意义上的造山带,而是面积达250万$km^2$的造山域,印度欧亚板块挤压缩短的主体应变需要在整个青藏高原地区进

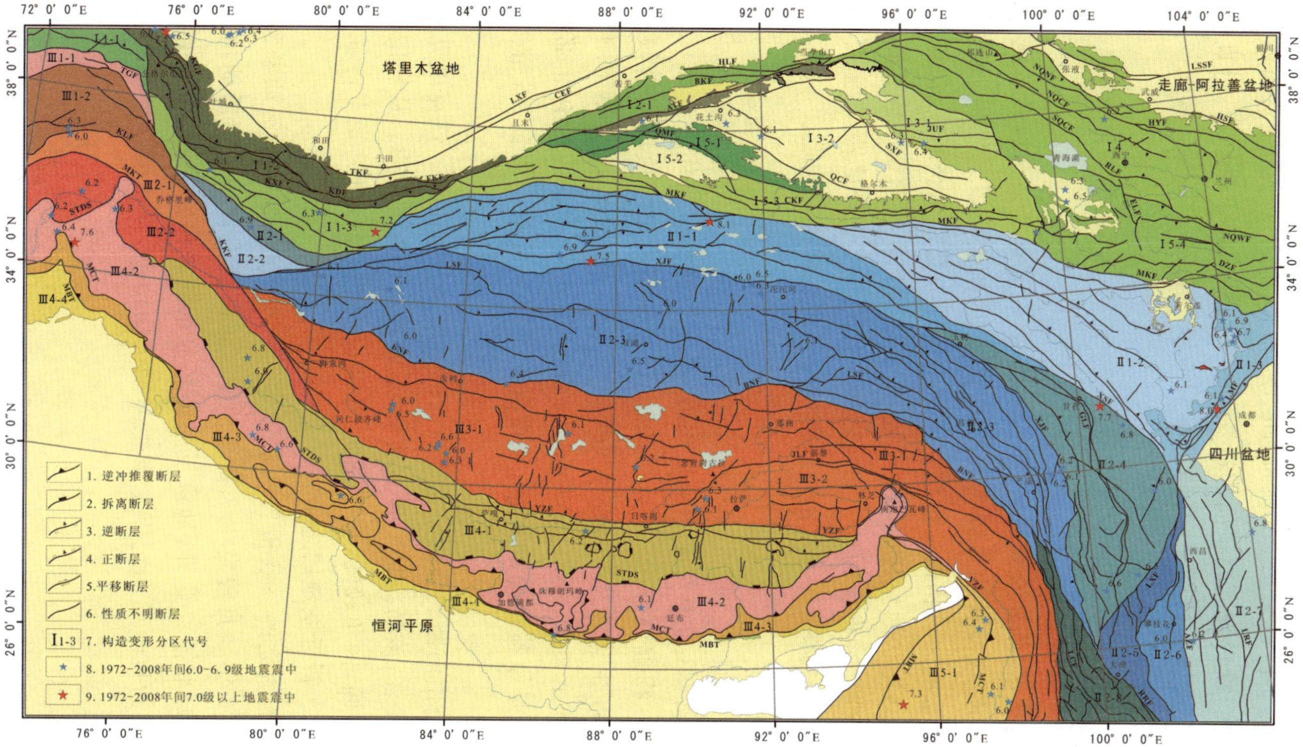


图 4-1　青藏高原新生代构造变形区划

Ⅰ. 秦祁昆走滑-挤压变形域：Ⅰ1. 西昆仑构造区，Ⅰ1-1. 西昆西构造带，Ⅰ1-2. 西昆北构造带，Ⅰ1-3. 西昆南构造带，Ⅰ2. 阿尔金构造区，Ⅰ2-1. 阿尔金构造带，Ⅰ3. 柴达木构造区，Ⅰ3-1. 柴北缘构造带，Ⅰ3-2. 柴达木盆地，Ⅰ4. 祁连山构造区，Ⅰ4-1. 北祁连山构造带，Ⅰ4-2. 中祁连山构造带，Ⅰ4-3. 南祁连山构造带，Ⅰ5. 东昆仑-西秦岭构造区，Ⅰ5-1. 祁漫塔格构造带，Ⅰ5-2. 阿雅克库湖盆地，Ⅰ5-3. 东昆仑构造带，Ⅰ5-4. 西秦岭构造带；Ⅱ. 羌塘-巴颜喀拉挤出转换变形域，Ⅱ1. 可可西里-巴颜喀拉构造区，Ⅱ1-1. 可可西里构造带，Ⅱ1-2. 巴颜喀拉构造带，Ⅱ1-3. 龙门山构造带，Ⅱ2. 羌塘-三江构造区，Ⅱ2-1. 甜水海北构造带，Ⅱ2-2. 甜水海南构造带，Ⅱ2-3. 羌塘构造带，Ⅱ2-4. 甘孜-理塘构造带，Ⅱ2-5. 锦屏-白林构造带，Ⅱ2-6. 丽江构造带，Ⅱ2-7. 西昌-昆明构造带，Ⅱ2-8. 保山-兰坪构造带；Ⅲ. 冈底斯-喜马拉雅汇聚挤压变形域：Ⅲ1. 帕米尔构造区，Ⅲ1-1. 北帕米尔构造带，Ⅲ1-2. 南帕米尔构造带，Ⅲ2. 喀喇昆仑-科希斯坦构造区，Ⅲ2-1. 兴都库什-喀喇昆仑构造带，Ⅲ2-2. 科希斯坦-拉达克构造带，Ⅲ3. 冈底斯-腾冲构造区，Ⅲ3-1. 冈底斯构造带，Ⅲ3-2. 拉萨-腾冲构造带，Ⅲ4. 喜马拉雅构造区，Ⅲ4-1. 北喜马拉雅构造带，Ⅲ4-2. 高喜马拉雅构造带，Ⅲ4-3. 低喜马拉雅构造带，Ⅲ4-4. 小喜马拉雅构造带，Ⅲ5. 印缅构造区，Ⅲ5-1. 那加-钦敦江构造带，ATF. 阿尔金断裂；AZF. 安宁河-则木河断裂；BKF. 巴什考供断裂；BNF. 班公湖-怒江断裂；CEF. 车尔臣河断裂；CKF. 东昆中断裂；DZF. 迭山-舟曲断裂；ELF. 鄂拉山断裂；FKF. 昆仑山山前断裂；GLF. 甘孜-理塘断裂；HLF. 红柳沟-拉配泉断裂；HSF. 皇城-双塔断裂；HYF. 海原断裂；JLF. 嘉黎断裂；JUF. 宗务隆断裂；KDF. 库地北断裂；KGF. 库地南-盖孜西断裂；KKF. 喀喇昆仑断裂；KLF. Kilik 断裂；KXF. 康西瓦断裂；LCF. 澜沧江断裂；LJF. 丽江-小金河断裂；LMF. 龙门山断裂；LRF. 小江断裂；LSF. 龙木错-双湖断裂；LSSF. 龙首山断裂；LXF. 罗布庄-星星峡断裂；MBT. 主边界逆冲断裂；MCT. 主中央逆冲断裂；MKF. 木孜塔格-昆南断裂；MKT. 主喀喇昆仑逆冲断裂；NQCF. 中祁连北缘断裂；NQNF. 北祁连北缘断裂；NQWF. 西秦岭北缘断裂；QCF. 柴中断裂；QMF. 祁漫塔格断裂；RLF. 日月山-拉脊山断裂；RRF. 红河断裂；SQCF. 中祁连南缘断裂；STDS. 藏南拆离系；SXF. 赛什腾山-锡铁山断裂；TGF. 塔什库尔干断裂；TKF. 铁克里克断裂；XJF. 西金乌兰-金沙江断裂；XSF. 鲜水河断裂；YZF. 雅鲁藏布江断裂行应变积累和消耗(Zhang *et al.*,2004)。

尽管我们对青藏高原地质构造及其演化的了解仍然非常局限,但从整体上看,青藏高原构造变形可以分为两个主要方面:一是与岩石圈地壳增厚过程相关的垂向隆升构造,例如岩石构造隆升、地表抬升等;二是青藏高原整体表层发育的各种平面构造,包括各种逆冲和走滑构造系统。由于研究对象的原因,我们对与深部岩石圈地壳增厚过程相关的隆升构造了解相对薄弱,而对地表出露的各种走滑和逆冲平面构造获得相对较多的实际资料,例如对青藏高原诸多大型逆冲走滑构造的速率幅度等一系列的定量化研究(崔军文等,2002;Gilley *et al.*, 2003;Li *et al.*, 2005;Searle, 2006)。综合现有的主要描述青藏高原新生代构造变形演化的研究成果,我们以青藏高原平面构造变形的空间特点为主要依据,将青藏高原划分为秦祈昆构造域、羌塘-巴颜喀拉构造域和冈底斯-喜马拉雅构造域。上述三大构造域内部具有相对统一的构造变形特征,分别阐述如下。

### 4.2.1　秦祁昆走滑-挤压变形域

秦祁昆走滑-挤压变形域是由西昆仑构造区、阿尔金构造区、柴达木构造区、祁连构造区以及东昆仑-西秦岭构造区五个次级构造区构成,这些构造区主体由系列古老造山带构成,新生代以来发生强烈活化作用,从而构成青藏高原北部边缘造山带系统。该构造变形域在宏观上体现为受阿尔金断裂、海原断裂、东昆仑断裂等大型左行走滑断裂控制的马尾状的左行剪切变形区,受上述系列左行剪切的应变作用积累,在走滑断裂的端点部位则表现为一系列逆冲推覆构造。除强烈的左行走滑应变分量外,各主要变形区还具有显著的近南北向的挤压缩短构造,具体表现为造山带内部的一系列逆冲推覆构造。

#### 1. 西昆仑构造区

西昆仑构造区南以麻扎-康西瓦断裂为界(区域上对应于阿尼玛卿-墓士塔格晚古生代缝合带),北以西昆仑山前铁克里克断裂为界。大量地球物理调查(Li *et al.*,2002)已经证实塔里木块体向南倾斜俯冲于青藏岩石圈之下,因此西昆仑构造区新生代构造变形在印度板块向北挤压作用下,受塔里木刚性块体向南阻挡而向北仰冲。西昆仑构造区则由系列 NW - EW 的逆冲断层系切割,包括西昆仑北部断裂、昆仑中央断裂等。昆仑中央断裂被认为是原特提斯的残留,该洋盆在加里东运动中闭合(潘裕生,1994)。

西昆仑山前沉积序列的研究表明西昆仑山前断裂强烈逆冲隆升时间始于渐新世阶段。铁克里克断层是西昆仑山前逆冲推覆断裂系中的典型代表,该断裂是一条活动断裂,兼具左行走滑性质。从和田以南的铁克里克山前向 NW 延伸,断层主体南倾,倾角较陡,在柯克亚-杜瓦以南的山前,可见元古宙基底沿断层面逆冲至古生界、中生界甚至古近系—新近系地层之上。

康西瓦断裂是在古特提斯结合带基础上活化的一条重要构造边界,为左行挤压性质的活动断裂。沿康西瓦断裂曾发生多期 6～7 级强震,2008 年 3 月曾发生 7.2 级地震。该断裂发育一系列活动构造地貌,表明新生代晚期以来一直处于强烈活动状态。此外,地震反射资料显示断裂深部北倾,切割南倾反射层,延伸深度可到 100km。沿该断裂上新世—第四纪以来发生多期火山活动,喷出幔源性质的玄武质火山熔岩(罗照华等,2000)。

#### 2. 阿尔金构造区

阿尔金断裂是青藏高原以及中亚地区一条超壳性质的重大断裂,是控制青藏高原形成演化的重要活动构造。该断裂构造切割了不同构造单元,地貌特征显著,沿主干断裂发育一系列新生代断陷构造。断裂西起龙木错以西,断续延伸与喀喇昆仑断裂相交,经于田、茫崖,向北与祁连山北缘断裂相接,全长达 1 700km。阿尔金构造带位于柴达木和塔里木盆地之间,是受阿尔金断裂左行挤压控制的造山带,在构造样式上为正花状构造,造山带构造块体向两侧盆地沉积逆冲。在阿尔金断裂北段,中新元古界地层逆冲至塔里木盆地第四系地层之上,造山带内部沿断裂局部发育走滑拉分构造(如索尔库里盆地)。

阿尔金断裂活动起始时间争议很大，不同学者得出的结论相差甚远，从中—新元古代跨越至新生代（李海兵等，2001）。不仅如此，阿尔金断裂的走滑幅度也存在很大的分歧。例如，以红柳沟-拉配泉结合带与北祁连结合带的错动匹配得出阿尔金走滑幅度为 400～480km，而以东昆仑与西昆仑晚古生代岩浆带的错动得出的走滑幅度则为 180～200km，断裂中段两盘以第三系地质体的错动表明晚第三纪以来的走滑幅度为 80～100km（张岳桥等，2001），在断裂东端获得的中新世中期以来的走滑幅度为 69～90km（Wang，1997）。尽管如此，多数学者倾向认为阿尔金断裂累计走滑幅度为 350～400km。尽管阿尔金走滑幅度认识并不统一，但是阿尔金断裂左行性质及现代强烈活动性没有争议。GPS 观测数据表明阿尔金断裂现代走滑速率为 9～10mm/a；依据河流地貌分析，阿尔金断裂中段左行走滑速率为 9.4±2.3mm/a（Cowgill，2007）。

阿尔金断裂带西端与昆仑山交接部位发育碱性岩浆活动的火山作用，年龄主要集中在上新世以来，最近一次火山喷发作用发生在 1951 年；断裂东端与祁连山北缘断裂交接部位也发育有碱性、基性火山岩，火山喷发时代为上新世—第四纪。这与阿尔金断裂的超壳性质的特征相吻合，同时阿尔金断裂带也是强震多发带，历史曾记录多期 6 级以上地震。

阿尔金断裂的形成与演化对青藏高原北部系列近东西向造山带的演化密切相关。阿尔金断裂北段与祁连山北缘断裂等近东西向断裂连接，形成系列马尾状构造，表明青藏高原北部祁连山内部多条逆冲带的形成受控于阿尔金断裂左行走滑作用，阿尔金断裂走滑作用向北被祁连山造山带挤压缩短构造所吸收（Peltzer *et al.*，1989；Metivier *et al.*，1998；王成善等，2004；李海兵等，2006；袁四化等，2008）。

### 3. 柴达木构造区

柴达木盆地是青藏高原东北部最大的内陆盆地，柴达木构造区位于盆地南北两侧两条东西向隐伏断裂之间，新生代地层发育齐全，沉积厚度达 6～7km，最大厚度达到 13km（Wang *et al.*，2006；胡受权等，1999）。主要地层单元包括路乐河组（65～50.5Ma）、下干柴沟组（50.5～35.5Ma）、上干柴沟组、下油砂山组、上油砂山组、狮子沟组、七个泉组，在时代上覆盖整个新生代。现有的研究表明柴达木盆地沉积中心迁移与周缘山系的隆升密切相关。物探和钻孔资料表明新生代以来沉积中心具有由西向东的迁移趋势（Wang *et al.*，2006；吕宝凤等，2008；李明杰等，2005），始新世沉积中心位于盆地西南部的油砂山一带，渐新世沉积中心开始向东迁移，到达现代盆地的中部，上新世盆地沉积中心位于一里沟——一里坪一带，上新世以来沉积中心继续向东南方向迁移（Metivier *et al.*，1998），至第四纪才基本与现代一致。上述沉积中心的迁移表明阿尔金山至少在渐新世就已经开始了显著的成山作用，并对柴达木盆地的沉积迁移起到了明显的控制作用，而东昆仑构造带似乎对盆地沉积的控制作用相对微弱。沉积响应的空间对比以及岩相古地理分析表明，古新世—始新世阶段高原北部昆仑构造带就已经开始了隆升及盆地沉积响应（张克信等，2007），这一观点也得到了昆仑山中段地区的碎屑锆石裂变径迹年代学资料的支持。

柴达木盆地内部沉积盖层中普遍发育系列 NWW 向的雁列褶皱及小型逆冲构造，同沉积断层以及同沉积褶皱，在盆地上新世狮子沟组中普遍发育同沉积断层与同沉积背斜，反映上新世以来盆地沉积盖层的近南北向挤压缩短。

### 4. 祁连构造区

祁连构造区位于柴达木构造区与河西走廊之间，呈 NWW - SEE 走向分布，北侧与河西走廊以祁连山北缘断裂为界，南侧与柴达木构造带以柴达木北缘断裂为界，整个构造区由一系列条块状逆冲构造块体叠覆而成。祁连山北缘断裂从玉门镇西南经祁连山北缘，向南东延伸越过冷龙岭，转为近东西向后至景泰没入兰州盆地之下，全长约 1 000km，总体走向 NWW - SEE，倾向 SW，地表倾角较陡，为 45°～80°，上陡下缓，为逆冲性质兼左旋走滑。沿该断裂普遍可见早古生代地质体逆冲在新生代地层之上，深地震反射资料表明其向下延伸到下地壳（吴宣志等，1995）。柴达木北缘断裂是由一系列右阶雁列逆掩断层构成，断裂从乌兰布赫山、宗务隆山至赛什腾山，柴达木北缘断裂断续延伸，在剖面上断裂表现为北倾叠瓦状，上陡下缓，逐渐在深部聚合形成产状构造。在达肯大阪，柴达木北缘断裂将前震旦系达坂群逆冲至柴达木盆地渐新统下干柴沟组地层之上。

在构造区内发育系列南倾逆冲断裂系统以及北倾逆冲断层，形成对冲式逆冲断层，沿这些断层普遍存在基底变质岩系逆冲叠覆在白垩系以及新生代地层之上。海原断裂是祁连山内部发育的一条强震活动断层，断裂性质与祁连山北缘断裂一致，逆冲性质兼具左行走滑，断面倾向西南。该断裂向西可延伸至哈拉湖以东，向东延伸至宁夏哨口，与六盘山断裂接连，沿断裂带多发育走滑拉分盆地。1920 年 8.2 级海原地震形成的地表破裂从景泰县延伸至六盘山一带，长达 200 余千米。在西华山北麓可见中上元古界海原群变质岩系逆冲至第三系之上，断裂带前缘发育飞来峰构造(樊计昌等，2004)。

祁连构造区内部普遍发育不同时代及不同规模的断陷盆地，具有代表性的包括临夏盆地、贵德盆地等。柴达木盆地、西宁盆地以及兰州盆地等盆地沉积序列底部年龄多在古新世—始新世，这表明与上述盆地相邻造山带在古近纪也存在同步构造隆升。而贵德盆地、临夏盆地的形成年代相对年轻，约为渐新世阶段。盆地沉积及地貌研究揭示出青藏高原东北上新世以来存在多期构造隆升事件(袁道阳等，2007)。临夏盆地第三系临夏群厚度为 1 600m 以上，新生代地层始于约 30Ma，且连续沉积至今。临夏群顶部发育积石组砾石层(30～60m)，其中砾石直径达 20～30cm，并且切过了褶皱变形的此前新生代红层，而积石组下部的临夏群其余各组主要以红色湖相泥岩为主，并且各组底部拌有河流相砂层和砾石层，之间为整合接触，说明积石组的沉积之前存在一次强烈的构造运动，积石组的沉积年龄为 3.6～2.6Ma；积石组砾岩层下部又出现了湖相层的东山组，东山古湖盆的出现以及积石组砾石层的变形都说明砾石沉积后的又一次强烈构造运动的出现，东山组湖相层的沉积时间为 2.4～1.7Ma；大夏河最高级阶地的出现代表黄河切穿临夏盆地(李吉均，方小敏，1998)，反映了又一次强烈构造抬升事件。这三次构造事件的时间分别为 3.6Ma、2.6Ma、1.7Ma，分别称为青藏运动 A、B、C 三幕(李吉均等，1996)。

### 5. 东昆仑-西秦岭构造区

东昆仑-西秦岭构造区包括东昆仑走滑-挤压构造带、祁漫塔格构造带、阿雅克库湖盆地以及东侧的西秦岭构造带。东昆仑构造带北以祁漫塔格逆冲断裂-昆北隐伏断裂为界，南以东昆仑断裂为界，东与西秦岭构造带在都兰以东相接。

东昆仑构造带的演化主要受控于东昆仑断裂，同时存在近南北向的挤压缩短作用，总体以走滑-挤压变形为特征。东昆仑断裂西起青海省布喀达坂峰以西，向东经库赛湖、西大滩、东大滩、阿拉克湖、托索湖、玛积雪山、玛沁，止于四川省境内的玛曲一带，走向 NWW - SEE，全长约 1 600km，左行走滑性质，是青藏高原北部沿东昆仑晚古生代缝合带形成的一条巨型活动断裂带，属超壳性质的大型断裂。东昆仑断裂带在深部总体向北陡倾，断层两盘岩石圈结构差异显著，北侧东昆仑地壳厚度为 58km，南侧高原腹地壳厚度为 65km 以上，南北两侧地壳厚度相差 8～10km(张瑞斌等，2002)。此外在断裂两侧，重力异常以及航磁异常均比较显著，表明该断裂两侧岩石圈演化可能处于不同阶段(张瑞斌等，2002)。东昆仑断裂为强震多发构造带，不同部位皆曾有 6～7 级以上强震发生，且震源深度达 30km。断裂晚更新世晚期以来的左行走滑速率为 10～14mm/a；全新世以来左行走滑速率为 10～15mm/a；GPS 测得断裂现今的左行走滑速率为 10～14mm/a。

东昆仑走滑-挤压构造带的隆升最早发生在始新世—渐新世阶段。东昆仑构造带东段磷灰石裂变径迹冷却年龄几乎都在这个阶段(Yuan *et al.*，2006；王国灿等，2007)。中新世阶段东昆仑造山带可能也经历了快速隆升作用，东大滩—东温泉地区存在晚新生代逆冲推覆构造系统，早二叠世大理岩和早三叠世砂板岩自北向南逆冲推覆于古新统—始新统风火山群和渐新统之上，推覆距离保守估计为 30～35km，并且形成不同规模的飞来峰构造，推覆构造主要活动时期为 26～13.5Ma(吴珍汉等，2007)。上新世以来东昆仑构造带经历了快速隆升和显著地貌变化。昆仑山垭口盆地是东昆仑地区典型的断陷盆地，形成于约 3.6Ma 以来(宋春晖等，2005)。现今盆地沉积已抬升至分水岭附近，盆地沉积年代学表明东昆仑在早中更新世之交发生强烈隆升作用，该构造运动与黄河源地区构造事件同期而被共同命名为昆仑-黄河运动(崔之久等，1998)。昆仑山垭口小南川岩体磷灰石裂变径迹也记录了上新世以来的快速冷却和构造隆升(王岸等，2007)。总体而言东昆仑构造带的隆升作用在东昆仑断裂附近较为强烈，向北逐渐衰减，这与两期大地水准测量结果(王庆良等，2004)不谋而合。

阿雅克库湖盆地夹于东昆仑构造带与祁漫塔格构造带之间，是与祁漫塔格构造带隆升同步形成的新生代断陷盆地，其形成演化与祁漫塔格构造带密切相关。祁漫塔格构造带北以南倾祁漫塔格逆冲断层为界，该断裂向东可与北昆仑断裂相接，南侧则以昆中断裂为界。祁漫塔格断层逆冲作用使得元古宇变质基底以及古生界地层推覆至柴达木盆地古近系-新近系地层之上。构造带基岩磷灰石裂变径迹冷却年龄主体介于中新世(拜永山等，2008；Jolivet *et al.*，2001)，表明祁漫塔格构造带的快速逆冲和隆起以及成山作用主要在中新世阶段。

西秦岭构造带南以东昆仑断裂为界，北以西秦岭北缘断裂带为界，与祁连构造区相邻。西秦岭北缘断裂是左行走滑挤压性质，与其他斜压走滑构造带类似，在西秦岭山的北缘形成向外扩展的系列逆冲断裂，在剖面上构成了偏向北的花状构造(王志才等，2006)。

综上所述，青藏高原北部系列山系是在阿尔金断裂以及东昆仑断裂左行走滑与挤压逆冲、塔里木块体向南陆内俯冲的背景下，形成的斜压逆冲、断块叠覆构造，这些逆冲叠瓦断块可能主要由中上地壳层次的地壳推覆体构成(Chen *et al.*，1999；Tapponnier *et al.*，1990)。

### 4.2.2 羌塘-巴颜喀拉挤出转换变形域

羌塘-巴颜喀拉挤出转换变形域在空间上覆盖东昆仑断裂以南，班公湖-怒江构造带以北，喀喇昆仑断裂以东的广大区域。该区主体是青藏高原腹地区，构造变形在边缘山脉的围限作用下，以被动性质的东向挤出变形为特征，具体表现为南北向的系列逆冲作用和近东西向的走滑作用，而在东部龙门山-锦屏山一带，则以向东的逆冲推覆构造为特征。羌塘-巴颜喀拉挤出转换变形域实际上是青藏高原中部地壳物质在西构造结向北楔入以及北侧塔里木刚性块体的南向俯冲作用下，形成的地壳物质向东挤出调节的变形区，依据变形特征将玉树-鲜水河断裂带进一步划分为北侧的可可西里-巴颜喀拉构造带(区域左行剪切变形)和南侧的羌塘-三江构造带(区域右行剪切变形)。

#### 1. 可可西里-巴颜喀拉构造区

可可西里-巴颜喀拉构造区北以东昆仑断裂为界，南以玉树-鲜水河断裂为界，包括青藏高原中北部的巴颜喀拉地块和羌塘地块。区内构造变形以左行走滑变形为主要特征，发育一系列与构造边界一致的活动断裂。在可可西里地区识别出一系列上新世—第四纪以来的活动走滑拉分盆地，走滑拉分盆地的几何学分析表明上新世—第四纪以来的左行走滑幅度约为 15km，盆地的形成机制表明第四纪以来可可西里地区处于区域上的左行走滑剪切应力背景。从盆地与大型断裂构造的空间分布来看，该左行剪切作用具有区域性特征，并非由东昆仑断裂等个别大型断裂产生，相反作为区域动力正是上述大型断裂的动力来源。张克信等(2010)在该区识别出一系列古近纪断陷盆地，如果上述盆地具有类似的动力成因，那么可可西里-巴颜喀拉地区区域左行剪切动力背景则应该在古近纪阶段就已经建立。该区区域构造线走向向东逐渐向南弯曲，形成系列弧形活动断层；在龙门山构造带附近受四川盆地阻挡形成褶皱和穹窿构造，系列穹窿构造的冷却年龄主要为中新世。因此，龙门山构造带是受巴颜喀拉构造带的左行变形及向东挤出作用，从而发生挤压逆冲形成的 NNE 走向的褶冲带。该构造带在剖面上为由系列西倾逆冲断层叠瓦构造构成的一个向四川盆地逆冲的大型逆掩推覆构造，在构造带东侧形成一系列飞来峰构造，龙门山构造带与巴颜喀拉构造带之间以伸展断层分隔，东侧多出露基底古老变质岩系，而西侧以古生代中生代盖层沉积为主。

2. 羌塘-三江构造区

羌塘-三江构造区分布于班公湖-怒江断裂带以北，玉树-鲜水河断裂以南，其构造以右行走滑变形为主，区内发育系列近东西向的断裂构造及古近纪拉分断陷盆地。该构造带向东延伸，逐渐向南东方向弯曲，形成向北东凸出的弧形构造，区内形成一致的弧形断裂构造。该构造带向东挤出运动，在构造带东端形成走滑挤压构造控制的近南北向的锦屏-白灵构造带；东南端形成丽江构造带、西昌-昆明构造带以及南侧的保山-兰坪构造带。

三江构造带主要的断裂构造以剪切变形为主，例如红河断裂、哀牢山断裂等新生代以来均具有显著的走滑分量，同时断裂的性质均有多期反转特征。哀牢山构造带构成三江构造带西界，其新生代构造变形以右行韧性剪切变形为主，两期右行变形年龄为中新世 24～22Ma 以及 15～11Ma(季建清等，2000)，中新世晚期性质发生扭转(樊春，王二七，2004)，形成左行变形构造。红河断裂在上新世阶段从左行剪切构造转换为右行剪切构造(Leloup *et al.*, 1993；李齐等，2000)；鲜水河断裂在中新世中期也经历了类似的过程(王宗秀等，1996；张岳桥等，2004)。上述表明该构造带作为青藏高原中部地壳物质的转换挤出，无论是空间还是时间上，构造演化都具有复杂性，挤出构造的空间范围可能随时间而发生迁移。

尽管青藏高原中部区域具有强烈的走滑剪切作用及与此相关的东向挤出构造运动，但构造应变并不主要集中在上述个别大型断裂构造，在块体内部同样具有显著的构造变形，可可西里地区系列走滑拉分盆地的识别表明区域左行剪切作用具有弥散式分布特征(Wang *et al.*, 2009)，而最新的 GPS 观测数据也表明青藏高原中部物质的运动具有很强的连续变形特征(Zhang *et al.*, 2004)。除强烈的剪切变形外，该构造区仍然具有十分强烈的挤压缩短构造。羌塘地区地层中生界地层的平衡剖面统计分析表明，陆陆碰撞以来新近纪地层的褶皱收缩量的最大值为 31.6%，根据该地区陆陆碰撞以来吸收了 429～500km 的南北向缩短，总收缩量的百分比为 58.8%～62.5%(孟艳宁等，2008)。

### 4.2.3 冈底斯-喜马拉雅汇聚变形域

冈底斯-喜马拉雅构造区以近南北向的强烈的挤压构造为特征，同时伴有近东西向和南北向的伸展。喜马拉雅造山带形成向南逆冲的系列楔状构造体，几乎贯穿整个造山带，各构造单元分别由大型逆冲断裂系统分割。最北侧的边界断裂为著名的藏南拆离系，主体在中新世中期阶段强烈伸展拆离。在特提斯喜马拉雅地区以及冈底斯地区，发育一系列近南北向的裂谷系统，与裂谷系统形成的相关的东西向伸展作用主要是在中新世晚期以来开始发育。在东西构造结地区，构造变形以强烈的挤压逆冲构造为特征。

1. 帕米尔构造区

帕米尔构造区的变形受控于西构造结南迦帕尔巴特块体向北楔入挤压作用，在帕米尔地区形成强烈构造挤压中心，东西两侧分别形成喀喇昆仑右行走滑、Chaman 左行走滑转换断层，在近南北向的强烈挤压作用下，帕米尔构造区向北逆冲，在南侧则形成北倾的冲断系(Pshart 断裂)，北侧以塔里木块体及天山西南地区形成系列南倾反冲构造系统。帕米尔构造近东西向主要逆冲断裂系统包括南倾主帕米尔断裂(MPT)、Pshart 断裂、南帕米尔断裂等。以 Pshart 断裂、Tanymas 断裂(阿尼玛卿-慕士塔格晚古生代缝合带)为界，将帕米尔构造区进一步划分为北帕米尔、南帕米尔两个构造带。

主帕米尔断裂是整个帕米尔构造区的北界，该断裂也是一条超壳断裂，断裂形成时代为"～50Ma(Cao *et al.*, 2013a)"。相对于东西两侧塔里木盆地、Tadjik 盆地，帕米尔构造区沿主帕米尔断裂向北差异楔入的幅度超过 300km，区内以近南北向的逆冲挤压作用为主，发育系列逆冲断层，内部吸收缩短量达到 340km(Waldhoer *et al.*, 2001)，强烈挤压作用形成了该区巨厚地壳。东西向伸展构造在该区受到较多关注，特别是规模较大的近南北向公格尔山伸展断层。现有的研究表明伸展作用发育的时代主要是 5～8Ma（"Robinson *et al.*，2004，2007；Cao *et al.*，2013a，2013b；Thiede *et al.*，2013"），与高原中部和南部近南北向地堑系近于同时，可能与隆升达到一定高程后重力坍塌有关，而第四纪以来的加速活动很可能对应于冰川强烈侵蚀对正断层的正反馈机制（Cao *et al.*，2013a）。

喀喇昆仑构成帕米尔构造区东侧边界，该断裂右行走滑作用在东侧被帕米尔构造区内的构造变形所吸收，因此喀喇昆仑断裂新生代活动及走滑幅度对理解该区及青藏高原构造演化和变形机制具有重要作用。多数研究表明该断裂形成于渐新世晚期—中新世早期（Valli *et al.*，2007），该断裂错断班公湖-怒江缝合带以及印度河-雅鲁藏布江缝合带 120～400km，断裂北段东西断盘地质构造的对比表明错断幅度可达 200km（Kapp *et al.*，2000），断裂中段约 17Ma 以来右行走滑幅度为 120～150km（Searle，M P，1996），而断裂南段的走滑幅度存在较大分歧[23Ma 以来为 250km（Lacassin *et al.*，2004）；13Ma 以来为 66 ± 5.5km（Murphy *et al.*，2000）]。尽管不同研究存在差异，这可能与喀喇昆仑断裂本身的空间拓展过程有关，但喀喇昆仑断裂中新世以来强烈右行活动是不争的事实。

公格尔山地区片麻岩年代学研究（Robinson *et al.*，2004）表明该区 9Ma 前后经历了角闪岩相变质作用，7～8Ma 以来开始快速冷却并发生构造隆升。喀喇昆仑断裂带云母 $^{40}Ar/^{39}Ar$ 年代学研究（Valli *et al.*，2007）表明 14～4Ma 阶段经历了快速冷却。北帕米尔构造单元发育近东西向的穹窿构造，核部出露前寒武高变质岩、片麻岩，其冷却年龄为中新世（Schwab *et al.*，2004）。上述信息比较一致地表明帕米尔构造区的强烈隆升剥露作用主要始于中新世中期以来。

### 2. 喀喇昆仑-科希斯坦构造区

喀喇昆仑-科希斯坦构造区位于喜马拉雅碰撞带的西构造结地区，北以南帕米尔断裂为界，南以主地幔逆冲断裂（MMT，对应于印度河缝合带）为界，新生代构造变形以强烈挤压逆冲为主。主喀喇昆仑逆冲断裂（MKT）将其进一步分为南北两个构造带：兴都库什-喀喇昆仑构造带与科希斯坦-拉达克构造带。科希斯坦-拉达克构造带是在晚白垩阶段（76～102Ma）增生至欧亚板块（郑来林等，2001），新生代以来该构造带变形受控于西构造结地壳向北的俯冲及折返作用，研究表明 50～30Ma 阶段西构造结向北侧科希斯坦-拉达克（欧亚大陆）之下俯冲（Chamberlain *et al.*，1986），25Ma 以来开始隆升剥露，10Ma 以来开始快速剥露和隆升作用，使超高压变质岩系、角闪岩相等深变质岩剥露至地表（郑来林等，2001，2004）。

### 3. 冈底斯-腾冲构造区

冈底斯-腾冲构造区位于北侧班公湖-怒江断裂带与南侧印度河-雅鲁藏布江断裂带之间，念青唐古拉-嘉黎断裂将该构造区分为冈底斯构造带和拉萨-腾冲构造带。冈底斯构造带受南北向构造挤压，古新世—始新世阶段冈底斯构造带形成具岛弧性质的岩浆侵入（王立全等，2006）和火山作用（侯增谦等，2006），渐新世晚期形成向南逆冲的冈底斯逆冲断裂，其韧性变形活动年龄为 27～23Ma（Yin *et al.*，1994）。曲水一带热年代学研究（Harrison *et al.*，1992）表明 21～17Ma 阶段冈底斯存在快速的冷却剥露作用，同期冈底斯山麓砾岩相形成。中新世晚期以来冈底斯构造带以南北向裂谷作用为特征，形成羊八井等一系列南北向的裂谷构造（徐祖丰等，2006；Harrison *et al.*，1995），其成因可能与南北向的挤压作用或羌塘-巴颜喀拉构造区的向东挤出牵引作用有关。

拉萨-腾冲构造带受东构造结的差异楔入作用影响显著，在南迦巴瓦一带形成向北东凸出的弧形构造，系列构造线均呈弧形弯曲。喜马拉雅东段构造变形研究表明（Li and Yin，2008），念青唐古拉山以东新近纪晚期以来具有左行剪切构造，而腾冲地区剪切变形则具有时空复杂性，诸多走滑断裂存在左行-右行、右行-左行的动力反转。例如，高黎贡走滑断裂、那帮走滑断裂右行变形时间为 24～19Ma、14～11Ma，而中新世晚期 8～5Ma 转变为左行变形（季建清等，2000）。表明腾冲地区的剪切变形具有复杂的时空演化历史。沿区域构造线，局部发育不同时期的走滑断陷构造，此外中新世晚期以来腾冲地区发生多期火山作用。

#### 4. 喜马拉雅构造区

喜马拉雅构造区位于印度河-雅鲁藏布江断裂带以南，主前锋逆冲断裂（MFT）以北，整个构造区为以东西构造结强烈楔入呈两端凸起的弧形构造。喜马拉雅构造区的一级构造特征是发育贯穿整个造山带的一系列北倾大型断裂系，由北向南包括：印度河-雅鲁藏布江逆冲带、藏南拆离系（STDS）、主中央逆冲带（MCT）、主边界逆冲带（MBT）以及主前锋逆冲带（MFT），上述构造将喜马拉雅构造区进一步分为北喜马拉雅、高喜马拉雅、低喜马拉雅以及小喜马拉雅 4 个次级构造带。INDEPTH 工作（赵文津等，2004）对上述断裂的深部结构进行了研究，证实上述断裂呈铲状向深部与主喜马拉雅逆冲带（MHT）汇聚，该逆冲带在喜马拉雅山脊以下 26km 低角度下延至雅鲁藏布江缝合带以下 42km 处，该逆冲构造带也是作为印度地块向青藏地壳之下俯冲的重要证据之一。

北喜马拉雅构造带位于 STDS 以北，主要建造是浅变质-未变质的显生宙沉积盖层，新生代受南北向挤压作用形成一系列近东西向的褶皱及逆冲断裂，中新世早期 STDS 性质发生逆转（Hodges *et al.*，1996），由早期的逆冲构造转变为大规模的伸展拆离，随后在北喜马拉雅构造区形成一系列穹窿构造，例如康马穹窿等，热年代学（Lee *et al.*，2000）研究表明穹窿构造形成年代在中新世中期，中新世晚期以前，STDS 逐渐趋于稳定。中新世晚期以来北喜马拉雅局部发生南北向裂谷构造，例如亚东羊八井裂谷。

高喜马拉雅构造带位于 STDS 以南，MCT 以北，建造以高级变质的结晶岩系为主要特色。MCT 开始形成于中新世早期阶段，高喜马拉雅向印度板块仰冲，其南侧发育厚度达数千米的逆冲韧性剪切带。与 STDS 不同，MCT 为单一性质的逆冲构造，在高喜马拉雅单元底部逆冲构造的变形年龄由北向南从中新世早期一直延伸到上新世，形成大规模的逆冲岩席，同时发育一系列飞来峰、穹窿构造以及构造窗。高喜马拉雅地区的淡色花岗岩的广泛侵入年龄从早中新世开始延伸至中中新世（Searle *et al.*，1997；Zeitler and Chamberlain，1991；Murphy，Harrison，1999；张宏飞等，2004），局部可延至上新世阶段。高喜马拉雅淡色花岗岩的侵入可能与中新世早中期岩石构造剥露导致的减压熔融作用有关（张宏飞等，2005）。

低喜马拉雅构造带位于 MCT 以南，MBT 以北，其建造以元古代—寒武纪变质岩系为特征，高级变质岩系直接沿 MBT 向南逆冲推覆至西瓦利克盆地之上。据地层磁性年代学，MBT 向西瓦利克盆地逆冲的时代约为 11Ma（Meigs *et al.*，1995），依据西瓦利克沉积物源粒度变化获得的 MBT 的活动年龄小于 5Ma（Decelles *et al.*，1998）。

小喜马拉雅构造带位于 MBT 以南，MFT 以北，由西瓦利克前陆盆地物质构成。MFT 的形成年代为 2.1～1.6Ma，现今仍然活动，代表了喜马拉雅构造带巨型逆掩构造的最前缘带，GPS 数据获得的 MFT 的逆冲速率为 15～18mm/a（Jouanne *et al.*，1999；Larson *et al.*，1999）。小喜马拉雅同时发育有一系列褶皱构造。

#### 5. 印缅构造区

印缅构造区位于印度地块东北，位于雅鲁藏布江构造带与实皆断裂之间。新生代受东构造结的强烈楔入挤压，发生顺时针旋转，形成系列近南北向的压性走滑断裂，同时形成隆起凹陷相间排列的构造地貌格局。该构造区的构造变形总体是受东构造结的强烈楔入，从而发生顺时针旋转和向东南挤出作用。该区东侧实皆断裂新生代以来以右行走滑作用为主。

## 4.3 青藏高原新生代大型断裂构造特征简介

青藏高原新生代主要大型断裂构造分布见图 4－1，本节简述各主要断裂构造特征。

### 1. 铁克里克断裂(TKF)

铁克里克断裂(TKF)向西经桑株抵达阿卡孜达坂北坡,主体位于皮山县杜瓦煤矿,向东延至洛浦县阿其克,为新生代地层所掩盖,再向东可能在于田县附近与隐伏的车尔臣河断裂相接,全长约400km,走向近 EW,倾向 S,倾角较陡,是具有逆冲性质的剪切带(丁道桂等,1996),构成了塔里木西南部新生代山前盆地的南界,形成于中新世早期(Cowgill, 2001)。

### 2. 库地北断裂(KDF)

库地北断裂(KDF)西起柯岗附近,向南东延伸经库地北转向南东东,过喀拉卡什河后呈近东西向,延至于田、民丰以南与阿尔金断裂斜接,全长约 700km,走向 NW - SE,呈向南凸出的弧形,宽数十至数百米,倾向 SSW,倾角 40°~70°,是具有缝合带性质的逆冲断裂,代表了早古生代塔里木盆地的南部边界,是控制塔里木盆地和西昆仑山区域构造格架的重要构造带。

该断裂的柯岗、库地和普鲁一带分布有新元古代—早古生代的蛇绿岩(汪玉珍,1983;刘训等,2006)。断裂北侧为中、新元古界地层,为稳定型大陆板内及大陆边缘沉积建造;南侧为受强动力变质作用形成的陆缘活动带及早古生代岩浆带。

### 3. 康西瓦断裂(KXF)

康西瓦断裂(KXF)也称喀拉卡什断裂,西起哈萨克斯坦乌孜别里山口附近,经塔什库尔干以北的班迪,向南东延伸至麻扎,后向东经康西瓦、慕士山至琼木孜塔格西南与阿尔金断裂斜接,在我国境内延伸约有 1 000km,宽 3~5km,走向 WNW - ESE,呈向南凸出的弧形,倾向 NE,倾角较陡,具有左旋走滑兼强烈逆冲性质,是泛华夏大陆晚古生代羌塘-三江构造区与早古生代秦祁昆构造区的重要分界(潘桂棠,2002)。

该断裂北侧主要为一套代表陆块基底的蓟县系变质杂岩系,岩浆侵入活动主要发生在晚古生代;南侧以奥陶—志留系及中生界为主,除了基底外,其余地层基本上未变质(刘训等,2006)。

该断裂在早古生代康西瓦缝合带的基础上经历了早古生代(445~428Ma)的右旋走滑和二叠纪与三叠纪之交(250Ma)、三叠纪末(215~203Ma)(张玉泉和谢应雯,1989;杨坤光等,2003)、早白垩纪(125~101Ma)的强烈左旋走滑(许志琴等,2007),三叠纪以来的累计位移为 80km(Gaudemer *et al.*,1989)。沿该断裂地震活动十分频繁,1896—1979 年该断裂上发生 Ms>4.7 级地震 119 次;沿断裂发育的最晚一期熔岩的斜长石热发光年龄值为 0.067Ma(邓万明等,1989),说明其现今仍在强烈活动。地貌学、宇宙核素测年、GPS 和 InSAR 技术得出的该断裂第四纪晚期以来的左旋走滑速率为 2~18mm/a(Shen *et al.*,2001;Wright *et al.*,2004;付碧宏等,2006;李海兵等,2008a)。

### 4. 库地南-盖孜西断裂(KGF)

库地南-盖孜西断裂(KGF)起始于库地南,向东南延伸至赛力亚克达坂以东,然后向西北止于盖孜西的中巴公路一带,全长约 400km,宽几千米到几十千米,走向 NNW - SSE,倾向 SW,具有右旋走滑兼逆冲性质。该断裂形成于晚侏罗世—早白垩世(146~113Ma),经历了晚白垩世(71Ma)和始新世(37Ma)两次活动高峰期(Brunel *et al.*,1992;丁道桂等,1996)。

### 5. 塔什库尔干断裂(TGF)

塔什库尔干断裂(TGF)北起帕米尔北缘,南到红其拉甫,走向 NNW - SSE,全长约 400km,宽 4~20km,倾向 SW,倾角 35°~45°,具有伸展正断裂性质,是分隔西昆仑和帕米尔的活动断裂带。

Robinson 等.(2004)通过对公格尔山地区变质岩的研究表明塔什库尔干断裂在 7~8Ma 发生伸展活动,最小伸展量可达 34km;Brunel 等.(1994)认为塔什库尔干断裂在 5~1Ma 发生正断性质的韧性剪切，并对公格尔山地区的地貌格局起到控制作用。该断裂第四纪以来的强烈活动控制了木吉、塔什库尔干和塔哈曼等断陷盆地的发育，据地震资料，1889 年以来该断裂附近发生 Ms≥5 级的地震 20 多次，最大可达 7 级，并且沿塔什库尔干河谷断层泉(温泉)非常发育，说明该断裂近现代以来仍具有很强的活动性(姜春发等，1992)。

6. 车尔臣河断裂(CEF)

车尔臣河断裂(CEF)西起克里雅河一带，往北东延伸至塔里木盆地东北侧的罗布泊地区，全长约 880km，走向 NEE-SWW，倾向 SE，倾角较低，具有左旋走滑兼逆冲性质，为隐伏断裂，是塔里木盆地东南地区西北部的边界断裂。

该断裂上盘为前寒武系，下盘为前塞武系和下古生界地层，是早古生代末以来形成的具有长期活动性的深大断裂。结合地层和地震方面的资料可以推断车尔臣河断裂在上新世—全新世发生由南东向北西的冲断活动(王步清等，2007)。

7. 苏巴什-黄羊滩断裂(SHF)

苏巴什-黄羊滩断裂(SHF)西起慕士山以南，转向北东，经过克里雅河，全长约 260km，走向 NEE-SWW，倾向 S，倾角 70°，具有左旋走滑兼逆冲的性质，是昆仑山正花状构造的主断裂，控制了昆仑山北脊南侧宽阔的线状负地形的形成。

8. 昆仑山山前断裂(FKF)

昆仑山山前断裂(FKF)西起于田县北，向东经阿羌县，在叶亦克附近转向北东，经奥依亚伊拉克后断裂东段被第四纪松散堆积物覆盖，全长约 360km，走向 NEE-SWW，呈很缓的 S 形，倾向 SW，倾角 60°～70°，具有左旋走滑兼逆冲性质，是昆仑山山体与塔里木新生代盆地的分界断裂，形成于全新世早期以来。

9. 罗布庄-星星峡断裂(LXF)

罗布庄-星星峡断裂(LXF)西起星星峡，东至罗布庄，全长约 500km，走向 NE-SW，为隐伏断裂，起始活动时间可能在上新世(崔军文等，1999)。

10. 阿尔金断裂(ATF)

阿尔金断裂(ATF)西起藏北的郭扎错，经库牙克、阿羌、吐拉、索尔库里、阿克塞至甘肃玉门的宽滩山，全长约 1 600km，宽 20～49km，走向 NEE-SWW，具有左旋走滑性质，遥感图像上具有非常清晰的线性特征，其西段插入昆仑山，将其分成东西两部分，中段分隔塔里木盆地和柴达木盆地，东段截断祁连山，是青藏高原西北部的边界断裂之一。

该断裂两侧岩性差异很大，北侧主要为元古代结晶变质岩，南侧则以古生代及新生代的沉积岩为主。沿断裂发育大量侵入岩和相互穿插的岩脉，以及变质强烈的基性、超基性岩、花岗岩脉等。阿尔金断裂西段与西昆仑交界部位在 1.6～1.0Ma 发生过强烈的火山作用，形成大范围的火山沉积(Liu *et al.*，1989)，最近一次火山喷发在 1951 年。阿尔金东段与祁连北缘断裂交汇处的红柳峡等地在上新世-第四纪也发生过火山作用。另外，断裂控制了一系列第四纪拉分盆地的发育并错动了晚更新世—全新世的洪积扇和现代水系。据史料记载，自 1785 年来，沿断裂两侧曾发生 Ms>7 级以上 4 次，Ms 6～7 级 8 次，Ms 5～6 级地震 11 次。上述证据充分反映了断裂具有多期活动性，新生代活动非常强烈，并且一直延续至今。

关于阿尔金断裂带的形成时间的认识一直存在不同看法，一部分人认为阿尔金断裂是新生代以来形成(Tapponnier *et al.*，2001)，也有人认为从三叠纪开始活动(Wang *et al.*，2005；李海兵等，2006)，或者认为形成于侏罗纪（Arnaud *et al.*，1999；刘永江等，2007）和晚白垩世（Liu *et al.*，2001；Arnaud *et al.*，2003）。综合前人研究成果，阿尔金断裂形成于三叠纪，经过了侏罗纪和白垩纪的强烈左旋走滑，新生代以来再次经历古新世—始新世、渐新世—中新世、上新世—更新世和全新世以来的多期活动，控制了高原北部新生代的基本构造和地貌格局（李海兵等，2006a）。

基于不同的研究思路、研究部位和不同的标识体所得出的阿尔金断裂的走滑幅度历来也争议颇多，一部分人认为晚新生代以来断裂的位移量仅 80～100km（陈正乐等，2001；张岳桥等，2001），也有人认为其累积位移量 350～500km（Molnar and Tapponnier，1975；潘桂棠等，1984；车自成，孙勇，1996；葛肖虹等，1999；Yue and Liu，1999；许志琴等，1999；Zhang *et al.*，2001；Yin *et al.*，2002；Ding *et al.*，2004），还有人认为最大位移量可达 900～1 000km（李海兵等，2007b）。综合上述研究，阿尔金断裂侏罗纪以来的累积位移量为 350～500km，新近纪以来的位移量为 80～100km。

该断裂新生代以来具有强烈左旋走滑活动。49Ma 以来的左旋走滑速率约为 9mm/a（国家地震局《阿尔金活动断裂带》课题组，1992；Yin *et al.*，2002）；全新世以来的左旋走滑速率为 8～33mm/a（国家地震局《阿尔金活动断裂带》课题组，1992；Avouac *et al.*，1993；Meyer *et al.*，1996；Ryerson *et al.*，1999；徐锡伟等，2003b；Ding *et al.*，2004；王峰等，2004a，2004b；Mériaux *et al.*，2004，2005），GPS 得出的现代的左旋走滑速率为 9～10mm/a（Bendick *et al.*，2000；Shen *et al.*，2001；Wang *et al.*，2001；Zhang *et al.*，2004）。

### 11. 喀喇昆仑断裂（KKF）

喀喇昆仑断裂（KKF）西起红其拉甫，经班公山、扎西岗、门士至冈仁波齐峰一带，全长约 1 200km，走向 NW－SE，倾向 SW，倾角 60°，具有右旋走滑性质，遥感图像上具有非常清晰的线性特征，是青藏高原西南缘的一条大型活动断裂带。

沿断裂主要出露一套陡倾、强烈片理化的片岩、片麻岩，并有大量混合岩和受剪切变形的淡色花岗岩。该断裂的初始活动时间在 27Ma 以前（李海兵等，2007a），并且活动时间可以持续到 12Ma 左右（Matte *et al.*，1996；Murphy *et al.*，2000，2002；Lacassin *et al.*，2004；Phillips *et al.*，2004，2007；Valli *et al.*，2007），之后阿依拉日居山快速隆升，噶尔盆地形成（李海兵等，2006b），8.75～6.88Ma 之间再次发生强烈走滑变形（Zhou *et al.*，2001），断裂的活动一直可以延续到晚更新世。中新世以来，该断裂的右旋走滑位移可达 200～300km（Burtman and Molnar，1993；Sobel and Dumitru，1997；李海兵等，2006b；Valli *et al.*，2007）。其右旋走滑速率具有减慢的趋势，其中 34～23Ma 为 10～17.5mm/a（Lacassin *et al.*，2004；Valli *et al.*，2007），140～20ka 以来为 10.7mm/a（Chevalier *et al.*，2005），14～11ka 以来仅为 4mm/a（Brown *et al.*，2004）。

### 12. Kilik 断裂（KLF）

Kilik 断裂（KLF）位于阿富汗境内，全长约 450km，呈向北凸出的弧形，倾向 S，具有逆冲性质（Gaetani，1997）。

### 13. 主喀喇昆仑逆冲断裂（MKT）

主喀喇昆仑逆冲断裂（MKT）位于阿富汗境内，呈向北凸出的弧形，全长约 610km，倾向 S，具有逆冲性质，形成于新生代以来（Mirza，1996）。

### 14. 红柳沟-拉配泉断裂（HLF）

红柳沟-拉配泉断裂（HLF）西起新疆的红柳沟，延伸至青海的安南坝，东端与阿尔金断裂斜接，往西被塔里木盆地的第四系沉积物覆盖，全长约 300km，走向 EW，倾向 S，倾角为 15°～30°，具有左旋走滑兼正断裂性质。

该断裂上盘为下、中侏罗统沉积岩，下盘为片理化闪长质片麻岩。据郭召杰等(1998)的研究，从新疆的红柳沟-拉配泉到甘肃的阿克塞、肃北一线，发育青白口纪的蛇绿混杂岩带。在早期蛇绿岩的基础上，该断裂在晚三叠世至早侏罗世和早白垩世末期发生了两期正断活动，并以晚三叠世为主(陈宣华等，2002)，新生代以来则主要表现为左旋走滑活动，基岩中发育大小不等的眼球状构造(伍跃中等，2007)。

### 15. 巴什考供断裂(BKF)

巴什考供断裂(BKF)西起巴什考供，向东延伸至拉配泉一带与阿尔金断裂斜接，全长约200km，宽约50m，走向近EW，倾向N，具有逆冲性质。该断裂内的主要岩石类型有花岗岩、糜棱岩化花岗岩和花岗质糜棱岩，不对称旋转构造指示韧性剪切带上盘具有自北东向南西斜向逆冲的运动性质。

### 16. 龙首山断裂(LSSF)

龙首山断裂(LSSF)西起甘肃高台，向南东经张掖北部，延伸至金昌市以西，全长约300km，走向NW－SE，倾向S，发育一组向南倾斜的铲式断裂，是甘肃西部一条非常重要的逆冲推覆构造带(石应骏等，1995)。

该断裂北缘附近可见前长城系岩群逆掩于侏罗系、第三系和中下更新统砂砾岩层之上。据研究，沿断裂东段存在多处古地震遗迹(廖元模等，1992)，1954年在断裂西部的山丹县发生过Ms 7.25级地震。上述证据表明该断裂在新生代以来具有较强烈活动性，并且延续至今。

### 17. 皇城-双塔断裂(HSF)

皇城-双塔断裂(HSF)西起皇城，东至双塔，全长约140km，走向NWW－SEE，倾向SW，倾角43°～70°，具有逆冲性质。该断裂自早古生代形成以来，经历了多次强烈构造活动，挤压破碎带宽数十米。该断裂晚更新世以来活动非常强烈，是1927年古浪Ms 8级地震的发震断裂，沿断裂的大部分地段形成破坏强烈的地表破裂带(侯康明，1998)。

### 18. 海原断裂(HYF)

海原断裂(HYF)西接祁连山，东至六盘山，全长约450km，走行NWW－SEE，倾角陡倾，具有左旋走滑兼逆冲性质，是青藏高原东北缘的大型超壳活动断裂带(张希等，2004；汤吉等，2005)。

该断裂形成于早古生代，经过古生代中晚期的继承和演化，新生代以来仍然具有很强的活动性，控制了沿断裂的河流、第四纪盆地和山体等地貌单元的分布。据史料记载，从公元180年高台7.5级地震以来，河西地区发生的Ms≥5级地震30多次，近50年发生了古浪、昌马、山丹三个7级以上的强震和1920年Ms 8.5级的海原地震。

该断裂由冷龙岭断裂(西段)、毛毛山-老虎山断裂(中段)和东段(海原Ms8.5级地震的发震断裂)组成。据已有研究，西段的冷龙岭断裂晚更新世以来的左旋滑动速率为10～19mm/a(Gaudemer *et al.*，1995；Lasserre *et al.*，1999，2002；Liu *et al.*，2007)；毛毛山-老虎山断裂晚更新世晚期以来的左旋滑动速率为1.6～6mm/a(袁道阳等，1998)，全新世以来的左旋滑动速率仅为3.4～5.5mm/a(何文贵等，1994)；而东段在全新世以来的左旋滑动速率为8mm/a(Deng *et al.*，1986；Zhang *et al.*，1988)。该断裂新生代以来整体的左旋走滑位移量为60km(田勤俭等，2001)，第四纪以来的左旋走滑速率为6～7.5mm/a(Burchfiel *et al.*，1991；田勤俭等，2001)，全新世以来的左旋走滑速率为4.85～6.25mm/a(国家地震局地质研究所，1990)。

### 19. 北祁连北缘断裂(NQNF)

北祁连北缘断裂(NQNF)往西与阿尔金断裂斜接，从玉门镇西南经祁连山北缘，向南东延伸越过冷龙岭，转为近东西向后至景泰没入兰州盆地之下，全长约 1 000km，总体走向 NWW－SEE，倾向 SW，地表倾角较陡，具有左旋走滑兼逆冲性质，是分隔北祁连山造山带与河西走廊盆地的大型活动断裂带（崔军文等，1999）。

该断裂的上覆系统发育厚 4 000m、长 350～400km 的早古生代蛇绿岩。沿断裂带发育早白垩世和侏罗世冲断盆地，并且断裂下盘第三纪地层中发育中石炭世飞来峰，可以推测该断裂的活动时代为晚三叠纪至第四纪，以由南向北的逆冲作用为主，白垩纪具有明显的左旋走滑活动（崔军文等，1999），现今的左旋走滑速率为 0.19mm/a（范燕，车兆宏，2003）。

### 20. 中祁连北缘断裂（NQCF）

中祁连北缘断裂（NQCF）往西与阿尔金断裂斜接，向东经过野马山，沿大雪山、拖来南山、大通山北麓延伸，越过达坂山后隐伏于兰州盆地之下，与北祁连北缘断裂大致平行，全长约 620km，走向 NW－SE，倾向 SW，倾角 50°～70°，具有逆冲性质，是分隔北祁连和中祁连的深大断裂带（崔作舟等，1995）。

沿断裂带发育寒武—奥陶纪蛇绿岩套，为早古生代洋盆的缝合带。晚古生代—早中生代，断裂带两侧以差异升降为主，北侧为华北型上古生界—三叠系沉积盖层，南侧为华南型浅海-海陆交互相为主的沉积。根据野外观察，白垩系红色地层在托莱山高坡及托莱河谷地均有出露，表明第四纪以来强烈的挤压褶皱、逆冲推覆和差异升降作用形成了现今的地貌形态（汤良杰等，2002）。

### 21. 中祁连南缘断裂（SQCF）

中祁连南缘断裂（SQCF）往西与阿尔金断裂斜接，向东越过疏勒南山，延伸至大通山南麓后隐伏于西宁盆地，与中祁连北缘断裂大致平行，全长约 770km，走向 NW－SE，倾向 NE，倾角 50°～70°，具有右旋走滑性质，为中祁连地块内的一条重要的深大断裂。

该断裂北侧广泛出露前寒武纪变质基底和以碎屑岩为主的下古生界地层，南侧前寒武系零星分布大量下古生界火山岩及志留纪复理石沉积组合。

该断裂主活动期在早古生代（陈炳蔚等，1996），后期也具有多期活动：晚古生代—早中生代，该断裂控制了哈拉湖—青海湖一带石炭纪、二叠纪和三叠纪的复理石沉积；据野外观察，前寒武纪基底和古生界地层强烈逆冲推覆在中—新生代地层之上；根据尕海北侧与中祁连南缘断裂带平行的小断层具右旋走滑性质的研究表明，断裂在中新世以来的活动具有右旋走滑性质，并且晚中生代以来的活动对疏勒河谷、哈拉湖和青海湖的形成有一定控制作用（边千韬等，2000）。

### 22. 日月山-拉脊山断裂（RLF）

日月山-拉脊山断裂（RLF）主要由日月山断裂和拉脊山断裂组成，全长约 400km，总体呈斜卧的 S 形。

日月山断裂往北与中祁连南缘断裂斜接，向南经大通河南部、热水煤矿后延伸至大通山、日月山垭口，向南与拉脊山断裂斜接，全长约 180km，走向 NW－SE，倾向 NE，倾角大于 80°，具有右旋走滑兼逆冲性质，是青藏高原东北缘柴达木和祁连活动地块内部的一条重要的活动断裂带。该断裂控制了青海湖盆地、海晏盆地等多个新生代盆地以及日月山、大通山的形成与演化，并且在全新世以来有古地震的记录（袁道阳等，2003a）。该断裂在全新世以来的右旋走滑速率为 3.16mm/a，垂直逆冲速率为 0.83mm/a（袁道阳等，2003b）。

拉脊山断裂西起日月山垭口，向东经青阳山，止于临夏大河家以南的积石山前，全长约 230km，具有左旋走滑兼逆冲性质，由拉脊山北缘断裂和拉脊山南缘断裂两条向北西凸出的弧形挤压逆冲断裂带构成，是分隔拉脊山和北侧的西宁、民和盆地，南侧的循化、化隆盆地以及东侧的临夏盆地等多个晚新生代断陷盆地的边界断裂。该断裂形成于早古生代，后期经历多期强烈活动，最新活动时代为晚更新世晚期（仅局部为全新世早期），并且断裂的活动导致了 20 余次 Ms 5 级地震的发生（袁道阳等，2005），拉脊山南缘断裂在晚更新世以来的左旋走滑速率为4mm/a(涂德龙等,1998)。

### 23. 西秦岭北缘断裂(NQWF)

西秦岭北缘断裂(NQWF)往西经青海南山与宗务隆断裂相接,往东南经贵德、尖扎,过临夏、漳县、天水,沿西秦岭北缘延至陕西宝鸡以东,全长约600km,走向NWW-SEE,倾向NË,具有左旋走滑兼逆冲性质(董治平等,1996;张希等,2004),遥感影像上有明显的线性显示,是分隔西秦岭造山带与临夏、陇西、循化和化隆等新生代盆地的壳内断裂带(汤吉等,2005)。

该断裂形成于早古生代,晚古生代和晚中生代均有过强烈活动;中新世以来的活动控制了青海湖湖盆的形成(边千韬等,2000);晚更新世晚期和全新世以来活动强烈(张培震等,2003),形成多种构造地貌(董治平等,1996;康来迅,1990a,1990b)。该断裂是甘肃省的一条主要强震发生带,据史料记载,断裂带上共发生Ms>5级地震11次,Ms>6.5级地震4次。

该断裂晚更新世以来的左旋走滑速率为2.1~2.8mm/a(滕瑞增等,1994;李传友等,2007),垂直位错速率为0.44~0.72mm/a(滕瑞增等,1994);晚第四纪以来的左旋走滑速率为1.1~2.3mm/a,垂直位错速率为0.16~0.37mm/a(韩竹军等,2001;李传友等,2007);GPS测得断裂现今的左旋走滑速率为0.6mm/a(张希等,2004)。

### 24. 宗务隆断裂(JUF)

宗务隆断裂(JUF)也称南祁连山山前断裂,往东与赛什腾山-锡铁山断裂斜接,向西越过宗务隆山南麓与西秦岭北缘断裂斜接,全长约300km,走向EW,倾向S,倾角60°,具有左旋走滑兼逆冲性质(崔军文等,1999),是南祁连山和柴达木盆地的分界。

该断裂控制了晚古生代宗务隆山裂陷谷地的发育。宗务隆山石炭、二叠系和三叠系以海相为主的地层往南逆冲推覆在盆地中、新生界地层之上(汤良杰等,2002),反映了该断裂新生代以来具有较强的活动性。

### 25. 赛什腾山-锡铁山断裂(SXF)

赛什腾山-锡铁山断裂(SXF)西起赛什腾山,经绿梁山、锡铁山、埃姆尼克山,往东延至茶卡南山,西与阿尔金山断裂相接,东被鄂拉山断裂带所截,全长约600km,走向NWW-SEE,倾向N,倾角较陡,具有左旋走滑兼逆冲性质(崔军文等,1999),是欧龙布鲁克大陆碎块与柴达木大陆碎块的分界(陈炳蔚等,1996;吴功建,1998)。

该断裂是在早古生代缝合带的基础上形成的,具有长期活动性(汤良杰等,2002),其左旋走滑兼逆冲性质定型于上新世末期,并且在上新世之后具有明显的活动性,走滑位移量自西向东有增大的趋势(王根厚等,2001)。

### 26. 柴中断裂(QCF)

柴中断裂(QCF)也称东昆北断裂,为柴达木盆地中的一条大型隐伏断裂(崔军文等,1999),推测断裂大致沿尕斯库勒湖南侧、油泉子、甘森、乌图美仁,在格尔木由NWW向转为近EW向,沿布尔汗布达山北麓分布至香日德,全长约750km,倾向NE,具有逆冲性质,是柴达木南缘盆山的分界。

该断裂具有多期活动性,明显的活动始于渐新世(崔军文等,1999),控制了柴达木盆地新生代的发育,并且导致沿油泉子、老芒崖、甘森一线古新世—始新世的断层湖形成(杨治林,1986)。

### 27. 祁漫塔格断裂(QMF)

祁漫塔格断裂(QMF)往西越过吐拉盆地隐伏于第四系地层之下,向东沿祁漫塔格山北麓分布,在东经90°由北东东向转为北西向,在西大滩与东昆南断裂斜接,总体呈向北突出的弧形,全长约800km,

走向 NWW - SEE，倾向 SW，倾角 45°～70°，具有逆冲性质。

该断裂为中、晚奥陶世和晚志留世沉积地层的北界，沿断裂分布有透镜状早古生代蛇绿岩，上覆地层普遍出露晚古生代钙碱性花岗岩、早古生代花岗岩和中生代花岗岩。沿断裂由中、上奥陶统，石炭系和上三叠统及花岗岩体组成的逆冲岩席向北逆冲推覆在柴达木盆地新生代沉积之上，结合阿牙克库木湖盆地发育的巨厚的中、上新统沉积层以及第三纪地层所遭受不同程度的褶皱，可以推测该断裂在中、上新世进入活动期，并且上新世至第四纪时期具有强烈的活动性（崔军文等，1999）。

### 28. 木孜塔格-东昆南断裂（MKF）

木孜塔格-东昆南断裂（MKF）西起青海省布喀达坂峰以西，向西交汇于阿尔金断裂，向东经库赛湖、西大滩、东大滩、阿拉克湖、托索湖、玛积雪山、玛沁，止于四川省境内的玛曲一带，全长 2 000 余千米，走向 NWW - SEE，是青藏高原北部沿东昆仑古构造缝合带形成的一条巨型活动断裂带。倾向 N，倾角 40°～60°，具有左旋走滑兼逆冲性质，遥感图像上的线形特征极为明显，是东昆仑地区巴颜喀拉陆块和昆仑结合带的重要分界断裂（姜春发等，1992）。

该断裂下盘出露上三叠统巴颜喀拉山群与中新统唢呐湖组；上盘出露长城系、志留系、泥盆系、石炭系、二叠系、侏罗系地层。沿断裂分布着蛇绿混杂岩。

该断裂形成于二叠纪—晚三叠纪（刘增乾，1990），在侏罗纪和中新世的活动控制了侏罗纪走滑拉分盆地及中新世断陷盆地的分布，上新世后近南北向挤压形成褶皱、逆冲断裂及大规模逆冲推覆构造，沿断裂分布的新生代火山岩是岩浆以断裂面为通道喷溢地表的产物（弓小平等，2004）。

该断裂在新生代以来具有较强的活动性，控制了第四纪断陷盆地、断裂谷、断陷湖的发育。该断裂是青藏高原北部的强烈地震活动带，全新世沿断裂发生过多次强烈的古地震，形成大量地震遗迹（任金卫等，1993）。近百年来也发生了多次强烈地震，其中 Ms>6.5 级地震 5 次。2001 年 11 月 14 日发生的 Ms 8.1 级地震，在山前形成 426km 的地震地表破裂带，最大同震水平位移达 6.4 m（陈杰等，2003），并且沿地表破裂带发育大量地震鼓包及次级凹陷构造。

据崔之久等（1997）和胡道功等（2004）在垭口盆地的研究，该断裂在中更新世以来的左旋走滑位移量约为 30km，左旋走滑速率为 35.7～50mm/a；晚更新世晚期以来的左旋走滑速率明显降低，为 10.15～14mm/a（徐锡伟等，2002；马寅生等，2005）；全新世以来左旋走滑速率为 10～15mm/a（任金卫等，1993；Van Der Woerd *et al.*，1998，2002；Fu *et al.*，2005）；GPS 测得断裂现今的左旋走滑速率为 10～14mm/a（Wang *et al.*，2001；Zhang *et al.*，2004）。

### 29. 东昆中断裂（CKF）

东昆中断裂（CKF）西起博卡雷克塔格，向东经大干沟、清水泉、青根河至鄂拉山，止于昆秦岔口，全长约 1 000km，宽度可达 5～7km，走向 EW，倾向 N，倾角 60°～80°，具有逆冲性质（姜春发等，1992），是东昆仑地区具有板块缝合带性质的超壳深断裂（魏文博等，2006）。

沿断裂分布元古代、新元古代—早古生代和晚古生代三期蛇绿岩（高延林等，1998；解玉月，1998；王国灿等，1999），断裂形成于三叠纪（王国灿等，1999），现今仍具有活动性（黄怀曾等，1993；曹凯等，2007）。

### 30. 迭山-舟曲断裂（DZF）

迭山-舟曲断裂（DZF）在迭部以北约 25km 处，沿迭山分水岭延伸，全长约 500km，走向 EW，沿断裂发育一系列地震破碎带，并且在迭部至两河口一线沿地震破碎带发育一系列大型现代滑坡，反映了断裂现今仍具有强烈活动性。

### 31. 鄂拉山断裂（ELF）

鄂拉山断裂（ELF）北起青海省乌兰县以北的阿汗达来寺，向南沿哇洪山、鄂拉山中央谷地通过，南端到温泉附近与东昆中断裂斜接，北端斜截宗务隆断裂，全长约 207km，走向 NWW - SEE，具有右旋走滑兼压扭性质（张希等，2004），是柴达木盆地的东界和东昆仑与西秦岭的分界。

该断裂的右旋走滑开始于第四纪初期，全新世以来继续活动，导致了一系列山脊、冲沟和阶地的右旋断错及断层崖、断层陡坎的形成。沿断裂中小地震频发，是兴海 Ms 6.6 级地震的发震断裂（陈玉华等，2001；张希等，2004）。据袁道阳等（2004）的研究，断裂在 3.8～1.8Ma 右旋走滑位移量为 9～12km，走滑速率为 4.1mm/a，垂直滑动速率为 0.15mm/a；GPS 测得断裂现今的右旋走滑速率为 2.7mm/a（张希等，2004）。

### 32. 西金乌兰-金沙江断裂（XJF）

西金乌兰-金沙江断裂（XJF）往西与甜水海断裂相连，向东经若拉岗日、西金乌兰湖、治多至玉树，由近东西向转为北西向，在门达以东转向近南北向，沿金沙江展布，全长约 2 700km，倾向 N - NE，倾角 40°～70°，具有逆冲性质，在遥感影像和深部地球物理场表现极为清晰（Jiang *et al.*，1995；许志琴等，2001；吴功建，1998），是冈瓦纳古陆与扬子古陆的分界，也是中、晚三叠世羌塘-昌都板块与扬子板块碰撞的会聚板块边界（李才等，2002）。

该断裂是在三叠纪古特提斯洋闭合的基础上发育起来的，由一系列走向大致平行的断裂组成，在垂直断裂带走向的剖面中，呈相向倾斜的扇形，在下盘断续发育平行断裂带走向的新生代盆地。断裂带西段由多条北倾的叠瓦状逆冲断裂组成，晚古生代—早中生代蛇绿岩、上三叠统复理石逐次向南逆冲在中新世盆地和侏罗系上，反向倾斜的冲断裂见于可可西里地区。断裂自新生代以来具有强烈活动性：新生代早期，断裂活动导致了西金乌兰、楚玛尔河一带一系列大小不一、与断裂展布方向一致的早古近纪断陷盆地的形成；晚中新世，断裂发生了伸展作用，导致垂直结合带方向的水平拉张和反向逆冲（崔军文等，2006）。

### 33. 鲜水河断裂（XSF）

鲜水河断裂（XSF）北起甘孜的东谷附近，向南东经炉霍、道孚、乾宁、康定直至石棉田湾一带，向南与安宁河断裂、小江断裂带相连，全长约 400km，走向 NW，倾向 NE，倾角 70°，具有强烈左旋走滑兼压扭性质（张家涛，姚光亮，1990），是青藏高原东部纵贯松潘-甘孜造山带的超岩石圈断裂带。

该断裂带为强震多发带，史料记载的 Ms≥6.4 级的强震达 15 次之多。该断裂自中新世以来具有多期活动，右旋走滑开始于 16Ma（Wang *et al.*，2001），转为左旋走滑的时间早于 10Ma（王宗秀等，1996；张岳桥等，2004），左旋走滑位移量可达 80～100km（王宗秀等，1996）。晚更新世左旋走滑速率为 13mm/a（李天祒，杜其方，1989；唐荣昌，韩渭宾，1993），全新世以来左旋走滑速率为 9.6～14mm/a（闻学泽等，1989；Allen *et al.*，1991；Zhao *et al.*，1992；徐锡伟等，2003a），GPS 测得断裂现今的左旋走滑速率为 7.9～10mm/a（陈智梁等，1999；Shen *et al.*，2001；李铁明等，2003；唐文清等，2005；陈智梁等，2006）。

### 34. 安宁河-则木河断裂（AZF）

安宁河-则木河断裂（AZF）北起石棉县的田湾，向南经冕宁、西昌、米易宁南、大同至巧家西，北端与鲜水河断裂斜接，南端与小江断裂相连，全长约 300km，走向 NS，倾向 E，具有强烈的左旋走滑兼逆冲性质（王新民等，1997，1998），是控制川滇菱形块体东部边界的岩石圈断裂（刘福辉，1988）。

该断裂形成于元古代，为多期活动断裂带。左旋走滑开始于上新世末—早更新世初，并一直延续至全新世（王振荣等，1992；王新民等，1997，1998）。断裂控制了安宁河断陷盆地等一系列新生代地貌单元的形成（王新民等，1998），在断裂附近发生的 Ms≥6.5 级的地震 3 次（冉勇康等，2008a）。

该断裂晚更新世以来的左旋走滑速率为 3～8.5mm/a（裴锡瑜等，1998；何宏林，池田安隆，2007；冉勇康等，2008b），全新世以来的左旋走滑速率为 4.7～6.5mm/a（任金卫，1994；周荣军等，2001；徐锡伟等，2003a；冉勇康等，2008b)，约 20ka 以来的左旋走滑速率 3.8～4.2mm/a(冉勇康等，2008b)，约 10ka 以来左旋走滑速率为 3.6～4.0mm /a(冉勇康等，2008b)，GPS 测得断裂现今的左旋走滑速率为 7mm/a (Shen *et al.*，2005)。

35. 龙门山断裂(LMF)

龙门山断裂(LMF)南起泸定、天全，向东北经灌县、茂汶、北川、广元北后进入陕西勉县一带，被秦岭南缘断裂带和鲜水河断裂带所夹，全长约 500km，走向 NW－SE，倾向 NW，倾角 50°～70°，具有右旋走滑兼强烈逆冲性质，是青藏高原和四川盆地之间的一个巨大的复合逆冲推覆构造带(李传友等，2004)。

该断裂带主要由汶川-茂汶断裂、映秀-北川断裂、彭县-灌县断裂和龙门山山前隐伏断裂及相应的推覆体组成，其东南侧为四川前陆盆地。断裂具有复杂的活动历史，挤压活动始于晚三叠纪，从侏罗纪开始一直活动至今，现今的活动性从北向南有增强的趋势(陈社发等，1994a，1994b；邓起东等，1994)。由于印度板块与欧亚板块的碰撞，断裂在 40～35Ma 之间由左旋走滑转为右旋走滑(李勇等，2006)。第四纪晚期以来，断裂的右旋走滑速率为 0.5～3mm/a(唐荣昌等，1993；赵小麟等，1994；闻学泽，1995；马保起等，2005；徐锡伟等，2005；李海兵等，2008b)，逆冲速率为 0.14～1mm/a(赵小麟等，1994；马保起等，2005；李勇等，2006)；GPS 测得断裂现今的右旋走滑速率为 1.67～8mm/a(Shen *et al.*，2001；唐文清等，2007；张培震等，2008)。

2008 年 5 月 12 日，四川汶川发生 Ms 8.0 级地震，龙门山断裂带的映秀-北川断裂为主发震断裂，形成的地表破裂带长达 240km，宽 15km，最大垂直错距和水平错距分别达到 6 m 和 4.9 m，沿整个破裂带的平均错距可达 2 m 以上(李海兵等，2008b；徐锡伟等，2008；张培震等，2008)。

36. 甘孜-理塘断裂(GLF)

甘孜-理塘断裂(GLF)北起德格三岔河，向西越过青海玉树，向南经玉隆、甘孜、理塘至木里、盐源，全长约 700km，宽 10～15km，总体倾向 NE，倾角 60°～80°，具有左旋走滑兼逆冲性质(邹光富，1995；来庆洲等，2006)，是古特提斯洋俯冲消减及扬子陆块与义敦古岛孤拼接的缝合线(邹光富，1995)。

该断裂自三叠纪以来曾经历了洋壳俯冲-仰冲、陆-孤碰撞、陆内会聚等一系列构造事件(邹光富，1995)。在 20～16Ma 之间发生快速逆冲作用(来庆洲等，2006)，全新世以来的左旋走滑速率达 5.4～14mm/a(徐锡伟等，2003a；彭华等，2006)，5 万年以来的左旋走滑速率达 12mm/a(闻学泽等，2003)，GPS 测得断裂现今的左旋走滑速率为 3.1～13mm/a(王阎昭等，2008)。

37. 丽江-小金河断裂(LXF)

丽江-小金河断裂(LXF)西起于剑川，向东北经丽江、宝地、天生桥、盐源木里，后在石棉与安宁河-则木河断裂斜接，全长 360km，走向 NE－SW，倾向 NW，倾角 60°～80°，具有左旋走滑兼逆冲性质，是滇西地区第四纪以来强烈活动的断裂之一(向宏发等，2002)。

该断裂后期大规模左旋走滑活动起始于上新世末—早更新世初。第四纪以来，断裂的左旋走滑位错量达 7.4～7.6km，左旋走滑速率为 3.7～3.8mm/a(向宏发等，2002)；晚更新世以来的左旋走滑速率为 2.0～4.6mm/a(向宏发等，2002)；全新世以来的左旋走滑速率为 2.5～5.0mm/a(向宏发等，2002；徐锡伟等，2003a)；GPS 测得断裂现今的左旋走滑速率为 3～5.4mm/a(Shen *et al.*，2005；王阎昭等，2008)。

38. 小江断裂(LRF)

小江断裂(LRF)北起巧家东侧，经新塘湾向南至东川后分成两支，西支经嵩明、澄江、更南至通海与楚雄-通海断裂相交，东支经宜良、建水后与红河断裂斜接，全长约 400km，走向 SN，倾向 W，倾角大于

70°,具有左旋走滑性质,是分隔川滇地块和华南地块的边界断裂。

该断裂可能形成于早古生代,第四纪以来断裂控制了沿断裂呈串珠状分布、大小不等、形态各异的多期盆地的形成(宋方敏等,1997;朱炎铭等,2001),现今仍具有很强的活动性(沈军等,1997),是强震发生带(沈军等,1998)。全新世以来,断裂的左旋走滑位移量达 50km(何宏林等,1993),走滑速率为 10～16.5mm/a(宋方敏等,1998;He *et al.*,2002);GPS 测得断裂现今的左旋走滑速率为 7～9.4mm/a(Shen *et al.*,2001;王阎昭等,2008)。

### 39. 嘉黎断裂(JLF)

嘉黎断裂(JLF)北西起于那曲南东的克马尼亚,向南东过桑地、麦地藏布、阿扎、老嘉黎后,沿易贡藏布和帕隆藏布的北西段分布,其东南段在波密附近向南转折,沿贡日嘎布曲过上察隅和下察隅后转为近南北向延入缅甸境内,与什阶断裂相接,全长超过 1 000km,遥感影像上有很清晰的线性显示,具有右旋走滑性质,是"喀喇昆仑-嘉黎剪切带"的东南部分(Armijo *et al.*,1989)。

该断裂由三段组成:西段为北西走向的右旋走滑断裂,与高原中部近南北和北西西向的地堑和半地堑相伴生;中段为沿易贡藏布河分布的北西西向右旋走滑断裂;东南段为北西向的通麦-下察隅断裂。

该断裂可能是早期($T_3-J_1$)冈底斯构造带上的一条重要缝合带(和钟铧等,2006)。断裂整体新生代的活动性不强,第四纪以来的右旋走滑速率约为 4mm/a(任金卫等,2000);而局部则具有很强的右旋走滑速率,晚更新世以来可达 10～20mm/a(Armijo *et al.*,1989;任金卫等,2000;沈军等,2003);GPS 测得断裂现今的右旋走滑速率仅为 2～3mm/a(王小亚等,2002)。

### 40. 红河断裂(RRF)

红河断裂(RRF)北起德钦,向东南经洱源、大理、元江、红河,经越南向东南延伸入南海,穿过莺歌海盆地与越东断裂相连,全长超过 1 000km,宽 2～8km,在遥感影像上的线性特征非常明显,走向 NW-NWW,为由多条次级断裂组成、结构复杂的活动断裂带,是华南亚板块和印支亚板块的分界线和主位移带(计凤桔等,1997)。

该断裂具有长期活动历史,左旋走滑始于白垩纪之后(吴海威等,1989),新生代以来经历了 58～56Ma、27～22Ma 和 13～12Ma 三期左行走滑(张进江等,2006),主活动期集中在 34～17Ma 间,归因于印度板块与欧亚板块汇聚过程中的印支地块的挤出,导致了南海的打开(Tapponnier *et al.*,1986;钟大赉等,1989;Briais *et al.*,1993;陈文寄等,1996;Harrison *et al.*,1996;Ratschbacher *et al.*,1996;钟大赉和丁林,1996;Wang *et al.*,1998;Zhang and Schaerer,1999;Leloup *et al.*,1993,1995,2001;Gilley *et al.*,2003),左旋走滑位移量达 500～700km,吸收了印支与亚洲大陆地壳缩短量 10%～25%,沿着云南的雪龙山、点苍山、哀牢山和越南的象背山形成了长约 900km、宽 10～20km 的变质岩带(Harrison *et al.*,1992;Briais *et al.*,1993;Leloup *et al.*,1993,1995),变质变形发生在距今 44～20Ma 之间(吴海威等,1989);约从 5Ma 开始,断裂转为右旋正断层(Allen *et al.*,1984;Leloup *et al.*,1993;李齐等,2000;Replumaz *et al.*,2001;向宏发等,2007)。该断裂在 32～28Ma 的左旋走滑速率达 55mm/a(Taylor *et al.*,1980;Briais *et al.*,1993);28～17Ma 的左旋走滑速率为 34～35mm/a(Taylor *et al.*,1980;Briais *et al.*,1993;陈文寄等,1996);第四纪以来的右旋走滑速率为 4～7mm/a(Allen *et al.*,1984;向宏发等,2004);GPS 测得断裂现今的右旋走滑速率仅为 0.4～1.5mm/a(王阎昭等,2008)。

### 41. 澜沧江断裂(LCF)

澜沧江断裂(LCF)北起东经 90°以西的阿保,向东南经类乌齐、吉塘,沿梅里雪山、崇山东坡延伸,再从凤庆、云县之北沿澜沧江南延过景洪后,进入缅甸、老挝、泰国,全长约 1 000km,呈向北东凸出的弧形,倾向 W,倾角较陡,现今具有左旋走滑兼逆冲的性质(云南省地质矿产局,1990),是控制昌都-兰坪-

思茅陆内前陆盆地的边界活动断裂(王新忠等,2008)。

该断裂形成于三叠纪,中生代成为昌都-思茅后造山陆内裂谷盆地的西部边界。断裂的性质在新生代以来存在多期变化:古新世—中始新世末,断裂的中部和南部表现为右旋走滑性质,北段表现为左旋走滑性质;晚始新世—渐新世末,断裂整体表现为左旋走滑性质;中新世—第四纪,断裂整体表现为右旋走滑性质(钟康惠等,2004)。GPS 测得断裂北段左旋走滑速率为 5.1mm/a,拉张速率为 5.2mm/a;南段右旋走滑速率为 2.4mm/a,拉张速率为 0.8mm/a(王阎昭等,2008)。

### 42. 龙木错-双湖断裂(LSF)

龙木错-双湖断裂(LSF)西起龙木错,经玛依岗日、双湖至仓来拉,后由近东西向转为北西向,沿澜沧江展布,向东南延伸出境,全长超过 2 300km,呈向北东凸出的弧形,倾向 SSW,倾角 48°～54°,具有左行走滑性质,是冈瓦纳大陆的北界(常承法,1992;边千韬等,1993;刘本培等,2002;李才等,2006,2007a,2007b,2008)。

龙木错-双湖断裂为滇藏和扬子两个地层大区的界线(李才,程立人,1995),分别代表两个大陆边缘沉积体系。羌塘南部地区是晚石炭世基性岩浆活动集中地区,基性岩墙群沿龙木错一双湖断裂的南侧分布,长逾 800km,最宽百余千米,分布面积达 60 000km$^2$ 以上(李才等,2008)。

龙木错-双湖断裂两侧的冈瓦纳与欧亚(扬子)大陆晚古生代到三叠纪沉积建造、生物演化与地理区系、岩浆活动、变质作用和构造运动分期等方面存在着截然差异(李才等,2006,2007a,2007b):断裂以南的青藏高原南部地区为近于统一的基底、奥陶纪以来的海相沉积序列和相同的生物地理区系;以北为晋宁期基底和南华纪以后的盖层,普遍存在晚加里东扬子板块的特点。羌塘中部晚石炭世裂谷堆积、二叠纪洋岛型增生楔、早古生代洋脊型蛇绿岩、二叠纪洋岛型蛇绿岩、泥盆纪-三叠纪深海放射虫硅质岩、榴辉岩-蓝片岩高压变质带、晚三叠世混杂堆积等保存了古特提斯大洋的信息,为恢复和重建古特提斯演化过程提供了可靠的基础资料。龙木错-双湖断裂在古特提斯的演化从晚泥盆世开始,到 220Ma 左右结束(李才等,2007a)。

### 43. 班公湖-怒江断裂(BNF)

班公湖-怒江断裂(BNF)西起班公湖,向东经改则、尼玛、东巧、索县、丁青、嘉玉桥折向南至八宿县上林卡再向南沿怒江进入滇西,然后向西延至克什米尔,向东南延入缅甸,全长超过 2 800km,宽 5～50km,遥感影像上线性特征明显,呈向北东凸出的弧形,倾向 N,倾角 30°～60°,具有逆冲性质(邹光富,1996),是泛华夏大陆与冈瓦纳大陆的分界线。

该断裂是由韧性推覆剪切带、逆冲断裂带、伸展断陷盆地带和推覆构造带相互叠加、改造而成的具有缝合带性质的复杂断裂带(金胜叶等,2007)。其形成演化经历了晚三叠世—中侏罗世洋盆形成、扩张时期,晚侏罗世洋壳俯冲、岛弧形成活动时期,早白垩世—晚白垩世早期弧-陆碰撞汇聚断裂发育时期,新生代断陷盆地的形成及其后的陆内俯冲、挤压推覆造山时期,并引起逆冲推覆构造的广泛发育(何科昭等,1983;邱瑞照等,2004)。沿断裂带存在早、晚白垩世和古、新近纪陆相火山喷发活动,以及新生代陆相走滑拉分盆地,第四纪谷地呈带状展布,表明该断裂在第四纪以来至全新世具有活动性(汪一鹏等,1995)

### 44. 雅鲁藏布江断裂(YZF)

雅鲁藏布江断裂(YZF)向东与象泉河断裂相接,进入我国境内后大致沿雅鲁藏布江河谷延伸,自西向东依次经过噶尔南、仲巴北、昂仁南、日喀则南、仁布、泽当、米林,在墨脱雅鲁藏布江拐弯处发生了急剧的转折,察隅向西南延入缅甸境内,全长超过 1 500km,宽 10km 以上,呈向南凸出的弧形,倾向 S,倾角 40°～70°(武长得等,1990;钟富太,1990),是印度板块与欧亚板块的界线。

沿断裂带分布着规模巨大的早白垩世的蛇绿岩带(王希斌等,1984)。印度板块与欧亚板块在古近纪汇聚、碰撞，形成雅鲁藏布江缝合带（Allegre *et al.*，1984；Dewey *et al.*，1988；Ratschbacher *et al.*，1993）。在缝合带基础上形成的雅江断裂带开始活动于始新世，到渐新世成为一条大型活动断裂带，其活动时间在19～10Ma（Quidelleur et al.，1997；Yin *et al.*，1999），现今仍发生右旋走滑活动（武长得等，1990）。

45. 藏南拆离系（STDS）

藏南拆离系（STDS）西起喜马拉雅西部的扎斯卡地区，经中部的珠穆朗玛地区到东部的米林地区，全长约1 700km，走向近EW，倾向N，倾角较低，是分隔高喜马拉雅变质结晶基底和藏南特提斯沉积盖层的低角度正断裂（Burg，Chen，1984；Copland *et al.*，1988；Burchfiel *et al.*，1992；Harrison *et al.*，1995；Hodges *et al.*，1996；Searle，Godin，2003）。根据同构造淡色花岗岩结晶年龄，一般认为藏南拆离系的伸展活动时间为24～12Ma（Burchfiel *et al.*，1992；Carosi *et al.*，1998；Murphy，Harrison，1999；Hodges，2000；Godin *et al.*，2001；Searle，Godin，2003；Yin，2006；Zhang，Guo，2007），与主中央逆冲断裂活动时间一致。藏南拆离系被藏南南北向正断层局部切割（Burchfiel *et al.*，1992），限定了其活动时间的上限在8～9Ma（Harrison *et al.*，1995）。

46. 主中央逆冲断裂（MCT）

主中央逆冲断裂（MCT）西起印度西北部，经尼泊尔、不丹南部、孟加拉，向东止于印度东北部，全长超过2 000km，走向近EW，倾向N，具有逆冲性质，是位于高喜马拉雅结晶岩带与低喜马拉雅褶冲带之间几公里至大于10公里的韧性剪切带（Grasemann and Vannay，1999），吸纳了印度板块与欧亚板块汇聚的约500km的水平缩短量（Gansser，1964；Schelling，Arita，1991；Schelling，1992；Srivastava，Mitra，1994；许志琴等，2006），也是印度板块向欧亚板块之下俯冲的证据之一（赵文津等，2002）。根据同构造淡色花岗岩的$^{40}Ar/^{39}Ar$和U－Pb定年，断裂活动时间为22～18Ma（Parrish *et al.*，1993；Coleman，Hodges，1995；Coleman，1998；Hodges *et al.*，1996），晚中、上新世以来继续活动（Harrison *et al.*，1997）。

47. 主边界逆冲断裂（MBT）

主边界逆冲断裂（MBT）（Heim，1939）西起印度西北部，经尼泊尔、不丹南部，向东止于中国西藏米林，全长超过3 000km，走向近EW，倾向N，具有逆冲性质，是印缅地层区与喜马拉雅地层区的分界断裂，也是恒河地层分区与低喜马拉雅地层分区的分界断裂（潘桂棠等，2004）。其活动时间为11Ma（Burbank *et al.*，1996），根据喜马拉雅前缘的地貌研究推测，该断裂现今仍具有活动性（Nakata *et al.*，1989）。

## 4.4 青藏高原新生代构造隆升与盆山格局演变

青藏高原新生代地质图的编制强调以构造隆升为主线，突出表现强构造隆升阶段的盆地沉积响应和构造变形响应。本节将重点对青藏高原新生代构造隆升过程及相关的盆山系统演变关系作一说明，以便更好地阅读并理解青藏高原新生代地质图中有关的构造隆升信息。

青藏高原新生代构造隆升过程一直以来备受人们关注，人们尝试着利用包括低温热年代学方法、古生物-古气候法、古地理法、地质古压力计法等多种手段来定量约束青藏高原不同部位隆升过程的细节，积累了丰富的资料，这些资料成为本次总结青藏高原新生代地质作用过程特别是新生代隆升作用过程的重要基础。本次编图我们试图在总结有关资料的基础上，本着青藏高原新生代构造隆升整体性和局域性相互联系的观点，试图回答或讨论以下几个基本问题：①青藏高原新生代构造隆升时间上的阶段性；②青藏高原新生代构造隆升空间上的差异性；③青藏高原构造隆升过程及相关的盆山系统演变关系；④青藏高原强构造隆升的主要构造表现形式及构造边界条件；⑤青藏高原的扩展与高原形成过程。

### 4.4.1 地表隆升、岩石隆升、剥露及相关问题

在总结讨论上述重大问题之前，有必要强调岩石抬升、地表抬升和剥露三者涵义的区别，以便我们对构造隆升有更深刻的理解。地表抬升，即地表相对海平面的抬升；岩石隆升，即岩石相对海平面的抬升；剥露是指深部岩石相对地表的抬升。因此，岩石抬升等于地表抬升与剥露之和。由于现有的技术认识水平还难以对古高程进行很好的约束，因此在讨论古构造隆升时，人们习惯于忽略古高程的变化，或假定等温面保持恒定，这样就可以把剥露近似看成是岩石抬升，使得以确定剥露冷却为核心的热年代学手段在讨论古构造隆升中发挥巨大作用。应该说在一般的粗略描述或讨论快速隆升期或快速冷却期时，把剥露近似看成是岩石抬升或一般意义上的隆升是可行的，因为，一般来说，快速的岩石抬升期一般对应着蚀源区的快速剥蚀或沉积区的快速堆积。但是，当我们要求更精细的刻划隆升过程时，这种简单的将岩石抬升对应于剥露的做法就存在着巨大的危险，特别是在对象青藏高原这样的晚近地质时期形成的年轻山系的构造隆升的研究中更应注意两者的区别。已有的许多研究表明，快速沉积期往往滞后于蚀源区的强构造抬升期，意味着强岩石抬升移出到某基准面（如海平面）以上的物质并没有及时移出抬升区，必然存在着强烈的地表抬升，在这种情况下，岩石抬升显然不能等同于剥露。

这里之所以强调岩石抬升与地表抬升之间的区别在于我们过去在理解青藏高原隆升时存在着一些误区，在以往的有关青藏高原构造隆升的研究或者是讨论中，常常出现将它们混淆的现象。中国学者根据对青藏高原及周边地区晚新生代古植物化石、古动物化石、古岩溶、古夷平面、沉积相（如标志山地上升的扇砾岩为主的内陆磨拉石沉积）、古土壤、古气候等方面的综合研究，认为高原整体快速隆升达到现代海拔高度的时间主要发生在 3.6Ma 以来（李吉均等，1996，1998；施雅风等，1998；钟大赉等，1996）；而以 T. M. Harrison 等为代表的国外学者们则主要根据控制近南北向地堑正断层的形成时间、推测由岩石圈拆沉引发的幔源火山岩活动时间或与伸展相关的火山岩的活动时间的测定，强调高原早在 8Ma 以前甚至更老就已经达到现代的海拔高度（Harrison，1992；Molnar *et al.*，1993；Turner *et al.*，1993；Coleman *et al.*，1995；Spicer *et al.*，2003；Williams *et al.*，2001；Chung *et al.*，1998；Rowley *et al.*，2006）。不难看出，得出青藏高原高海拔形成很新的认识的中国学者所利用的证据均是直接与地表隆升有关的外部环境变化记录，进而来推算青藏高原的上升，讨论的是地表隆升问题，而不是岩石抬升或剥露问题，和我们所关心的一般意义上的青藏高原高海拔形成问题是统一的。但是，中国学者强调的青藏高原抬升到现在高度发生在 3.6Ma 以来的认识来自的是一些局部片段的证据（主要来自高原南北边缘地区），将这些局部片段的证据延伸到整个青藏高原从而得出全青藏高原的现代高海拔均发生在 3.6Ma 以来则可能存在着片面性，至少是不全面的。近年来的研究说明，青藏高原高海拔的获得存在时空差异性，高原的形成是随时间演变不断扩展的过程，而不是一蹴而就的。西方学者认为高海拔获得的时间发生在 8Ma 以前的论据主要来自于地球物理特别是地球内部过程，如利用裂变径迹测年计算岩体的快速抬升速度；或通过理论模型讨论隆升的机制，并根据模型去解释有关正断层和火山岩年龄所蕴含的高海拔时间意义。实际上，利用裂变径迹测年获得的岩体快速抬升揭示的主要是岩石抬升或剥露，并不是获得高海拔的地表抬升；后者虽然与地表抬升相关联，但是否揭示的就是现在意义上的高海拔高原的形成，其证据也是不充分的，如 Harrison 等提出的 8Ma 青藏高原突然上升达到现在的高度，主要只是基于高原地壳达到最厚和海拔最高而周边的压力不足以维持高原时的拉张变形和正断层才能得以发生这一观点得出的，应该说这种关联结论下的很武断，而且把有限的个别地堑构造形成时间推广到整个青藏高原形成时间也存在明显的片面性。

因此，全面总结讨论青藏高原的隆升问题必须首先明确隆升的对象或主体，高原隆升的问题不仅仅是高原高海拔形成的地表抬升问题，也存在着快速岩石抬升和快速剥露以及它们之中蕴含的高海拔形成过程问题，存在着阶段性和空间上的差异性及迁移性问题。

对青藏高原的隆升来说，我们除了关心高海拔形成时间外，我们也需要关心新生代强构造隆升期。界定强构造隆升期的方法很多，如反映地表隆升的古植物化石、古动物化石、古岩溶、古夷平面、沉积相、古土壤、古气候分析法，反映岩石抬升或剥露的低温热年代学方法、构造变形动力分析法等。从新生代地质图编图角度，我们试图更多地表达青藏高原新生代强构造隆升期在沉积方面的响应。因此，这里就有关沉积与构造隆升的时间对应关系问题进行说明。笼统（粗略）来说，强构造隆升阶段往往导致高的地形及大的地貌反差，从而导致沉积速率增大或沉积粒度加粗，因此，人们往往利用造山带边缘及内部沉积盆地粒度突然变粗的时间与造山带内部强烈的构造抬升时间相对应。但是，正如前面提到的，快速沉积期往往会滞后于蚀源区的快速岩石抬升期，移出蚀源区的物质小于岩石往上移离基准面的物质，导致地表的抬升，而只有当地表抬升到一定程度形成强的地貌反差后，沉积区的沉积速率才会显著加快，并最终达到剥蚀与岩石抬升之间的平衡，或最终岩石抬升活力减小，剥蚀量大于岩石抬升量，引起蚀源区海拔降低或夷平。因此，在精细刻画造山带特别是年轻造山带的抬升细节时我们也不能简单将沉积盆地粒度突然变粗的时间与造山带内部强烈的构造抬升时间相对应，而应该建立在综合考虑盆地精细地层格架、沉积充填序列与造山带蚀源区的其他资料所反映的构造抬升的基础上。

造山带构造抬升必需考虑的一个重要因素是气候因素。长期以来有关山体隆升（主要指地表抬升）是构造因素主导还是气候变化引起的问题一直都没有定论，本书也不打算继续讨论有关气候与构造因素何者主导山体的抬升，而只是强调由于气候因素与侵蚀速率存在密切关系，因此对地表抬升过程也有着巨大影响。在造山带尺度，降雨量增大，会引起剥蚀速率加快，从而引起沉积速率加快或沉积粒度变粗。因此，在考虑沉积盆地沉积速率变化与造山带内部岩石抬升的对应关系时必须加入气候变化的因素。

### 4.4.2 青藏高原新生代构造隆升阶段的准同时性和空间差异性

不同学者从不同侧面或根据对青藏高原构造隆升的不同理解对青藏高原新生代隆升阶段作了不同的划分（表 4-2），这些隆升阶段划分的不同意见，为我们认识青藏高原隆升过程的阶段性奠定了良好的基础，但是，这些划分多强调青藏高原作为统一体在新生代构造过程的阶段性变化，而对青藏高原构造隆升过程的空间差异性表述不够。

越来越多的资料积累表明，青藏高原新生代构造过程不仅存在明显的阶段性，而且表现出强烈的空间差异性。这种时空差异性不仅表现在构造抬升过程方面，也表现在相匹配的沉积和构造形迹的发育和演变上。

#### 1. 青藏高原隆升构造阶段划分的热年代学记录及空间差异性

对整个青藏高原 572 个磷灰石裂变径迹年龄数据的系统总结分析，揭示存在如下几个峰值，从老到新分别为：27～24Ma，22～19Ma，17～13Ma，10～7Ma，5Ma 以来。另外，也有一些更老的磷灰石裂变径迹年龄散布，并显示 34～33Ma、39～40Ma、45～48Ma 和 56～58Ma 相对较多的年龄数据，从总体上反映了青藏高原新生代以来构造抬升冷却剥露的多阶段性（图 4-3）。

但是，这种笼统的裂变径迹年龄直方分布所体现的阶段性存在诸多因素干扰所形成的假象，难以刻画青藏高原新生代构造隆升的全貌和细节。因此，有必要对青藏高原几个关键构造敏感部位的热年代学资料加以分解，分别进行剖析，通过对比，然后再进行系统综合，从而达到对青藏高原新生代构造隆升过程的全面了解。有关构造分析研究表明，青藏高原新生代构造过程体现最敏感部位集中于高原周缘山系，我们将高原周缘山系大致划分为六个区域进行对比，分别为西昆仑、阿尔金、青藏高原东北缘、藏南地区、冈底斯及藏东-川滇西部地区。不同部位热年代学资料揭示的强构造隆升阶段划分见表 4-3。

**表 4-2 青藏高原隆升阶段划分沿革与对比表(年龄单位:Ma)**

| 资料出处 | 施雅风等,1964;徐仁等,1973;李吉均等,1979 | 潘桂棠等,1990;李廷栋,1995; | Harrison *et al.*,1992 | 钟大赉等,1996 | 刘东生等,1998 | Chung *et al.*,1998 | 施雅风等,1999 | 李吉均等,2001 | 安芷生等,2006 | 罗照华等,2006 | 宋春晖,2006 | Fang *et al.*,2007 | Wang *et al.*,2008 | Zhang *et al.*,2008 |
|---|---|---|---|---|---|---|---|---|---|---|---|---|---|---|
| 隆升阶段划分 | | | | | | | | | | | >53.5 | | | |
| | | $K_2-E_2$ 附冲碰撞隆升 | | 45～38 | | 40 | 45～38 冈底斯运动 | 45～38 冈底斯运动 | | 45 | 44～40 | | 40 | |
| | | | | | | | | | | | 35～30 | | | 34 |
| | | | | | | | | | | 27 | | | | |
| | | $E_3-N_1$ 汇聚挤压隆升 | 21 | 25～17 | | 20 | 25～17 喜马拉雅运动 | 25 喜马拉雅运动 | 25～20 | | 24～20 | | | 23 |
| | | | | 13～8 | 17 | | | 8 | 16～14 | 17 | 15～10 | 14.7 | | |
| | | | 8—7 | | | | | | 10～7 | 9 | 8～6 | 8.1 | 7 | 13～8 |
| | $N_2$ 末—Q 初 | $N_2-Q$ 均衡调整隆升 | | 3～Qh | 5～6 | | 3.4 青藏运动 A 幕 | 3.6 青藏运动 A 幕 | 4.5～2.6 | 4～Qh | 3.6 | 3.6～Qh | | 5～Qh |
| | | | | | 3～2.5 | | 2.5 青藏运动 B 幕 | 2.6 青藏运动 B 幕 | | | 2.6 | | | |
| | | | | | | | 1.67 青藏运动 C 幕 | 1.7 青藏运动 C 幕 | 1.6～1.0 | | 1.8 | | | |
| | $Qp^2$ | | | | 0.9～0.8 | | 1.1～0.6 昆黄运动 | 1.2～0.6 昆黄运动 | ≤0.7 | | 0.8 | | | |
| | $Qp^3$ | | | | 0.15 | | 0.15 共和运动 | 0.15 共和运动 | 0.15 | | | | | |

表 4－3　青藏高原热年代学资料揭示的不同部位强构造隆升阶段划分

| 区段 | 藏南 | 西昆仑 | 阿尔金 | 东北缘 | 冈底斯 | 藏东—川滇西部 |
|---|---|---|---|---|---|---|
| 阶段划分 | 55～36Ma | ＞41Ma | 61～32Ma | 57～45Ma | 60～35Ma | 45～38Ma |
| | 23～20Ma | 23～18Ma | 26～19Ma | 23～21Ma | 22～15Ma | 25～17Ma |
| | 18～13Ma | 12～7Ma | 10～7Ma | ～8Ma | 10～7Ma | 13～8Ma |
| | 3Ma 以来 | 5Ma 以来 | 5Ma 以来 | 3.6Ma 以来 | 6Ma 以来 | 5Ma 以来 |

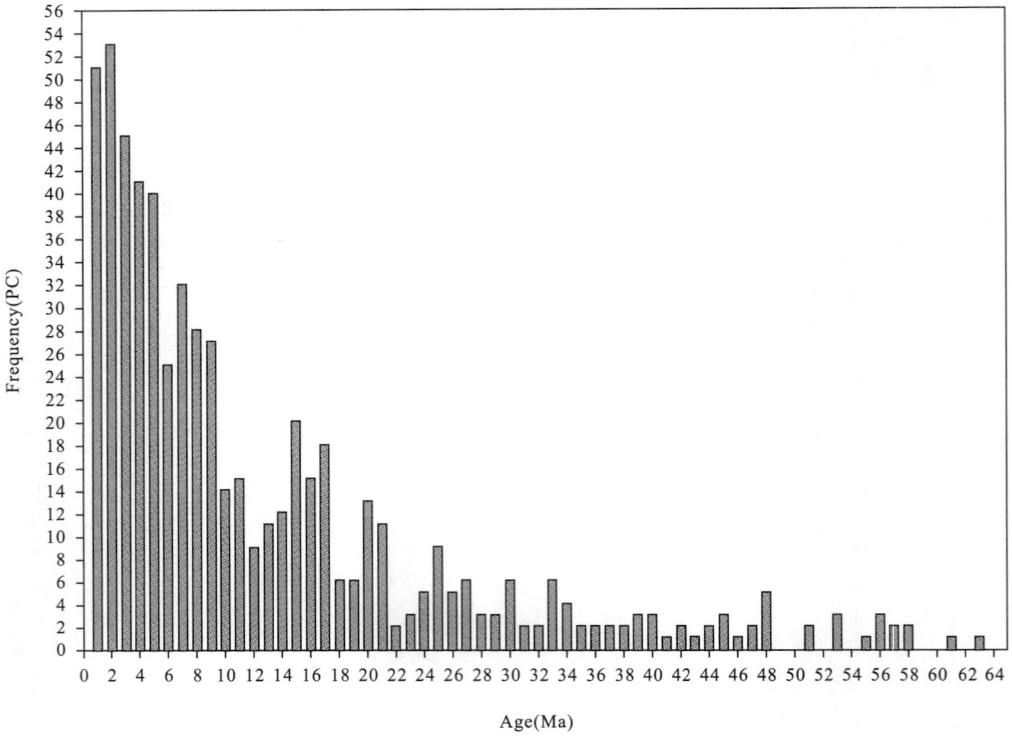


图 4－3　青藏高原新生代磷灰石裂变径迹年龄直方图

(1)西昆仑地区

对来自西昆仑地区基岩中的 42 个磷灰石裂变径迹测年数据进行的统计分析显示 3 个明显的峰值(图 4－4A)(Arnaud *et al.*，1993；Wang *et al.*，2003；王军，1998；王彦斌等，2001；黎敦朋等，2007；万景林等，2002)，分别为 23～18Ma、10～7Ma 和 大约 5Ma 以来。我们进一步对采自西昆仑山前叶城柯克亚吾斯塘河和泽普叶尔羌河现代河流碎屑沉积砂样品进行碎屑锆石和磷灰石裂变径迹年龄分析，52 个碎屑磷灰石裂变径迹颗粒年龄峰值拟合显示 22Ma 和 4.5Ma 两个主要峰值，以及约 11.8Ma 的次峰(图 4－5A)，与基岩裂变径迹年龄的峰值区间大体一致；313 个碎屑锆石裂变径迹颗粒年龄峰值拟合显示出更为复杂的年龄结构，出现 223.1Ma、112.1Ma、41.1Ma、18Ma、7.7Ma 和 1.3Ma 六个主要峰值(图 4－5B)，后三个较年轻的年龄峰值(18Ma、7.7Ma 和 1.3Ma)与基岩或碎屑磷灰石裂变径迹年龄峰值区间大体一致。

由于锆石裂变径迹具有相对磷灰石裂变径迹更高的封闭温度，因此，碎屑锆石三个较老的年龄峰值主要记录的是蚀源区西昆仑及以南相邻地区当时更深层次的构造热事件或构造抬升剥露。其中 223.1Ma 和 112.1Ma 两个年龄峰值与源区前新生代的两次构造热事件相对应。Robinson 等(2004)对公格尔山及北部地区片岩石榴石中的独居石包体的电子探针测年揭示 230～200Ma 是帕米尔东北部地

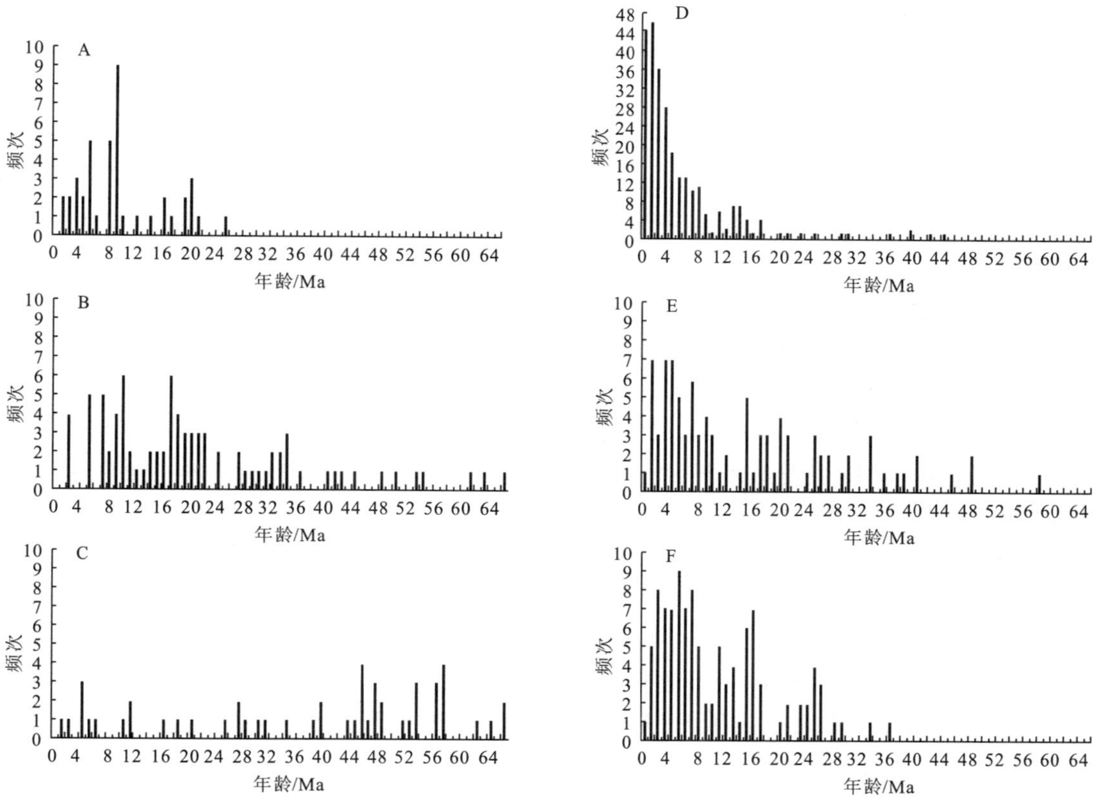


图 4-4 青藏高原不同关键构造部位磷灰石裂变径迹年龄直方图

A. 西昆仑;B. 阿尔金;C. 青藏高原东北缘;D. 喜马拉雅;E. 冈底斯;F. 藏东—川滇西部

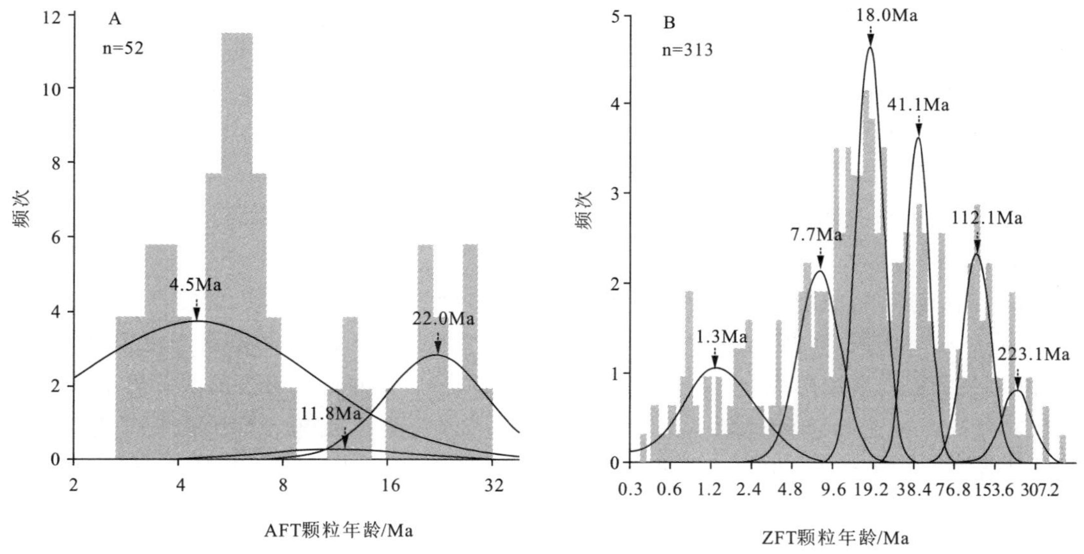


图 4-5 西昆仑山前现代河流碎屑磷灰石和锆石裂变径迹颗粒年龄直方图及最优峰值拟合

区公格尔山一带的一次峰期变质作用,这一峰期变质年龄与利用锆石 U-Pb 年龄获得的岛弧花岗岩岩浆事件年龄吻合,反映 230～200Ma 是由于古特提斯洋的俯冲引起的区域岩浆弧变质事件;这一事件的直接构造表现反映为在西昆仑与甜水海之间的康西瓦断裂的左旋韧性剪切活动(许志琴等,2007);

Robinson 等(2004)对公格尔山外围的白云母和黑云母 Ar/Ar 测年以及独居石电子探针测年还揭示125～110Ma 为一次由逆冲断层控制的强烈的地壳增厚和缩短，与碎屑锆石裂变径迹年龄记录的112.1Ma 的峰值相统一；许志琴等(2007)对康西瓦断层的 Ar/Ar 测年也揭示在 120～101Ma 期间，康西瓦韧性剪切带表现出强烈的左行走滑运动。西昆仑山前碎屑锆石裂变径迹年龄显示的 41.1Ma 的峰值年龄显然反映的是印度板块与欧亚板块碰撞挤压所导致的岩石抬升剥露，Yin 等(2002)结合西昆仑山前新生代沉积剖面的磁性地层分析和沉积分析认为，西昆仑向北的逆冲推覆系统在 46Ma 以前就开始活动并引起地壳的加厚，因此，西昆仑地区古近纪应该有深层次的逆冲抬升。但需要说明的是古近纪时期西昆仑主体仍是海湾(邵龙义等，2006)，剥蚀区在以南的甜水海地体，因此西昆仑地区在古近纪时期并不存在地表的剥露。

西昆仑基岩裂变径迹年龄揭示的几个新近纪以来的年龄峰值与西昆仑山前碎屑锆石和磷灰石裂变径迹年龄峰值具有良好的一致性，反映了西昆仑新近纪几次强烈的构造抬升剥露事件。其中，23～18Ma 的年龄在西昆仑山表现较广泛，山前现代河流碎屑锆石裂变径迹测年结果也显示在该年龄区间形成较强的峰值；10～8Ma 主要集中于慕士山—普鲁(Wang *et al.*，2003)和库地—桑珠达板(王彦斌等，2001)；而 5Ma 以来主要集中于慕士山—普鲁(Wang *et al.*，2003；黎敦朋等，2007)和公格尔—慕士塔格(Arnaud *et al.*，1993)。这些具有不同裂变径迹年龄分布的区块反映了断层控制的西昆仑山不同岩片的差异性抬升剥露，除了公格尔—慕士塔格区块异常年轻的裂变径迹年龄主要表现为正断层控制的断片外，其他具有不同裂变径迹年龄分布的区块主要表现为系列逆冲断层围限的断片。其中 23～18Ma 的普遍性说明该期事件影响广泛，西昆仑山不同构造岩片发生普遍的逆冲构造抬升；5Ma 以来的快速抬升剥露区主要集中在两个区域，一是靠近帕米尔构造结的公格尔—慕士塔格(王军，1998；Arnaud *et al.*，1998)，二是靠近西昆仑构造带与阿尔金构造带的转换交接部位(黎敦朋等，2007)，反映5Ma 以来的强隆升剥露明显受到西昆仑东西两端构造结的强应变集中区控制。其他年代学资料进一步刻画了西昆仑新近纪的强构造抬升，特别是公格尔山地区所显示的 10～8Ma 和 5Ma 以来的两次强构造抬升，如公格尔山片麻岩石榴石中的独居石包体电子探针测年记录了西昆仑地区(帕米尔东北部)在大约 9Ma 的一次地壳加厚(Robinson *et al.*，2004)，导致公格尔山片麻岩最晚期的角闪岩相变质事件。Robinson 等(2004)进行的钾长石的多重扩散域 Ar/Ar 测年揭示响应东西向伸展并由公格尔山正断层控制的公格尔山的快速抬升剥露开始于 7～8Ma，而更多的钾长石多重扩散域 Ar/Ar 测年数据则揭示由正断层控制的公格尔山的快速抬升剥露主要开始在约 5Ma，并且在 2Ma 左右呈加速趋势(Arnaud *et al.*，1993；Brunel *et al.*，2004)。

综合上述有关年代学资料，我们把西昆仑山新生代以来划分为＞41Ma、23～18Ma、12～7Ma 和5Ma 以来四个强构造抬升剥露阶段。

(2)阿尔金地区

阿尔金地区发育著名的阿尔金左旋走滑断裂。阿尔金断裂控制青藏高原北缘边界并对高原北部构造变形起着明显调节作用，因此其地位十分重要，围绕走滑活动历史的研究积累了较多热年代学资料。阿尔金断裂的左旋走滑活动形成“正花状”构造(刘俊来等，2003)，并伴随着强烈的差异抬升。从收集到的 85 个基岩磷灰石裂变径迹年龄数据显示(柏道远等，2003；拜永山等，2008；陈正乐等，2001，2002，2006；万景林等，2001；王瑜等，2002；Sobel *et al.*，2001)，明显的峰值区间主要集中在 34～32Ma、22～17Ma、10～7Ma、4.5～5.5Ma 和 2.11～1.18Ma，少量的较老年龄跨越整个古新世—始新世(图 4-4B)，体现新生代以来，伴随阿尔金断裂的左旋转换压缩走滑运动的多次强烈的构造抬升剥露事件。

综合不同学者不同地区的热年代学成果，阿尔金地区的构造抬升剥露事件具有明显的空间差异性。较老的古近纪年龄主要分布于远离阿尔金断裂的北部和南东边缘地区。根据陈正乐等(2006)的研究，61～34Ma 的磷灰石裂变径迹年龄主要集中于 EW 向的阿尔金北缘拉配泉-红柳沟山体，表明该山体的隆升剥露时间早。NE 向且末-若羌-茫崖山脉的裂变径迹年龄数据范围介于始新世晚期—中新世(42～11Ma)期间，但以 22～17Ma 相对密集；Sobel 等(2001)曾根据热年代学资料揭示阿尔金山东北部新生代存在 26～19Ma 的强剥露冷却事件；另外，拜永山等(2008)得到一批阿尔金南侧祁漫塔格一带磷灰石裂变径迹测年数据，其中 22～17Ma 的年龄数据占绝大多数。10～7Ma 的强活动期体现在沿阿尔金断裂的广大地区，在图 4-4B 中也表现出最强的峰值。多个地段靠近阿尔金主断裂带的磷灰石裂变径迹年龄大部分集中在 7～9Ma 之间，而远离阿尔金断裂带的"正花状"构造带，其裂变径迹年龄明显变老(刘俊来，2003；陈正乐等，2002；万景林等，2001；王瑜等，2002)，反映为由于阿尔金断裂此时的快速左旋走滑断裂带掀斜作用导致的附近山体的快速抬升剥露。上新世晚期—早更新世的快速剥露事件主要体现在阿尔金断裂带中部的阿羌地区，该处的磷灰石裂变径迹测年结果显示靠近阿尔金主断裂山体在新近纪晚期(5.15～4.15Ma)和第四纪早期(2.11～1.18Ma)都发生了快速剥露作用(Jolivet *et al.*，1999；陈正乐等，2006)，表明了阿尔金断裂在新近纪和第四纪早期都发生了快速走滑作用，同时伴随了断裂带旁侧山体的快速隆升剥露。

综合上述有关资料，从整个阿尔金范围来说，快速抬升剥露期可大致划分为 61～32Ma、22～17Ma、10～7Ma 和约 5Ma 以来四个时期，总体与西昆仑山磷灰石裂变径迹年龄反映的年龄峰值相似，反映青藏高原北缘对强构造抬升期的准同时协同响应，其中 10～7Ma 和约 5Ma 以来的两次快速抬升冷却事件可以直接与阿尔金断裂的左旋活动相联系。

(3)青藏高原东北缘地区

该地区主要位于东昆仑东段、祁连山及黄河源一带。与西昆仑和阿尔金山相比，东昆仑东段、祁连山及黄河源一带的磷灰石裂变径迹年龄普遍较老，收集的 51 个磷灰石裂变径迹年龄数据大多介于 57～45Ma 之间，更年轻裂变径迹年龄除 4Ma 左右相对较多外，其他年龄段年龄分布十分零星(图 4-4C)(Yuan *et al.*，2006；Jolivet *et al.*，2001；王国灿等，2003；王岸等，2007)，反映东昆仑地区构造剥露主要发生在新生代早期(57～45Ma)和晚期(4Ma 以来)，而新生代主体时间段构造剥蚀并不十分明显。但是，袁万明等(2006)对磷灰石裂变径迹资料的进一步热模拟揭示新生代期间在 20～10Ma 间具有平均 100～150m/Myr，并呈加速趋势的快速冷却剥露；Jolivet 等(2001)根据祁连山地区磷灰石裂变径迹的热模拟揭示出约 40Ma 的快速剥露冷却事件、22～18Ma 的一次构造挤压加热事件和 9～5Ma 的快速冷却事件。郑德文等(2003)根据青藏高原东北缘临夏盆地碎屑磷灰石颗粒裂变径迹年龄研究获得其蚀源区(青藏高原东北缘)大约 14Ma 和 8～5.4Ma 的两次快速剥露，体现出隆升剥露的阶段性。西宁、临夏、循化-贵德、柴达木盆地以及祁连山北缘河西走廊的新生代盆地沉积充填序列、生长地层及岩相分布揭示，在 23～21Ma、8Ma 以及约 3.6Ma 以来昆仑山、拉脊山以及祁连山等山系的多次构造抬升剥露，且呈逐渐加剧趋势(张培震等，2006；袁道阳等，2007；方小敏等，2007；宋春晖等，2001)。沉积记录所表现出的这几次构造抬升主要反映了山系抬升(地表抬升)，高原向北东方向扩展，地貌反差逐渐加大。但是，从磷灰石裂变径迹年龄普遍为中新世以前来看，中新世以来总的剥露幅度并不大，一般不超过 3～4km，只是局部点地区由于局部构造活动性而导致异常高的剥露(王岸等，2007)。因此，青藏高原东北缘新近纪以来的地表抬升、岩石抬升和剥露之间表现出良好的动平衡关系，或者说，正是由于区域剥蚀量的相对较小，才使得青藏高原新近纪以来，特别是 3.6Ma 以来呈现出强烈的地表抬升，高原面得以向北扩展。

综上所述，青藏高原东北缘新生代构造抬升大致可划分为 57～45Ma、23～21Ma、8Ma 和 3.6Ma 以来 4 个强隆升阶段。不同阶段强构造隆升期的构造变形形式主要为受断层活动控制的盆山格局的形成和演化。从磷灰石裂变径迹年龄普遍为中新世以前来看，强构造剥露主要发生在新生代早期 57～45Ma 间的东昆仑山地区，而中新世以来的强构造抬升主要表现为受断裂活动控制的盆山格局的演变、地表的抬升和高原的扩展。

(4)青藏高原东缘地区(藏东-川滇地区)

钟大赉和丁林(1996)根据藏东喜马拉雅构造结大量磷灰石裂变径迹年龄数据总结出的藏东喜马拉雅大拐弯地区 45～38Ma、25～17Ma、13～8Ma 和 3Ma 至今的多阶段的隆升过程，奠定了该地区隆升阶段的基本框架。近年来，川滇地区不断积累的新的热年代学资料进一步刻画了青藏高原东缘藏东—川滇地区构造抬升的细节。来庆州等(2006)对青藏高原东缘沿甘孜-理塘断裂带和龙门山断裂带上的花岗岩进行了系列磷灰石裂变径迹年龄测试,通过热历史模拟揭示 20～16Ma 和 5Ma 以来两期快速剥蚀冷却,其中前者快速剥蚀冷却主要发生在甘孜-理塘断裂带,而龙门山逆冲断裂带直到 5Ma 才开始快速剥蚀冷却,据此认为甘孜-理塘及龙门山构造带分别构成了中新世早期及现代高原的东部边界,这可能揭示青藏高原向东的幕式扩展。Clark 等(2005)通过对藏东大度河、安宁河和雅砻江深切峡谷中花岗岩的磷灰石进行(U－Th)/He 和裂变径迹年龄测试,得出在中新世(13～9Ma)藏东地区发生快速隆升。13～9Ma 的快速抬升剥露的裂变径迹年代学记录也出现在川西龙门山、贡嘎山(来庆州等,2006;张毅等,2006)、藏东察隅德姆拉岩体(丁林等,1995)和滇西高黎贡山(王刚等,2006)等地,反映 13～9Ma 的快速抬升剥露事件具有广泛的影响。5Ma 以来裂变径迹年龄则更为广泛,除了上述地区外,在滇西北独龙江(雷永良等,2006)、滇西红河断裂带附近(向宏发等,2006)均有广泛分布。

图 4－4F 是将藏东(除雅江大拐弯地区)和川滇地区西部有关磷灰石裂变径迹年龄资料汇集的结构分布,收集的 108 个磷灰石裂变径迹年龄主要显示出 48～40Ma、26～21Ma、17～15Ma、13～10Ma 和 7Ma 以来几个峰值区间。从总体上与上述有关隆升剥露阶段性划分协调,但是出现 17～15Ma 的明显峰值。这一峰值数据主要来自来庆洲等(2006)对理塘和雀儿山花岗岩以及施小斌等(2006)对滇西临沧花岗岩的测试结果,样品磷灰石平均裂变径迹长度较短,介于 9.3～10.8$\mu$m 之间,热模拟反演反映的快速抬升剥露期并非 17～15Ma,而是较早的 20～16Ma(来庆洲等,2006)。

综上所述,青藏高原东缘新生代以来具有 45～38Ma、25～17Ma、13～8Ma 和大约 5Ma 以来多个强构造抬升剥露期。其中,影响最广且最明显的两次强隆升冷却事件为 13～8Ma 和约 5Ma 以来。两次快速抬升剥露与青藏高原东缘系列大规模的断裂运动和青藏高原的向东扩展存在密切关系。有关资料显示,藏东—川滇西部地区 14～11Ma 主要表现为系列走滑运动,如鲜水河断裂、高黎贡断裂、红河-哀牢山断裂和东喜马拉雅构造结等系列左行走滑断层运动导致的快速抬升剥露(王刚等,2006;张岳桥等,2004),而 5Ma 以来在滇西—藏东地区广泛体现为伸展正断层活动控制下的深层次岩系的广泛剥露(王刚等,2006;雷永良等,2006;张进江等,2003),在川西地区主要表现为青藏高原向东扩展导致龙门山的逆冲推覆抬升。

(5)藏南喜马拉雅地区

藏南喜马拉雅地区拥有世界最高海拔和最大地貌反差,成为研究构造隆升和地表过程的理想场所,吸引了大批中外学者瞩目。有关研究积累了大量的低温热年代学资料,综合前人报道过的 265 个磷灰石裂变径迹年代数据,显示主要集中在 17Ma 以来,且越年轻的年龄值丰度越高(图 4－4D),反映藏南喜马拉雅地区晚近时期加速的岩石剥露。更老的岩石抬升剥露记录主要表现在沉积盆地的碎屑锆石裂变径迹年龄方面。藏南地区大量的研究积累,使得我们能够对藏南喜马拉雅山构造带的新生代隆升过程做更细节性讨论。综合有关资料,藏南喜马拉雅地区新生代构造隆升显示强烈的时空差异性。

1)喜马拉雅地区新生代隆升阶段性的热年代学记录

根据热年代学资料,可以将喜马拉雅地区新生代划分出 55～36Ma、25～20Ma,17～12Ma 和 3Ma 以来 4 次强构造抬升冷却剥露期。

55～36Ma 冷却事件主要被锆石裂变径迹年龄记录下来(Schlup *et al.*,2003;Zeitler,1985)。我们对吉隆盆地中—上新世地层 6 件不同层位砂岩进行的碎屑锆石裂变径迹年龄测试,结果显示出 43～36Ma 的静态峰值(static peaks),反映其蚀源区在 43～36Ma 间的快速冷却剥露。需要指出,古近纪时期雅江以南的喜马拉雅山系可能并没有出现,蚀源区主要为北部的冈底斯山(王二七等,2002),因此 43～36Ma 间的碎屑锆石裂变径迹年龄峰值主要揭示的是雅江以北冈底斯山的快速冷却剥露。尽管如此,特提斯喜马拉雅带上的深层次岩石在这一时期显示出快速的由深层次逆冲推覆作用所控制的岩石抬升剥露冷却,如 Schlup 等(2003)对印度西北部特提斯喜马拉雅山脉中的 Tso Morari 推覆体进行的热年代学研究揭示,随着印度板块与欧亚板块的碰撞,系列推覆体在 55～47Ma 形成并向上挤出,到 45～40Ma 间推覆挤出作用基本结束,推覆体根带转为穹状隆起抬升剥露到约 10km 深处。整个过程岩石抬升速率从早期的大于 5mm/a 到晚期的 2～5mm/a，具有快速的垂向岩石隆升。

25～20Ma 强构造隆升阶段在磷灰石裂变径迹年代上依然表现不明显，局部地区锆石裂变径迹热年代学记录了这一时期的构造抬升剥露，如印度西北部特提斯喜马拉雅山脉中 Tso Morari 推覆体在大约 20Ma 时结晶岩席推覆体再次发生在浅层次脆性域中的向上楔冲挤出抬升(Schlup *et al.*，2003)。从区域范围来看，这一时期是喜马拉雅造山带地壳厚度的强烈加厚时期，大量研究表明，以喜马拉雅主中央逆冲断层为代表的系列逆冲推覆作用主要发生在这一时期(潘桂棠等，1990；Parrish *et al.*，1993；Coleman *et al.*，1995，1998；Harris，1995)，并控制了喜马拉雅南部山前恒河平原的沉积体系转换；冈底斯岩浆岩带大规模向南的仰冲主要也发生在渐新世晚期(30～24Ma)并持续到中新世(Harrison *et al.*，1992；Yin *et al.*，1994)，控制了山前沿雅江分布的大竹卡组粗碎屑沉积。最新的年代学资料揭示喀喇昆仑断裂发生大规模的高温右旋剪切活动时间在 27～20Ma 期间，并且伴随淡色同构造花岗岩的产生。逆冲推覆引起沿喜马拉雅构造带强烈的地壳加厚，导致下地壳部分熔融形成沿喜马拉雅带广泛分布的淡色花岗岩，淡色花岗岩的锆石 U－Pb 年龄集中分布于 22～19Ma，少量延续到 17～16Ma(聂拉木—希夏帮马地区)和 14～12Ma(东部 Khula Hangri 和 Masang Kang 地区)(Searle，Godin，2003)。经过这一构造抬升事件，喜马拉雅山开始取代冈底斯山，成为青藏高原的南缘屏障，其与冈底斯山脉之间形成了现今的雅鲁藏布江的雏形(王二七等，2002)。

17～12Ma 间快速抬升冷却主要与藏南拆离系的活动和特提斯喜马拉雅带的穹窿构造有关。由于构成高喜马拉雅结晶岩系北部边界的藏南拆离系(STDS)与南部边界的主中央断层(MCT)的同时活动是目前广为流行的韧性部分熔融的中下地壳岩石发生向南的管流(channel flow)的先决条件，因此，藏南拆离系的活动时间过去倍受关注。一般被限定为 22～14Ma(Hodges *et al.*，1998；Burchfiel *et al.*，1992；Harrison *et al.*，1995)。然而，最新的研究显示藏南拆离系在 20Ma 左右是否发生大规模的向北的滑脱值得商榷。根据大量资料的综合，我们倾向藏南拆离系的主活动期发生于 17～13Ma，并引起特提斯喜马拉雅带穹窿构造的发育和高喜马拉雅带结晶岩系的抬升剥露。沿藏南拆离系遭受滑脱型韧性剪切的淡色花岗岩的年龄测试结果也显示藏南拆系的韧性滑脱时间应该晚于 19～18Ma(Searle，Godin，2003)。与岩石抬升剥露有关的大量热年代学研究成果与藏南拆离系在 17～13Ma 的主活动时期相协调。如 17～13Ma 间是特提斯喜马拉雅构造带中系列穹窿剥露至中地壳的时期(Lee *et al.*，2000；刘文灿等，2004；Thiede *et al.*，2006)；Thiede *et al.*(2005)和 Vannay*et al.*(2004)对高喜马拉雅结晶岩系的构造热年代学研究揭示，17～15Ma 间高喜马拉雅结晶岩带发生了快速冷却；Godin*et al.*(2001)对尼泊尔中部的年代学研究揭示，在 15～12Ma 高喜马拉雅带结晶岩系被不断剥露至中部地壳；Hodges *et al.*(1998)揭示藏南拆离系珠穆朗玛段 16.67～16.37Ma 间的去顶速率大于 8.2mm/a；袁万明等(2002)对藏南浪卡子岩体的裂变径迹年龄测试揭示其 17.2～13.6Ma 间的岩石抬升速率达 1.76mm/a 的快速抬升；Searle 等(1997)对高喜马拉雅希夏邦马峰南侧的浅色花岗岩的年代学分析揭示了其在 17～14Ma 间存在大约 12km 的岩石剥露，剥露速率达 4mm/a。我们最近对聂拉木—吉隆一带的系统裂变径迹年代学分析进一步揭示了 17～13Ma 间喜马拉雅地区的快速抬升剥露，其中，来自吉隆盆地中—上新世砂岩的碎屑锆石和磷灰石裂变径迹年代分析和聂拉木一带高喜马拉雅结晶岩系热年代学分析结果均揭示 17～12Ma 间喜马拉雅地区的平均冷却速率为 50～55℃/Ma，相当于 1.4～1.6mm/a 的平均剥蚀速率(假设地温梯度为 35℃/km)。该隆升阶段除了岩石抬升剥露外，另一结果是导致明显的地表抬升。大量研究表明，藏南地区在大约 13Ma 已经基本接近现代的高海拔。我们对吉隆盆地碎屑裂变径迹年龄分析也揭示吉隆盆地蚀源区在 16.7～11.6Ma 间随着藏南拆离系的发展存在明显的地表抬升，并在大约 12Ma 藏南拆离系停止活动时已经获得现在的地表高度，并促成了一系列近南北向地堑系的发育。

3Ma 以来的强剥露体现在高喜马拉雅构造带的喜马拉雅南坡广泛的磷灰石和锆石裂变径迹年代记录上。对吉隆剖面的喜马拉雅南坡高喜马拉雅结晶岩系的系统锆石和磷灰石裂变径迹年龄分析均显示出年龄-高程的良好线形关系，年龄-高程关系揭示 13～3Ma 间的缓慢的剥露速率和大约 3Ma 以来的明显加速冷却剥露。吉隆和聂拉木剖面的高喜马拉雅结晶岩系的锆石和磷灰石裂变径迹年龄差随着向南纬度的减小而减小，反映 13Ma 以来喜马拉雅南坡向南的剥蚀速率增大的趋势。这种增大趋势可能主要受控于两方面因素，一是南部主边界断层的向南逆冲；二是向南降雨量的增大和下蚀作用的加强。构造和气候因素共同制约着喜马拉雅南坡的快速岩石抬升剥露和喜马拉雅主脊异常高海拔的形成。

2)喜马拉雅新生代隆升剥露的区域差异性

系统对比喜马拉雅山脉的磷灰石裂变径迹年代学数据，揭示了喜马拉雅山新生代隆升剥露具有明显的空间差异性。这种差异性不仅体现在南北方向不同构造带之间，也体现在沿高喜马拉雅构造带的东西走向上。

**南北方向上的差异性剥露**

已发表的磷灰石裂变径迹年代学数据反映的南北方向上的隆升差异性主要表现在特提斯喜马拉雅、高喜马拉雅山脉之间的差异。特提斯喜马拉雅带的裂变径迹年龄主要集中在 8Ma 以前。取磷灰石的封闭温度 110℃，地表年平均气温为 0℃，假设地温梯度为 35℃/km，那么特提斯喜马拉雅带 8Ma 以来约 3km 被剥蚀，转化为剥露速率约为 0.38mm/a。因此，晚中新世以来特提斯喜马拉雅带并没有大规模的冷却剥露。而藏南拆离系以南的喜马拉雅南坡高喜马拉雅构造带的磷灰石裂变径迹年龄多集中在 3Ma 以来。取磷灰石的封闭温度 110℃，地表年平均气温为 0℃，假设地温梯度为 35℃/km，那么高喜马拉雅带 3Ma 以来至少有 3km 被去顶，转化为剥露速率为 1.0mm/a，局部要远远大于这个数值。说明高喜马拉雅带在晚上新世—第四纪发生了大规模的地表剥露。由此反映了晚新生代高喜马拉雅带剥露明显强于特提斯喜马拉雅带。而根据前述高喜马拉雅向南增强的剥露可能主要归因于与向南降雨量的增大和下蚀作用的加强，因此，现在以珠峰为代表的喜马拉雅主脊可能是响应强烈下蚀而引起的均衡差异抬升的结果，构造挤压因素虽然不能排除在外，但应该处于次要地位。

**东西方向上的差异性剥露**

已有的裂变径迹年代学数据表明地质晚近时期喜马拉雅山脉从西北的 Zanskar 地区到东部的不丹地区，高喜马拉雅构造带东西走向上的冷却剥露也具有明显空间差异性。沿高喜马拉雅构造带从东往西，东喜马拉雅构造结南迦巴瓦地区，本项目对来自南迦巴瓦峰的碎屑锆石裂变径迹年龄进行测试，获得峰值年龄为 0.7～1.1Ma，揭示南迦巴瓦在不到 1Ma 内有大约 7km 的剥露，年剥蚀速率达 10mm/a；东喜马拉雅的不丹中东部地区磷灰石裂变径迹年龄介于 9.0～3.0Ma，推算的剥露速率为 0.55～0.85mm/a(Grujic *et al.*，2006)；东喜马拉雅的不丹西部地区磷灰石裂变径迹年龄为 7.0～1.4Ma，剥露速率推算为 1.0～1.8mm/a(Grujic *et al.*，2006)；往西到中喜马拉雅的珠峰—希夏邦马峰一带的喜马拉雅山南坡及尼泊尔地区，其磷灰石裂变径迹年龄为 5.0～0.2Ma，推算的剥露速率为 2～5mm/a(Burbank *et al.*，2003 及本项目研究)；再到西喜马拉雅的印度西北部地区，磷灰石裂变径迹年龄主要为 3.0～1.0Ma，其剥露速率略减小为 1.0～3.0mm/a(Thiede *et al.*，2004；Sorkhabl *et al.*，1996；Vannay *et al.*，2004)；而到喜马拉雅西构造结的帕米尔地区，裂变径迹测年结果则又表现出 3Ma 以来的强烈冷却剥露，据 Zeitler(1985)研究，西构造结 10Ma 以来平均剥露速率为 4.5mm/a，1Ma 以来至少有 14km 的物质被剥蚀掉。由此看来，沿喜马拉雅山的高喜马拉雅带，最年轻的裂变径迹年龄和最大的剥露速率分布于东、西构造结和中喜马拉雅珠峰—希夏帮马峰三个中心。这种空间差异性反映了地质晚近时期的气候变化与构造作用的耦合。

(6)冈底斯地区

冈底斯地区低温热年代资料近年来也有较多积累(刘顺生等，1987；袁万明等，2001，2007，2008；Wang *et al.*，2007；吴珍汉等，2005)，图 4-4 E 展示了所收集到的冈底斯构造带上 96 个磷灰石裂变径迹年龄结构，主要集中在 22～15Ma、10～7Ma 以及 5Ma 以来几个峰值区间，更老的古近纪年龄零散分布。

冈底斯地区古近纪时期的构造抬升剥露尽管在磷灰石裂变径迹年龄结构上表现并不明显，但不同研究者进行的有关热年代学分析、盆地沉积充填以及断裂构造活动性分析等揭示出存在 60～35Ma 的强构造抬升剥露期。王瑜等根据磷灰石裂变径迹测年及其热模拟揭示了45～35Ma冈底斯构造带的快速冷却剥露。吴珍汉等(2004)1∶25万区域地质调查新厘定的纳木错逆冲推覆构造在44Ma存在一次强构造活动,并引起岩石的抬升冷却。

26～15Ma的磷灰石裂变径迹年龄相对富集,Copeland *et al*.(1995)通过冈底斯岩基热演化研究认为,该区在26～20Ma处于快速冷却期,其中约在20Ma冷却速率加快。Harrison *et al*.(1992)曾揭示曲水岩体在20～18Ma间表现出一快速冷却阶段,剥蚀速率大于2mm/a。袁万明等(2001)对拉萨—羊八井一带磷灰石裂变径迹年代进行了分析,年龄-高程图解揭示了21～15Ma间存在快速冷却剥露。而这一时期正是冈底斯构造带大规模的向南仰冲并控制南侧沿雅江分布的大竹卡组粗碎屑沉积的时期(Harrison *et al*.,1992;Yin *et al*.,1994),同时,由于冈底斯地区的构造抬升以及北部边界断层班公湖-怒江断裂的向北逆冲,在其北侧控制着羌塘地区以康托组(E3N1k)磨拉石堆积为代表的压陷盆地发育。

10～7Ma的磷灰石裂变径迹年龄分布形成一次峰。这一时间段主要表现为系列近南北向地堑所控制的差异抬升剥露,如控制羊八井地堑的念青唐古拉山韧性剪切带形成于约8Ma(Harrison *et al*.,1992),差异断陷运动导致了下盘念青唐古拉山的强烈抬升剥露。

约6Ma以来的磷灰石裂变径迹年龄较多,是冈底斯构造带表现较明显的一次强构造抬升阶段。袁万明等(2001)对冈底斯构造带南木林地区磷灰石裂变径迹热史模拟揭示了约6Ma以来的快速隆升剥露。快速抬升导致的强地貌反差导致沿冈底斯构造带上盆地沉积粒度的加粗,如出现布隆组砾岩等。

综上所述,冈底斯构造带新生代大体可以划分出60～35Ma、22～15Ma、10～7Ma和约6Ma以来的4个强构造抬升阶段。

### 2.青藏高原隆升阶段的沉积响应及空间差异

上述热年代学记录的青藏高原不同部位新生代隆升作用过程具有明显的准同时性。不同构造部位强隆升阶段在沉积盆地发育及沉积充填序列方面也有良好的响应,但由于不同构造部位构造隆升剥露特点的不同,导致不同部位响应构造隆升的沉积盆地特点和沉积充填序列也不尽相同。

(1)古新世—始新世阶段(65～35Ma)

青藏高原新生代地质作用过程以印度板块和欧亚板块的开始碰撞拉开帷幕。碰撞及碰撞后的持续挤压引起青藏高原地域广泛地岩石抬升剥露。从低温热年代学资料的分布来看,古新世—始新世阶段的强构造抬升区较为有限,主要分布于冈底斯-唐古拉、北喜马拉雅构造带、雅江大拐湾地区、甜水海、阿尔金山北部的拉配泉-红柳沟、柴达木北缘的祁连山和高原东北缘的东昆仑东段及黄河源地区。

北喜马拉雅构造带和雅江大拐弯地区构造抬升主要表现为受深层次逆冲堆垛控制下的岩石抬升冷却,地表并没有呈现出明显的剥蚀区。这一时期沿雅江一线及其以南的北喜马拉雅构造带仍保持着海相沉积,属新特提斯残留海的一部分(万晓樵,1990;赵政璋等,2001;丁林,2003;李国彪等,2002)。近年野外地质调查对藏南古新世—始新世残留洋获得了许多新发现,主要在萨嘎以西的郭雅拉和桑麦等地(图4-6),发现有较大面积的古新世—始新世的半深海-深海页岩、砂岩、含放射虫硅质岩、玄武岩建造,如分布在北喜马拉雅地层分区(图4-6)的古—始新统蹬岗组($E_{1-2}d$)、始新统盐多组($E_2y$)和郭雅拉组($E_2g$);部分地层以混杂岩形式产出,被命名为蹬岗混杂岩($E_{1-2}dgm$)、桑麦混杂岩($E_2sm$)和盐多混杂岩($E_2ym$)。从当前资料分析,雅江-喜马拉雅构造带古新世—始新世海相地层具有明显的沉积相带分异。从北向南,海水由浅海到深海再到浅海。北带的浅海分布带很窄,也十分局限,见于仲巴地区,称错江顶群($E_{1-2}C$);南带的浅海分布带宽,分布区域较大,见于岗巴—定日一带,地层层序自下而上为基堵拉组($E_1j$)、宗浦组($E_{1-2}z$)和遮普惹组($E_2z$),以滨浅海生物碎屑灰岩为主,富含底栖有孔虫和钙藻。在上述南北两带浅海沉积夹持的中间地带,为半深海-深海沉积。从东向西,半深海-深海沉积沿江孜—萨嘎—郭雅拉—桑麦一线分布;中带东部的江孜为半深海斜坡扇沉积建造,称甲查拉组($E_1jc$)(图4-6);中带西部为半深海-深海含放射虫硅质岩($E_{1-2}d$、$E_2y$和$E_2g$)和混杂岩建造($E_{1-2}dgm$、$E_2sm$和$E_2ym$)。由此可见,中带的海水东浅西深,沉积环境东部相对稳定,西部为活动型,反映白垩纪晚期至始新世洋壳的向北俯冲与陆-陆碰撞造成了地壳的抬升和新特提斯洋沿雅鲁藏布江缝合带闭合，地壳抬升首先开始于东侧，闭合的时间从东向西变新，海水从东向西退出。

西昆仑地区从西昆仑山喀什群的滨浅海碎屑岩-碳酸盐岩沉积过渡到北侧塔西南的碳酸盐台地沉积(邵龙义等，2006)，这样一种岩相分布格局体现了古新世—始新世时期的蚀源区位于西昆仑南部地区。因此，尽管西昆仑地区在古新世—始新世时期也出现有深层次的逆冲推覆，但碎屑锆石裂变径迹年代记录的 41Ma 的峰值年龄可能主要反映的是西昆仑南部甜水海地块在古新世—始新世的强抬升剥露期。

冈底斯强抬升剥露区以北的青藏高原腹地羌塘—可可西里地区在古新世—始新世表现为陆相盆地沉积区。盆地的发育与充填受到南北两侧强构造隆升区的明显控制，盆地的南部边界大体为班公湖-怒江断裂；北边界不十分明显，东昆仑中西段此时可能并没有成型，可可西里盆地可能和柴达木盆地连通，因此北边界应该为柴达木盆地北部边缘断裂；而东部由于松潘—甘孜—巴颜喀拉地区的蚀源区，边界大体为玉树-金沙江断裂。邻接冈底斯构造带的羌塘地区古新世—始新世沉积以牛葆组($E_{1-2}n$)为代表(图 4-6)，其下部以砾岩夹砂岩为主，厚度巨大，底冲刷面十分发育，沉积环境以辫状河为主；上部主要为砂岩、粉砂岩、泥岩，夹微晶灰岩、石膏层和凝灰岩，砂岩中发育波痕和多种类型斜层理，泥岩中发育水平层理，主要为湖泊与三角洲沉积环境。始新世末期羌塘地区盆地抬升剥蚀，以渐新世—上新世的康托组为代表的新的盆地沉积存在区域性的构造间断。羌塘以北邻接东昆仑构造带的可可西里盆地古新世—始新世沉积以陀陀河组($E_{1-2}t$)为代表，与南部的牛葆组沉积特征类似，其下部为冲积扇-河流相砾岩、砂岩夹粉砂岩和泥岩；上部为湖相砂岩、粉砂岩，与渐新世雅西错组($E_3y$)的湖相砂岩、粉砂岩、泥岩夹石膏沉积总体连续过渡。王成善等在对可可西里盆地进行沉积、磁性地层、古流向分析，唐古拉地区的裂变径迹研究以及青藏高原中北部火山岩年龄测试的基础上，提出在约 40Ma 前，冈底斯—羌塘成为一体形成与现今海拔相当的原始高原，其北界为唐古拉逆冲推覆系统，北侧可可西里盆地的沱沱河组(以前被称为晚白垩世风火山群)被解释为受唐古拉逆冲推覆系统活动控制的前陆盆地堆积。我们赞同羌塘地区的一些部位在古新世—始新世也存在明显的构造抬升剥露，如唐古拉山的 25 件磷灰石裂变径迹年龄测试揭示了始于大约 60Ma 并一直延续到 40Ma 的快速冷却剥露事件。但冈底斯地体与羌塘地体不能构成一个整体的构造抬升体，相比唐古拉断裂对北侧可可西里盆地的控制而言，分隔冈底斯地体与羌塘地体的班公湖-怒江断裂及其所控制的南侧冈底斯地体的构造抬升对北侧盆地具有更重要的控制作用，主要依据是：①古新世—始新世沉积在羌塘-可可西里地区具有广泛的可对比性，唐古拉断裂并没有构成明显的控相边界断层，其南侧的牛葆组($E_{1-2}n$)(图 4-6)与北侧的陀陀河组($E_{1-2}t$)沉积特征十分相似；②班公湖-怒江断裂基本构成北侧新生代沉积盆地的南部边界，图 4-6 显示，南部冈底斯地体主要表现为古近纪的火山岩分布，而新生代大规模盆地堆积主要分布于班公湖-怒江断裂及其以北广大地区，特别是班公湖-怒江断裂构造带对渐新世—中新世以康托组($E_3N_1k$)磨拉石堆积为代表的前陆盆地堆积具有十分明显的控制作用。另外，王成善等(2008)强调冈底斯—羌塘地区在约 40Ma 前已经形成与现今海拔相当的原始高原，然而古新世—始新世时期，羌塘与可可西里均属于较大型的冲泛平原区(张克信等，2007)，冈底斯地体的西段阿里地区的沉积记录总体还呈现为近海特征，多处还出现海泛海相层沉积(潘桂棠等，1990)，中段仲巴县西北麦拉山地区在一套砾岩层的上部以及念青唐古拉西段的林周等地也都曾发现有始新世海相灰岩夹层(钱定宇，1985；肖劲东，1988；章炳高等，1979)。因此，我们认为在古新世—始新世时期，冈底斯地体尽管总体为相对较高的剥蚀区，但其近海特征不支持其具备现代的高海拔。

柴达木盆地整个新生代为连续沉积，中新世以前为向上变细的沉积序列，在古新世—始新世期间以路乐河组($E_{1-2}l$)为代表，是一套粗碎屑河流相砂砾岩沉积，与可可西里盆地的沱沱河组具有类似特点。古新世-始新世期间东昆仑中西段的构造抬升剥露并不十分明显，因此，现今分隔可可西里盆地与柴达木盆地之间的东昆仑中西段可能并不存在，尹安等(2007)通过系列横跨柴达木盆地的区域地震剖面的解释认为柴南缘逆冲断层系到 35.5～23.3Ma 间才对柴达木盆地的沉积及褶皱变形具控制作用。控制

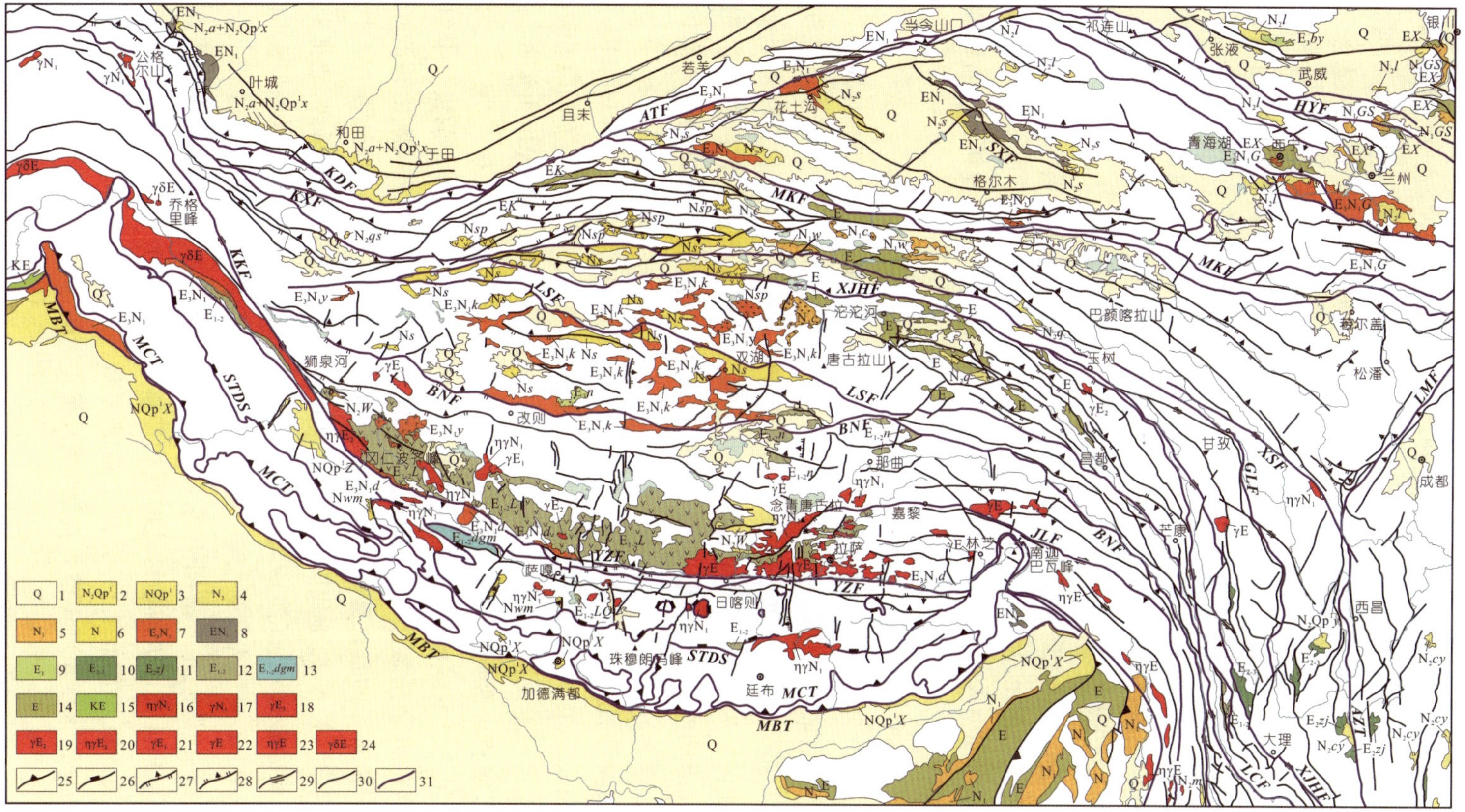


图 4-6　青藏高原及邻区新生代地质构造简图

1. 第四系；2. 上新统—早更新统：$N_2Qp_1x$. 西域组，$N_2Qp_1y$. 盐源组；3. 中新统—早更新统：$NQp_1X$. 西瓦利克群，$NQp_1Z$. 札达群；4. 上新统：$N_2a$. 阿图什组，$N_2qs$. 泉水沟组，$N_2s$. 狮子沟组，$N_2l$. 临夏组，$N_2q$. 曲果组，$N_2W$. 乌郁群，$N_2cy$. 茨营组，$N_2m$. 芒棒组；5. 中新统：$N_1GS$. 甘肃群；$N_1c$. 查保马组，$N_1w$. 五道梁组；6. 中新统—上新统：Ns. 唢呐湖组，Nsp. 石坪顶组，Nwm. 沃麻组；7. 渐新统-中新统：$E_3N_1G$. 贵德群，$E_3N_1k$. 康托组，$E_3N_1y$. 鱼鳞山组，$E_3N_1d$. 大竹卡组；8. 古新统—中新统连续沉积未分：柴北缘包括路乐河组（$E_{1-2}l$）、干柴沟组（ENg）和油沙山组（$N_1y$），塔西南一带包括喀什群（EK）和乌恰群（$N_1W$）；9. 渐新统：$E_3n$. 纳丁错组，$E_3by$. 白杨河组；10. 始新统—渐新统连续沉积（滇西）；11. 始新统：$E_2zj$. 赵家店组（滇西）；12. 古新统—始新统：$E_{1-2}L$. 林子宗群，$E_{1-2}LQ$. 柳区群，$E_{1-2}n$. 牛葆组；13. 古新统—始新统：$E_{1-2}dgm$. 蹬岗混杂岩系；14. 古近系连续沉积：EX. 西宁群；EK. 喀什群，可可西里—玉树一带包括沱沱河组（$E_{1-2}t$）和雅西错组（$E_3y$）；15. 白垩系—古近系连续沉积（帕米尔）；16. 中新世二长花岗岩；17. 中新世花岗岩；18. 渐新世花岗岩；19. 始新世花岗岩；20. 始新世二长花岗岩；21. 古新世花岗岩；22. 古近纪花岗岩；23. 古近纪二长花岗岩；24. 古近纪花岗闪长岩；25. 逆冲推覆断层；26. 拆离断层；27. 逆断层；28. 正断层；29. 平移断层；30. 其他一般断层；31. 主干断层；ATF. 阿尔金断裂，ANF. 安宁河断裂，BNF. 班公湖-怒江断裂，GLF. 甘孜-理塘断裂，HYF. 海原断裂，JLF. 嘉黎断裂，XJHF. 西金乌兰-金沙江-红河断裂，KDF. 库地断裂，KKF. 喀喇昆仑断裂，KXF. 康西瓦断裂，LCF. 澜沧江断裂，LMF. 龙门山断裂，LSF. 龙木错-双湖断裂，MBT. 主边界逆冲断裂，MCT. 主中央逆冲断裂，MKF. 木孜塔格-昆南断裂，STDS. 藏南拆离系，XSF. 鲜水河断裂，YZF. 雅鲁藏布江断裂。

柴达木盆地古新世—始新世沉积的物源区应在柴北或西北缘，低温热年代学研究揭示阿尔金南侧的柴达木盆地北部地区在古新世—始新世时期有快速的抬升剥露；尹安等(2007)还发现路乐河组($E_{1-2}l$)沉积和褶皱变形受北侧柴北缘逆冲断层系所控制，盆地新生代地层褶皱首先在柴西贴近阿尔金断裂附近形成(65～50.5Ma)，并向柴东扩展(23.3Ma)。

响应东昆仑东段和黄河源地区强构造抬升的东北部西宁-兰州盆地在古近系表现为连续沉积，以西宁群为代表，在时间上表现为由粗变细的沉积旋回。根据方小敏等(2007)研究，始新世西宁群沉积时，西宁盆地和贵德盆地实际为一统一盆地，分割两者的拉脊山当时并不存在，盆地的南部边界在东昆仑山前，现今受拉脊山分隔的北部的西宁盆地和南部的贵德盆地在始新世时期为一个统一的受东昆仑强烈隆升和东昆仑山前断裂向北挤压控制的山前挠曲盆地或陆内前陆盆地。以西宁群为代表的昆仑山以北的陆内前陆盆地发育期正是由磷灰石裂变径迹年龄所反映的东昆仑地区始新世强烈抬升剥露期，因此，沉积反映的始新世东昆仑强构造抬升剥露与裂变径迹年代学揭示的东昆仑(东段)在始新世时期的强抬升剥露具有良好的统一性。来自酒泉-张掖盆地的沉积记录同样揭示了祁连山在始新世的强构造抬升。磁性地层及沉积充填研究揭示了与阿尔金断裂左旋走滑活动关联的酒泉前陆盆地起始于41Ma。

需要特别指出的是松潘—甘孜一带裂变径迹年代学所呈现的古新世—渐新世并不表现出明显的岩石抬升，但这一时期其作为古剥蚀区长期存在，并成为东侧的成都平原和西侧的羌塘-可可西里平原之间的屏障，为两侧提供物源。由于其内部差异构造活动并不明显，因此东部成都平原的古新世—渐新世沉积也保持着较稳定的细碎屑沉积特点。

(2)古近纪—新近纪之交(25～17Ma)

这一强构造抬升期影响范围广，强度大。在构造地貌上发生较大变革，在沉积方面有明显响应。

西部地区甜水海蚀源区向北扩展到西昆仑地区，控制着北侧塔西南前陆盆地的发育，在渐新世晚期塔西南盆地发生明显的由东向西的海退，从渐新世巴什布拉克到中新世的克孜诺依组沉积粒度明显变粗，陆缘碎屑逐渐增多并最终在中新世转为陆相滨湖-浅湖沉积，具有明显的挤压环境下前陆盆地沉积充填序列特征，体现了青藏高原西北缘响应古近纪—新近纪之交强构造抬升期的向西北方向的高原扩展抬升。

藏南喜马拉雅山地区以主中央逆冲断层为代表的系列向南的逆冲推覆作用(潘桂棠等，1990；Parrish *et al.*，1993；Coleman *et al.*，1995，1998；Harris，1995)控制着喜马拉雅南部山前恒河平原的沉积体系转换。与北部西昆仑山前类似，喜马拉雅南部山前沉积在这一强构造隆升阶段同样表现出由海相向陆相的沉积转化，并在约18.3Ma最终奠定西瓦里克前陆凹陷的形成(钟大赉等，1996)。

冈底斯构造带在渐新世—中新世之交的强构造抬升剥露南侧并控制了南侧沿雅江分布的大竹卡组粗碎屑沉积，北侧以控制着羌塘地区的以康托群为代表的压陷盆地发育。南侧伴随喜马拉雅山系的形成以及冈底斯构造带向南的仰冲，形成现今的雅鲁藏布江谷地雏形(王二七等，2002)，沿谷地发育大竹卡组洪冲积相砂砾岩沉积。北侧康托组($E_3N_1k$)为代表的沉积盆地的南界为班公湖-怒江断裂，北抵羌塘腹地黑虎岭一带。下部为洪冲击相砂砾岩，上部演变为湖相砂岩、粉砂岩、泥岩含石膏。沉积厚度南部达1 400余米，向北变薄至300～400m，表现为受班公湖-怒江断裂控制的压陷盆地沉积特点。

东昆仑中西部发生构造抬升剥露，构造差异加剧，东昆仑山开始分割北侧柴达木盆地和南侧可可西里盆地的发展。其中南部的可可西里地区及通天河地区此时受构造挤压导致古近纪以沱沱河组(56～32Ma)-雅西措组(32～30Ma)为代表的沉积盆地消亡，并广泛褶皱冲断，造成近水平产出的五道梁组(23～16Ma)地层与下伏地层之间的广泛区域角度不整合接触关系，而北侧柴达木盆地承袭前一阶段的盆地演化连续接受沉积。

高原东北缘地区，贵德盆地出现贵德门组与下覆的西宁群之间的角度不整合接触关系，代表一次剧烈的构造变动，靠近昆仑山前的贵德盆地南缘下覆西宁群被强烈褶皱，反映昆仑山的强烈抬升和向北挤压，与此同时贵德盆地东部海宴-同仁断裂以及拉脊山南北侧逆冲断裂系统也开始强烈活动，札马杂日山、拉脊山开始隆起，拉脊山作为独立山系开始显现，成为分割西宁-兰州盆地与南部的贵德-循化盆地的屏障(方小敏等,2007),由原来统一的受昆仑山前断裂控制的大型盆地变成受若干断裂控制的彼此分割的山间小型盆地,西宁-兰州盆地、贵德盆地及循化盆地开始彼此分割独立发展。此外,祁连山这一阶段向北的挤压导致北部酒泉-张掖盆地的沉积间断,渐新世白杨河组($E_3by$)之后整个中新统缺失沉积。

高原东缘的低温热年代学记录了川滇西部地区 25～17Ma 存在强烈的构造抬升事件,响应这一强构造挤压抬升的东部四川盆地和川滇地区在古近纪—新近纪之交表现为明显的区域性的沉积间断和角度不整合(图 4-6)。

(3)中新世中晚期(13～7Ma)

13～7Ma 间的中新世中晚期是青藏高原边缘和内部系列断裂构造活动时期,形成一系列由断裂控制的断陷盆地。这一阶段,青藏高原的构造分异渐趋明显,不同部位断裂构造活动特点的不同形成了不同类型的断陷。

青藏高原南部地区这一阶段的构造隆升在区域上并不强烈,实际上是前一阶段隆升演化的延续,有其独特性。在 25～17Ma 间由于藏南地区以主中央逆冲断层、冈底斯南缘断裂、班公湖-怒江逆冲断裂等一系列逆冲推覆作用引起藏南冈底斯—喜马拉雅地区地壳厚度强烈加厚,伴随地壳加厚发生部分熔融形成藏南地区的淡色花岗岩系。到 17～16Ma 地壳加厚到一定程度后,由于重力的不稳定而在原逆冲剪切带基础上,发生构造反转引发藏南拆离系的形成,并进一步导致高喜马拉雅结晶岩系的剥露,13～12Ma 藏南拆离系停止活动时,藏南地区的地表抬升已经获得现在的地表高海拔。因此,中新世中晚期(13～7Ma),藏南地区(包括冈底斯)对构造隆升的沉积响应主要表现为在已经获得最大的高海拔基础上,一系列近南北向裂陷盆地系统和平行造山带方向的断陷盆地的发育和扩展,代表性的近南北向裂陷盆地系统包括木斯塘盆地、普兰盆地和吉隆盆地等,平行造山带方向的盆地如札达盆地等。因此,这一阶段的岩石抬升主要表现为系列张性断陷所导致的下盘基岩的快速抬升,如羊八井-当雄断陷导致的下盘念青唐古拉山的抬升剥露。藏南冈底斯—喜马拉雅地区这些小型但具有特殊意义的断陷盆地特别是近南北向断陷盆地的出现,标志着青藏高原进入新的构造阶段,即从近南北向的地壳收缩加厚转为区域性的伸展或物质蠕散。

青藏高原腹地羌塘—可可西里地区,西部中新世中晚期的构造抬升导致以康托组($ENk$)为代表的沉积盆地抬升,形成中新世晚期—上新世的唢呐湖组($Ns$)与康托组($ENk$)之间的区域性的角度不整合关系;东部以五道梁组($N_1w$)为代表的盆地区也发生区域性抬升而确实中新世晚期沉积。

高原东北缘地区该阶段构造抬升主要发生在约 8Ma,主要表现出高原向东北方向的扩展,如拉脊山作为单一山体加速抬升,边缘断裂向盆地快速扩展,控制南部贵德盆地沉积从约 8Ma 开始迅速从湖相转变为盆地边缘的山麓洪积相和盆地中央的辫状河流相(方小敏等,2007)细砾岩出现,并逐步向盆地中央扩展,沉积速率开始明显增加。

藏东和川滇西部地区响应中新世中晚期(13～7Ma)强构造隆升的沉积作用,主要表现为系列走滑断裂活动控制的拉分盆地的发育,以较粗的碎屑沉积为主;东部成都盆地响应青藏高原东缘的逆冲扩展,发育总体向上变粗的层序。在该构造阶段晚期,包括成都盆地在内的藏东和川滇西部诸多盆地均表现较强的抬升消亡而缺失沉积。

西北地区包括阿尔金和西昆仑均表现出强构造的受断层控制的抬升剥露,相关的沉积作用在柴达木和塔里木盆地南缘均有明显响应,主要表现为向上的粒度变粗,沉积速率加快。在塔西南表现为安居安组($N_1a$)泥岩粉砂岩向帕尔布拉克组($N_1p$)砾岩砂岩的沉积过渡;柴达木盆地表现为从上游沙山组泥岩粉砂岩($N_1y$)向狮子沟组($N_{1-2}s$)砾岩的过渡。

(4)上新世以来(5 或 3.6Ma 以来)。

上新世特别是 3.6Ma 以来青藏高原周缘及内部系列沉积盆地响应整个青藏高原的快速构造抬升事件,普遍表现出粗砾石层堆积,沉积速率明显加快。特别是青藏高原周缘出现大体可对比的扇砾岩堆积,如西昆仑山北缘的西域砾岩、祁连山北麓的玉门砾岩、东缘龙门山前的大邑砾岩、东北缘的积石砾岩及南缘西瓦里克群的明显变粗呈砾岩堆积等。高原内部系列盆地也明显变粗出现砾岩堆积,如吉隆盆地的贡巴砾岩、冈底斯构造带上的布隆组砾岩等。这些时代可大体对比的扇砾岩的出现指示了青藏高原快速向周缘的拓展和地表抬升，以及现代高原地貌的最终定型。

### 3. 青藏高原隆升阶段的构造响应及空间差异

青藏高原隆升剥露过程主要受构造作用所控制，主要表现为构造隆升。青藏高原的几个强隆升剥露阶段对应于几个强构造活动时期，在构造变形格式上具有明显反映。我们在进行新生代地质作用过程的编图中，对青藏高原系列主干断层的构造活动过程进行了系统的分析总结和对比，揭示了在青藏高原强隆升剥露阶段或强构造变形准同时性的框架下，不同部位、不同隆升阶段的构造响应表现形式不尽相同，体现在变形方式和变形强度上的差异。差异主要受控于不同时期、不同的动力学背景及不同部位的构造边界条件。

藏南及冈底斯地区处于印度板块与欧亚板块的结合部位，新生代构造变形特征鲜明。70～65Ma印度板块与欧亚板块沿雅鲁藏布江缝合带碰撞，碰撞作用以剪刀式向西发展，海水沿缝合带向西逐渐退缩，并可能于大约35Ma最后完成碰撞，其中，55～45Ma是碰撞作用的高峰时期，形成系列向南的深层次逆冲推覆构造(Schlup *et al.*，2003)。25～20Ma是藏南及冈底斯地区一次强构造变形期。以喜马拉雅主中央逆冲断层为代表的系列逆冲推覆作用主要发生在这一时期(潘桂棠等，1990；Parrish *et al.*，1993；Coleman *et al.*，1995，1998；Harris，1995)；冈底斯岩浆岩带大规模向南的仰冲主要也发生在渐新世晚期(30～24Ma)，并持续到中新世(Harrison *et al.*，1992；Yin *et al.*，1994)，控制了山前沿雅江分布的大竹卡组粗碎屑沉积。由逆冲推覆引起地壳厚度强烈的加厚，导致下地壳部分熔融形成沿分布广泛的淡色花岗岩(Searle and Godin，2003)。经过这一构造抬升事件，喜马拉雅山开始取代冈底斯山，成为青藏高原的南缘屏障，其与冈底斯山脉之间形成现今的雅鲁藏布江的雏形(王二七等，2002)。17～13Ma在青藏高原其他部位表现出相对宁静的时期，藏南地区发育向北滑脱的藏南拆离系，并引起特提斯喜马拉雅带穹窿构造的发育和高喜马拉雅带结晶岩系的抬升剥露(Lee *et al.*，2000；刘文灿等，2004；Thiede *et al.*，2005，2006；Vannay *et al.*，2004；Godin *et al.*，2001；Hodges *et al.*，1998；Searle *et al*，1997；袁万明等，2002)。我们将藏南拆离系和特提斯喜马拉雅带的系列穹窿构造的发育理解为25～20Ma地壳强烈加厚后的应力回撤所引起的均衡回跳作用的产物，其结果一方面引起深部物质的快速抬升剥露，另一方面也导致强烈的地表抬升，研究表明，藏南地区在大约13Ma藏南拆离系活动的晚期已经基本接近现代的高海拔。强烈的地表抬升导致区域重力的不稳定，因此，在紧随藏南拆离系发育的13～7Ma阶段，北喜马拉雅和冈底斯构造带出现系列近南北向地堑系和平行造山带方向的断陷盆地的发育和扩展，如木斯塘盆地、普兰盆地、吉隆盆地、札达盆地和羊八井-当雄盆地等。3Ma以来是整个青藏高原较强的构造活动时期，这一时期的强构造活动主要转移到南部的主边界断层，导致南部西瓦里克盆地沉积速率的显著加快和喜马拉雅南坡的加速剥露。在藏南和冈底斯构造带，这一阶段构造活动性主要体现在系列近南北向的地堑系，而近东西向断裂构造活动相对来说并不十分活跃。因此，大约3Ma以来的喜马拉雅南坡岩石的加速冷却剥露的构造响应在藏南和冈底斯构造带并不明显。

藏东东喜马拉雅构造结地区Ar-Ar年代学揭示存在四期主要构造变形(张进江，2002)，分别为60Ma、23Ma 、13Ma和开始于7Ma以来，其中前三次构造变形表现为不同层次的逆冲楔入，而7Ma以来的构造变形形式以伸展正断层跨塌为特点。

滇西地区热年代学资料同样揭示与东喜马拉雅构造结类似的构造变形期，代表性的哀劳山-红河构造带的Ar-Ar年代学揭示存在四期明显的走滑运动，分别为58～56Ma、24～22Ma、13～12Ma和5.5～4.7Ma以来，其中前三期以左行走滑为特点，5.5～4.7Ma以来反转为右行正断层活动(张进江等，2003)。其他具有类似活动历史的断裂还有高黎贡断裂、澜沧江断裂、怒江断裂等。

青藏高原东缘地区新生代以龙门山断裂、鲜水河断裂、甘孜-理塘断裂等为代表。古新世—始新世的强构造活动主要表现在龙门山断裂。龙门山断裂是一条继承性断裂，挤压活动始于晚三叠纪，古新世时(40～35Ma)龙门山断裂表现出由左旋走滑转为右旋走滑(李勇等，2006)；20～16Ma间是甘孜-理塘断裂带向东的强逆冲抬升期，并造成岩石的快速抬升剥露(来庆洲等，2006)；青藏高原东缘表现最突出、影响最广的强构造变形期是 13～8Ma 和 5Ma 以来，响应两次快速的抬升剥露。13～8Ma 表现出系列走滑运动，如鲜水河断裂主要形成于此时(王宗秀等，1996；张岳桥等，2004)。5Ma 以来的青藏高原东缘地区断裂活动普遍增强，如龙门山断裂向东强烈逆冲(来庆洲等，2006)、鲜水河断裂第四纪强烈左旋走滑活动等。

阿尔金地区的构造格架受阿尔金左旋走滑断裂系统所控制。阿尔金断裂带现今的地貌变形特征以及构造特征主要反映的是中新世以来断裂活动的结果，最明显的两期走滑活动发生在 10～7Ma 和约 5Ma 以来，并均引起由附近山体的掀斜所导致的快速的岩石抬升剥露。特别是 5Ma 以来的走滑活动控制了索尔库里走滑断陷盆地的形成(Li *et al.*，2002)。零星的低温热年代资料也揭示阿尔金断裂在 61～34Ma 和 26～19Ma 存在明显的活动(Yin *et al.*，2002；陈正乐等，2006；Sobel *et al.*，2001；拜永山等，2008；刘俊来，2003；王瑜等，2002)。与阿尔金断裂走滑活动密切相关的是祁连山地区和东、西昆仑地区的系列向北逆冲活动，其对阿尔金断裂系统的走滑位移起着转换和调节作用。研究表明，阿尔金断裂走滑作用影响和控制着青藏高原北部的隆升、生长，青藏高原北部系列山脉的形成与阿尔金断裂走滑伴随的逆冲断裂有着成因联系(李海兵等，2002)，东、西昆仑和祁连山地区的系列逆冲断裂活动与阿尔金断裂的走滑活动具有协同性演化。综合有关资料，青藏高原北缘几个主要构造聚变期涉及的断裂活动信息表述如下。①古新世—始新世古阿尔金断裂强烈活化，并同时向北东和南西方向扩展，形成早期的阿尔金断裂(李海兵等；2002)；东昆仑西部祁漫塔格逆冲断裂系和柴达木北缘逆冲断裂系开始形成，导致祁漫塔格山和柴达木北缘山脉形成；西昆仑甜水海地体向北逆冲控制北侧前陆盆地发育。②渐新世晚期—中新世早期(26～18Ma)喀喇昆仑断裂大规模的高温右旋剪切，康西瓦断裂强烈活动，形成弧形西构造结并向北推进；阿尔金断裂继续向北东扩展，并形成阿尔金山雏形；祁连山地区系列逆冲断层，如祁连山北缘逆冲断裂、大雪山逆冲断裂强烈活动，使得祁连山向北东推进，同时在祁连山的后侧开始形成大雪山以及柴达木盆地；东昆仑中西部东昆仑背冲式逆冲断裂系统形成，分割南部的可可西里盆地和北部的柴达木盆地。③中新世中期(10～7Ma)阿尔金断裂强烈全面活动，阿尔金山构造地貌格局形成；西昆仑山系列向北逆冲断层强烈活动，引起强烈构造抬升；祁连山系列逆冲断层再次强烈活动，祁连山继续向北扩展；党河南山逆冲带强烈活动控制了党河南山的形成。④上新世以来(5Ma 以来)西构造结地区继续向北扩展，晚期发育伸展垮塌引起的正断层活动；喀喇昆仑、康西瓦系列走滑断层强烈活动；阿尔金断裂继续向南西和北东方向扩展，在南西弧形转折地区引发火山喷发，中部地带控制索尔库里走滑拉分盆地；祁连山系列逆冲断层再次向北强烈逆冲活动，祁连山继续向北东方向扩展，在前缘新形成宽滩山。

青藏高原东北缘地区的东昆仑东段及黄河源一带主要构造形式表现为受断层活动控制的盆山格局的形成和演化。古新世—始新世，东昆仑东段北缘山前断层向北逆冲，控制北侧西宁-贵德盆地的发育；渐新世晚期—中更新世早期(23～21Ma)，东昆仑中西段逆冲断裂体系以背冲构造型式活动，分割北侧柴达木盆地和南部的可可西里盆地。拉脊山南北侧断裂也以背冲组合型式向上逆冲，开始分割北侧西宁-临夏盆地和南侧贵德-循化盆地的发展，拉脊山作为独立山系开始显现。8Ma 左右，拉脊山开始强烈隆升，南北边缘断裂向盆地快速扩展。约 3.6Ma 开始，东昆仑山前断裂向北强烈逆冲，东昆南断裂强烈左旋走滑活动，东昆仑山、拉脊山急剧快速的隆升和断裂强烈地向盆地扩展，东昆仑山东段及黄河源地区现今地貌和构造沉积格局形成，湖相地层结束并被掀斜。在中更新世之后，东昆仑山东段及黄河源地区出现系列伸展断裂构造，高原面开始解体(王国灿等，2002)，黄河开始出现，并迅速下切了 900m 深度，形成 7 级阶地(方小敏等，2007)。

青藏高原腹地羌塘—可可西里地区响应新生代强构造抬升期的构造变形除断裂构造外，褶皱变形也十分明显。古新世—始新世的强构造变形主要体现在南部与冈底斯构造带北部系列边界断裂向北的逆冲活动，如纳木错逆冲推覆构造、唐古拉山北缘逆冲推覆构造的活动，褶皱变形不明显。渐新世晚期—中新世早期的构造变形影响广泛而强烈，南部冈底斯北侧班公湖-怒江断层逆冲活动，控制北侧以康托组为代表的磨拉石堆积(Wang *et al.*,2008);北侧的东昆仑山南部断裂系统发生向南逆冲,可可西里地区在近南北向强烈挤压作用下,引起古近纪沉积盆地(沱沱河组和雅西措组)普遍褶皱和冲断,并形成中新世五道梁组与古近系及更老基底岩系之间的区域性角度不整合。中新世中晚期的构造变形在西部地区主要表现为以康托组($E_3N_1k$)为代表的沉积盆地褶皱抬升,形成中新世晚期—上新世的唢呐湖组($Ns$)与康托组($E_3N_1k$)之间的区域性角度不整合关系;而东部地区构造变形主要表现为受断裂活动控制的区域性抬升,导致以五道梁组($N_1w$)为代表的盆地区也发生区域性抬升而缺失中新世晚期沉积,五道梁组($N_1w$)地层褶皱变形不明显仍保持近水平状态。约5Ma以来羌塘—可可西里地区依然主要表现为受断裂活动控制的地表抬升,大幅度的岩石抬升剥露并不十分明显,而断裂活动主要以走滑运动为主,其中北部以左旋走滑为特点,如东昆南断裂及南部可可西里地区系列左旋走滑断裂系;南部以右旋走滑为特点,如嘉黎断裂等,体现青藏高原核部物质的向东蠕散。

### 4.4.3 青藏高原扩展与高原形成

青藏高原作为世界最大最高的高原,其形成和扩展过程一直是研究青藏高原的中外地质学家们关注和争论的焦点。无论是国内还是国外学者,人们往往习惯于将一些局部的、片段的高海拔证据推广到整个青藏高原。近年来的研究说明,青藏高原高海拔的获取并不是统一的,而是分阶段、分区域的不断扩展过程(图4-7)。

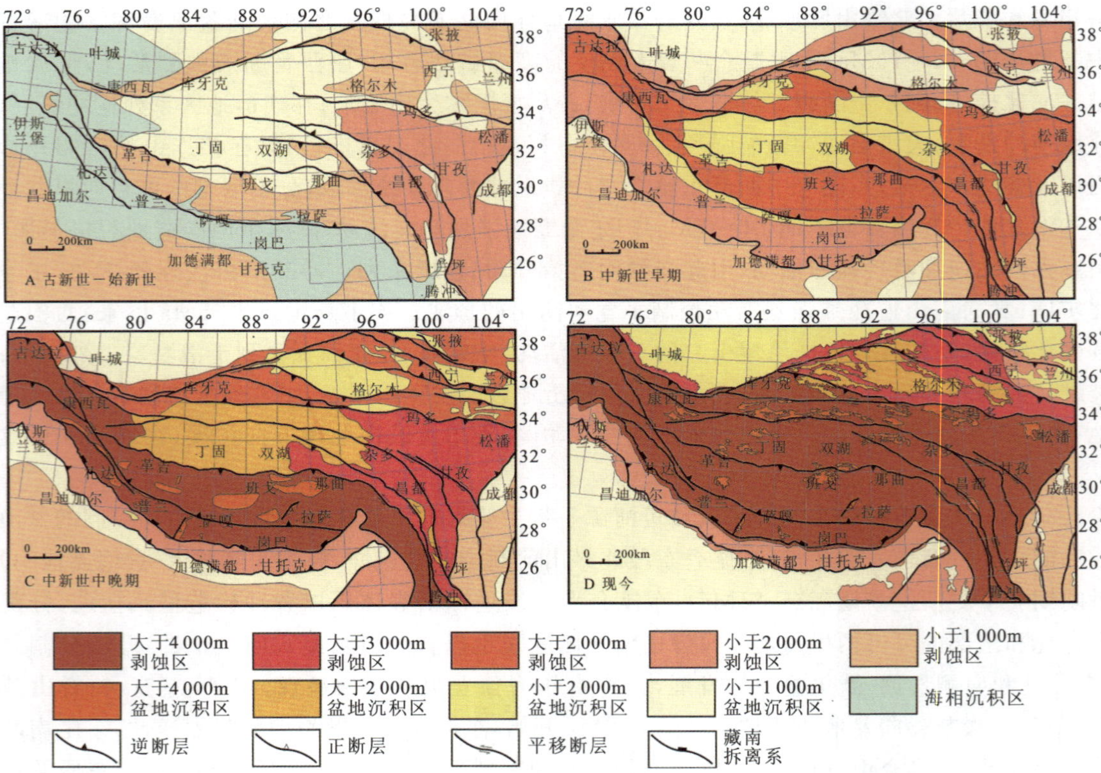


图4-7　新生代青藏高原扩展过程

#### 1. 前新生代

青藏高原最早的抬升区域位于北部。印支晚期随着古特提斯洋盆的关闭,导致了青藏高原最大的海退期,侏罗纪—白垩纪阿尔金断裂以东、羌塘以北广大区域转为陆地。据有关研究,阿尔金断裂在印支期(220~240Ma)已经出现高温韧性走滑活动(李海兵等,2001,2004),东部的龙门山褶皱带及向东的逆冲推覆在晚三叠世—早白垩世形成(Burchfiel *et al.*,1995;Chen *et al.*,1996)。因此,青藏高原北部和东部边界的雏形在印支晚期—燕山早期已经显现,但并不十分明显。白垩纪时期,随着中特提斯洋沿班公湖—怒江一线缝合,冈底斯微陆块沿班公湖—怒江一线俯冲到北部高原之下,北部受塔里木-阿拉善地块的阻挡,阿尔金断裂的活动更趋明显,在左行走滑过程中,至少在120Ma(白垩纪)左右开始伴随相对的快速隆升作用,并在逆冲断裂前接受沉积,形成早期的山前盆地,起转换作用的祁连山北缘逆冲断层也开始活动,控制了早期祁连山脉的形成。往南到东昆仑和松潘—甘孜—巴颜喀拉广大地区,白垩纪沉积普遍缺失,且广大区域内均有早白垩纪构造热事件的记录(Liu *et al.*,2005;王国灿等,2007),显示一次区域性的构造抬升。东部的龙门山地区,受扬子板块阻挡,发育一系列逆冲推覆构造及同时代的与陆内俯冲有关的大量白垩纪花岗岩的侵位,龙门山褶皱带进一步隆起。因此,到早白垩世,青藏高原北部"高原"雏形在班公湖—怒江北部的广大地区基本形成(李海兵等,2004)。但是,这一时期"高原"雏形地势反差可能并不大,海拔也不高,并不具备真正意义上"高原"的特性,但是这一雏形"高原"为新生代准同时的构造隆升、高原抬升的区域效应及变形聚变期的准同时性的应力的快速传递奠定了基础。

2. 古新世—始新世

新生代早期古新世—始新世,印度板块与欧亚板块碰撞并持续挤压,影响着青藏高原广大范围内的构造抬升。中生代时期的"高原"雏形此时地貌格局发生分化。

东北部的隆起蚀源区主要位于松潘—甘孜—巴颜喀拉一带,为东昆仑山北缘断裂、金沙江-红河断裂和龙门山断层所夹持的三角形地区。羌塘—可可西里—柴达木地区主体表现为大面积的冲泛平原-湖盆沉积区(张克信等,2008)。受阿尔金走滑断裂向北东和南西方向的扩展和祁连山向南、北两侧的系列逆冲推覆构造体系的影响,阿尔金—祁连山地区为另一隆起蚀源区,其中祁连山的隆升控制了北部河西走廊盆地最老新生代陆相地层的沉积(戴霜等,2005)和南部柴达木盆地陆相地层的发育。西部西昆仑地区此时主体仍为海域,热年代学资料揭示在康西瓦断裂以南的甜水海地区应存在线状的隆起蚀源区。南部地区雅江以南在古新世—渐新世仍是俯冲板块,海域直至始新世末退却,而雅江以北的冈底斯地区作为印度板块与欧亚板块相互作用的前锋仰冲板片发生强烈的地表抬升并遭受剥蚀,构造抬升受向南逆冲的雅江断裂(或冈底斯南缘逆冲断层)和北侧向北的班公湖-怒江断层(Wang *et al.*, 2008)等控制,呈现出挤压背冲式抬升。在这种构造体制控制下,冈底斯可能获得一定的海拔高度。最近,有不少研究提出始新世时期冈底斯甚至包括羌塘地区已经出现类似现在海拔的"原始高原",如 Rowley 等.(2006)根据班公湖-怒江缝合带附近安多西侧的伦布拉盆地沉积的氧同位素研究认为,到始新世末期,这一地区海拔已超过 4km;DeCelles 等.(2007)通过对沿班公湖-怒江缝合带分布的尼玛盆地沉积物的氧同位素的研究也得到类似结论,认为到早渐新世这一地区高而干旱,类似现代环境;Wang 等.(2008)对可可西里盆地沱沱河组($E_{1-2}t$)进行磁性地层学研究结果表明,在 55～40Ma 间平均沉积速率约150m/Ma,在 40Ma 左右沉积速率明显增加到 1 500m/Ma,随后从 39～30Ma 又减小到平均 400m/Ma 的沉积速率。其中 40Ma 左右的明显的加速沉积和向上变粗的卵石沉积相协调,也和唐古拉山裂变径迹所反映的快速抬升剥露期相协调。据此,Wang 等.(2008)将可可西里盆地解释为受唐古拉逆冲推覆系统活动控制的前陆盆地堆积,并进而认为南部的冈底斯地体与羌塘地体是一个统一的构造抬升体,结合 Ar-Ar 测年发现羌塘地区出现始新世富钾花岗岩,从而认为在约 40Ma 前冈底斯—唐古拉已经形成与现今海拔相当的原始高原。应该说,影响氧同位素古高度计的因素十分复杂(Kohn *et al.*, 2007; Rowley,2007;Blisniuk,Stern, 2005),有效性仍然存有争议(Molnar *et al.*, 2006),Wang 等.(2008)提出的冈底斯—羌塘地区在 40Ma 已经达到或接近现代高海拔的依据也并不十分充分。相反,从整体沉积盆地分布格局来看,古新世—始新世时期,羌塘与可可西里均属于较大型的冲泛平原区(张克信等,2007),南部冈底斯地体的西段阿里地区的沉积记录总体还呈现为近海特征,多处还出现海泛沉积(潘桂棠等,1990),中段仲巴县西北麦拉山地区在一套砾岩层的上部以及念青唐古拉西段的林周等地也都曾发现有始新世海相灰岩夹层(钱定宇,1985;肖劲东,1988; 章炳高,穆西南,1979)。因此,尽管冈底斯地体此时总体为相对较高的剥蚀区，但总体海拔不应太高，更不应具备现代的高海拔。抬升剥露区的范围也是值得讨论的问题。Wang 等．(2008)强调冈底斯与羌塘整体构成其原始高原的范围，强调以唐古拉山北侧逆冲断层系统为界，冈底斯-羌塘地体作为统一的抬升体对北部可可西里盆地沉积起着控制作用。然而，古新世—始新世时期盆地沉积实际已经向南跨越唐古拉断裂至羌塘甚至冈底斯构造带上，并且古新世—始新世沉积在羌塘—可可西里地区具有广泛的可对比性，唐古拉断裂南侧代表性沉积牛堡组($E_{1-2}n$)与北侧代表性沉积沱沱河组($E_{1-2}t$)沉积特征十分相似，均表现为由下部的粗粒的辫状河三角洲砂砾岩沉积发展到上部的细粒的湖相砂泥岩沉积。而相比唐古拉断裂对北侧可可西里盆地的控制而言，分隔冈底斯地体与羌塘地体的班公湖-怒江断裂及其所控制的南侧冈底斯地体的构造抬升对北侧盆地具有更重要的控制作用，班公湖-怒江断裂基本构成北侧新生代沉积盆地的南部边界，南部冈底斯地体主要表现为古近纪的火山岩分布，而新生代大规模盆地堆积主要分布于班公湖-怒江断裂及其以北广大地区，特别是班公湖-怒江断裂构造带对渐新世—中新世以康托组($E_3N_1k$)磨拉石堆积为代表的前陆盆地堆积具有十分明显的控制作用。因此，尽管古新世羌塘的唐古拉山地区出现有抬升剥露，但总体北部沉积盆地的南部边界应该为班公湖-怒江断裂，而不应是唐古拉断裂，即古新世—始新世时期冈底斯与羌塘不能构成一个整体的构造抬升体。

综上所述，始新世末期，青藏高原的地表轮廓可概括为以下的台阶式结构(图 4－7A)。一级台阶主要包括青藏高原东部的松潘—甘孜—巴颜喀拉地区，可能为低缓的剥蚀区；二级台阶主要包括冈底斯地区(向西可能和甜水海剥蚀区相连)以及北部的祁连山地区，总体为近海低海拔剥蚀区；三级台阶包括羌塘—可可西里—柴达木以及西宁—临夏地区，为低海拔冲泛平原区；四级台阶为喜马拉雅地区以及西昆仑地区，仍保持为残留海沉积区。从古地理格局来看，地形总体表现出东高西低的面貌。

### 3. 渐新世—中新世早期

渐新世—中新世早期，在近南北向挤压应力作用下，以冈底斯地区(向西与甜水海隆起区相连)为核心发生向南和向北的逆冲，地表强烈抬升，并向南和向北扩展，此时的冈底斯剥蚀区与松潘—甘孜—巴颜喀拉剥蚀区可能大体处于相同的古海拔(图 4－7C)。羌塘—可可西里地区可能也已抬升到相当高度。我们在进行 1∶25 万不冻泉幅区域地质调查过程中，对渐新世雅西措组和中新世五道梁组进行植硅体化石研究，揭示了可可西里盆地从雅西措组顶部的炎热环境发展到五道梁组底部的极端寒冷环境，反映了渐新世晚期—中新世早期之间(30～23Ma)的一次快速降温事件，对应于高原的抬升和向北扩展；东昆仑山在背冲式逆冲推覆作用的控制下开始抬升，并成为分割可可西里盆地与柴达木盆地的屏障(尹安等，2007)。阿尔金地区由于阿尔金断裂继续向北东扩展，形成阿尔金山雏形；祁连山地区系列逆冲断层继续强烈活动，仍作为青藏高原北缘的隆起剥蚀区。但是，到中新世早期，东昆仑以北地区的海拔并不高。东北缘的拉脊山虽然已经出现雏形，但是山体海拔并不高。南部喜马拉雅构造带以主中央断裂带为代表的系列向南的逆冲推覆构造强烈活动，地壳强烈加厚，喜马拉雅山脉开始显现，代表高原向南的扩展，但当时山体可能也不高，其与冈底斯之间的雅江谷地开始形成。

综上所述，中新世早期青藏高原的地表轮廓可概括为以下的台阶式结构。一级台阶包括甜水海—冈底斯—松潘—甘孜—巴颜喀拉广大地区，海拔高度不十分明朗，但应具有相当高度；二级台阶主要包括青藏高原腹地的羌塘—可可西里以及以南的喜马拉雅地区；三级台阶主要包括青藏高原北缘的阿尔金—祁连—东昆仑—拉脊山地区，现代盆-山地貌格局雏形形成，但平均海拔高度低；四级台阶应位于西昆仑地区，以滨湖-浅湖环境为主。

### 4. 中新世中晚期

中新世中晚期藏南地区发生明显的地表抬升，并于 15Ma 左右藏南地区(包括喜马拉雅带和冈底斯带)基本获得现代的高海拔。较可靠的证据来自 Spicer 等．(2003)对南木林盆地植物化石的研究，根据藏南南木林盆地发现的植物化石组合，认为南木林盆地区在 15Ma 海拔达到 4 600m 以上，和现在该地区的海拔几无区别；Currie *et al*.（2005）根据南木林盆地沉积物稳定同位素的分析也得到一致结论；我们对吉隆盆地碎屑裂变径迹年龄分析也揭示吉隆盆地蚀源区在 16.7～11.6Ma 间随着藏南拆离系的发展存在明显的地表抬升，并至少在大约 12Ma 藏南拆离系停止活动时已经获得现在的地表高度；Garzione 等.（2000a，2000b；2003）对尼泊尔的 Thakkhola 地堑的中新世沉积物的氧同位素分析也得出盆地基底在大约 11Ma 已经达到约 4km 的高海拔的结论。进一步对盆地沉积、孢粉和古土壤分析发现，盆地底部年龄为 11～9.6Ma 的 Tetang 组的古气候条件比上覆 7Ma 以后沉积的 Thakkhola 组更潮湿，这一气候变化与在西瓦里克前陆盆地、阿拉伯海和孟加拉湾等地观察到的在 8～7Ma 的气候变化一致，以前一般认为这是响应青藏高原隆升的亚洲季风增强的产物（Burbank *et al*.，1993；Derry，France - Lanord，1996）。然而，一系列新的古海拔高度证据显示，藏南和冈底斯地区高海拔的出现一般在系列近南北向地堑的形成之前，也早于 8～7Ma 的亚洲季风增强时期。因此，Garzione 等 .（2005）认为亚洲季风的加强与高原隆升并不是简单的对应关系。

15～12Ma 藏南地区达到现今的高海拔与该时期构造背景相匹配，由于先期强烈逆冲推覆和地壳强烈加厚，在均衡回弹控制下，藏南地区于 16～17Ma 开始形成藏南拆离系和北喜马拉雅构造带的系列穹窿构造，在这种背景下深部物质折返，必然引起大规模的地表抬升，地表抬升的结果造成藏南地区的重力不稳定性，从而进一步诱发一系列近南北向的裂陷盆地的发育。

班公湖-怒江断裂以北的青藏高原腹地区此时的古海拔高度仍不十分明朗。但是这一时期高原腹地出现的富钾埃达克质火山岩（18～13Ma）表明中新世中晚期青藏高原腹地也已具有相当的地壳厚度（魏启荣等，2007），按照地壳均衡原理，其地表应该出现相当的地表抬升，另外，以康托组（EN*k*）和五道梁组（$N_1w$）为代表的沉积盆地抬升消亡也反映了区域性的地表抬升。

低温热年代学资料揭示高原东部藏东和川滇西部地区在 13～9Ma 间表现出快速的河流下切（Clark *et al*.，2005），反映存在快速的地表抬升，藏东和川滇西部诸多盆地均表现强的抬升消亡而缺失沉积。说明青藏高原东部在中新世中晚期也具备相当的地表海拔高度。

高原北缘地区在中新世中晚期强烈构造抬升导致高原向北的扩展。西昆仑山系列向北逆冲断层强烈活动，蚀源区向北扩展，现代西昆仑山成形；阿尔金断裂强烈全面活动，阿尔金山现代构造地貌格局形成；祁连山系列逆冲断层再次强烈活动，祁连山继续向北扩展；党河南山逆冲带强烈活动控制了党河南山的形成；东北缘地区约 8Ma 在逆冲断层的控制下强烈突起成山，现代盆-山地貌格局成型，如拉脊山作为单一山体加速抬升并明显分隔南部的贵德-循化盆地和北部的西宁-临夏盆地。由此可见，中新世中晚期是青藏高原北缘现代地貌格局的主要塑造时期，但从整体来说，青藏高原北缘此阶段尚未达到现今的平均海拔，古植物化石、古动物化石、古岩溶、古夷平面、沉积相（如标志山地上升的扇砾岩为主的内陆磨拉石沉积）、古土壤、古气候等方面的综合研究结果表明，高海拔的出现应该是在上新世晚期（约 3.6Ma）以来（李吉均等，1998，2001；施雅风等，1999；钟大赉，丁林，1996；崔之久等，1996，1998）。

综上所述，我们将中新世中晚期青藏高原的地表轮廓概括为以下的台阶式结构（图 4 - 7D）。一级台阶包括甜水海—冈底斯—北喜马拉雅地区，其海拔和现在的平均海拔类似，但是喜马拉雅山主脊的异常高海拔当时可能还没有出现；二级台阶主要包括青藏高原腹地的羌塘—可可西里—松潘—甘孜广大地区，海拔高度不十分明朗，但应具有构成对大气环流起着重要影响以及东亚季风形成的古高度；三级台阶主要指青藏高原北缘的西昆仑—阿尔金—祁连—东昆仑—拉脊山地区，现代盆-山地貌格局基本形成，但平均海拔高度并不高，应在 2 000m 以下。

### 5. 上新世以来

上新世以来是青藏高原强烈地表抬升及现代地貌格局的成型时期（图 4 - 7E）。南部喜马拉雅地区主要由主边界断层控制，在逆冲和气候引起的降水加强的双重控制下，喜马拉雅南坡下蚀作用加强，地貌反差加剧，一系列大于 7 000m 甚至 8 000m 的异常高海拔山系形成；冈底斯地区基本维持上一阶段形成的高海拔状态；腹地的羌塘—可可西里—松潘—甘孜广大地区发生整体地表抬升达到现今海拔高度;北部东昆仑地区在东昆仑断裂的控制下加剧抬升,形成高原北部的重要的台阶边界;更北部的西昆仑、阿尔金、祁连山、拉脊山等山脉也加剧抬升,并向盆地方向扩展,在平均海拔增大的基础上,地貌反差也加剧,现今盆山相间的高原边部地貌格局最终形成。

## 4.5 青藏高原形成机制

长期以来,人们孜孜不倦地研究,试图揭示青藏高原形成与演化的地球动力学奥秘。早在20世纪20年代,Argand(1924)就注意到青藏高原双倍于正常地壳厚度的事实,认为其成因是由于印度地盾向北长距离俯冲楔入于青藏高原地壳之下的结果,这成为解释青藏高原成因的最早的动力模型,对后期的青藏高原构造研究具有深远影响。

20世纪70年代,Dewey和Burke(1973)提出"推土机"模式,认为印度刚性板块向北推挤青藏高原引起青藏高原全岩石圈的加厚。而Tapponnier和Molnar(1976)在对包括青藏高原在内的整个东亚构造,特别是走滑构造分析的基础上结合构造模拟实验,提出滑线场理论,认为刚性的印度板块向北楔入欧亚板块内部引起青藏高原及东亚发生大规模的向东的构造逃逸。这一模型尽管没有直接对青藏高原地壳加厚和高原隆升做出成因上的解释,但这一模型突破了传统的板块为统一的刚体的概念,为从大陆内部的大陆动力机制来考察青藏高原形成开辟了新的思路。

20世纪80年代以来,随着对青藏高原地质构造研究系列计划的实施,对青藏高原的认识进入了一个前所未有的新阶段。对青藏高原形成机制的全新认识主要有3个方面的突破:①岩石圈结构构造理论认识上的进一步突破,特别是实验岩石学的进展所导致的人们对岩石圈流变性质认识的加深;②深部地球物理探测导致人们对青藏高原三维结构认识的深化;③更精细的地表地质调查、构造分析以及相关的年代学研究成果越来越详尽的揭示了青藏高原地质构造在时空演化上的规律性和不均一性,地表现代GPS监测资料则直接定量揭示了青藏高原的现代地壳运动状态。因此,青藏高原深部岩石圈结构特征以及地表地质构造的时空演化成为人们构建青藏高原形成机制模型必须考虑的基本内容。随着大量地表和深部资料的不断积累,不同学者从不同角度提出了众多有关青藏高原形成和演化的动力模型。

许志琴(2004,2006)在总结青藏高原内部及周缘地球物理资料的基础上,结合青藏高原及周缘的构造发育和热结构,提出了青藏高原隆升的大陆动力学模型,概括为南部印度岩石圈板片的陆内超深俯冲,北缘克拉通的陆内浅俯冲,腹地深地幔热结构,以及超岩石圈范围的"右旋隆升"和物质向东挤出。肖序常等(2002,2004)根据北缘西昆仑与塔里木接触带的深地震反射资料出现两组分别向北和向南的清晰的震相,认为西昆仑—塔里木南缘地区在南来强劲的挤压应力作用下,塔里木只起到阻挡作用,并没有长距离地向南俯冲下插,从而认为青藏高原地壳加厚、缩短和隆升是受南缘俯冲挤压-北缘水平挤压的动力学模式所制约。

Tapponnier等(2001)在对青藏高原新生代变形特别是主要断裂变形、岩浆发育以及地震资料揭示的青藏高原壳幔结构等方面分析的基础上,认为青藏高原的隆升受控于不同岩石圈块体之间应变局部化剪切作用,并且呈现出阶段式的发展,他认为青藏高原的形成是以冈底斯—唐古拉为核心的向北渐新的斜向三阶段逐步扩展过程,并进一步提出解释这种扩展过程的地球动力学模型。其模型将青藏高原构造抬升的过程理解为:①亚洲岩石圈地幔部分沿新生代几条被激活的前新生代缝合带(班公湖-怒江、金沙江以及昆仑等)由南向北依次发生向南的斜向俯冲;②在斜向汇聚过程中,塑性的下地壳与地幔部分解偶,地幔俯冲不增厚,而地壳部分发生分片式的逆冲增厚;③由南向北变新的渐进式的斜向地幔俯冲-分片式地壳增厚,导致青藏高原以冈底斯—唐古拉为核心的向北的三阶段扩展;④斜向地幔俯冲-地壳增厚过程中伴有大规模的由系列左旋走滑断层约束的向东的侧向挤出。Taponniar等(2001)提出有关青藏高原的扩展增长的概念已经获得越来越多的资料的支持,但是解释这种构造扩展的青藏高原的不连续物质运动动力成因却遇到现代GPS观测数据的挑战。Zhang等(2004)根据对青藏高原及其周缘GPS观测数据研究认为，与断层滑动相关的弹性应变的刚性块体间的运动与现今观测到的青藏高原及其周缘GPS速度场不匹配，青藏高原现代构造变形运动分布形式显示为连续介质变形，高原内部变形表现为ESE-WNW向的伸展和稍慢的NNE-SSW向的缩短，相对于欧亚大陆，青藏高原内部物质大体向东运动，且往东其向东的位移矢量越来越大，然后在喜马拉雅东构造结转向南流动，青藏高原东北缘和东缘出现的约400km的地壳加厚带不是加载在单一主逆冲断层上的弹性应变的结果，而是调节印度板块穿入欧亚大陆内部的塑性变形的产物。

随着对大陆中下地壳特别是厚的中下地壳的流变性质认识的深入，下地壳流动机制被广泛引入来解释青藏高原新生代构造过程。中下地壳的流动机制作为青藏高原新生代构造隆升过程的动力机制的认识主要来自人们对岩石圈流变性质认识的深化。20世纪80年代以来，实验岩石学的进展促进了人们对岩石圈流变性质认识的加深，温度、成分和熔体的分布大大影响着岩石圈的流变强度及流变分层性，在一定的剪应力梯度或侧向压力梯度下，较软弱的下地壳甚至中地壳物质会发生"果冻三明治"式的侧向流动，这已经为许多实验模拟研究和野外实际观测资料所证实。青藏高原地区具有异常高的热流值以及异常厚的地壳厚度，因此其中下地壳势必处于较高的温度状态，在这种较高温度下，中下地壳会发生部分熔融作用（已得到地震资料的证实，Nelson *et al.*，1996），部分熔融体的存在势必导致中下地壳的进一步弱化，另外，青藏高原高而平坦的高原面也似乎表明其是由于存在弱的中下地壳的支撑在重力作用下平衡调节的结果。因此，青藏高原存在足够软弱的中下地壳，在一定的剪应力梯度或侧向压力梯度下势必发生侧向流动。由此，一些学者用弱的中下地壳流动模型来解释青藏高原的抬升及地貌变迁的机制，特别是解释青藏高原向外的增生过程的动力机制。Clark and Royden（2000）首次用基于下地壳流动的"channel flow"模型来解释青藏高原东缘的地貌变化，他们认为至少从中中新世以来，厚而弱的青藏高原中下地壳发生向东的侧向流动，使得青藏高原东缘持续抬升并向东膨胀扩展。扩展过程中如果东部相邻地壳也较弱，那么向东的侧向流动扩展就会较容易进行，从而导致较低的地貌梯度变化，如青藏高原东南缘状况；如果相邻地壳较强硬，向东的流动受阻，从而形成陡峻的高原边缘，如龙门山与四川盆地接壤地区。Beaumont等（2001）和Hodges等（2001）同年分别运用"channel flow"模型最先解释青藏高原南部喜马拉雅的构造以及高喜马拉雅带岩石的剥露，并且将"channel flow"的作用过程与季风驱动的剥蚀地表过程发生联系。Beaumont等（2001，2004，2006）还进一步用热机制数值模拟定量描述了"channel flow"的过程以及地表剥露、上地壳强度与"channel flow"之间的相互关系。青藏高原东缘以及藏南地区中新世以来的构造和地貌表现成为当今"channel flow"动力模型运用的最经典实例，"channel flow"模型也成为受到广泛关注和热烈推崇的大陆动力学模型。中下地壳会发生侧向流动，但是这种侧向流动能否引起上部地壳构造地貌的巨大变革或者区域影响究竟多大，目前也受到较多的质疑。如Clark and Royden（2000）曾用下地壳的"channel flow"模型来解释青藏高原东南缘的向东渐低的地貌变化，但是，最近建立在高精度的SRTM数字高程模型研究揭示的青藏高原东南缘大尺度地貌特征并不具备"channel flow"模型所要求的地形变化趋势（刘静等，2009）；高喜马拉雅的剥露及控制其剥露的南北边界主中央断层（MCT）和藏南拆离系（STDS）的活动被认为是"channel flow"到达地表的典型实例，但最近的年代学和构造学研究揭示，藏南拆离系的活动时间要晚于主中央断层活动时间，与"channel flow"要求的两断层同步活动相矛盾，另外，藏南拆离系中识别出与MCT同向的早期逆冲活动也与"channel flow"的模型不吻合。青藏高原南部中新世以来发育的一系列近南北向地堑系统的形成也被认为是青藏高原软弱的中下地壳向东的粘性流动拖曳的结果（Zhang *et al.*，2004），但是，最近的构造数值模拟结果表明，粘性的中下地壳不可能驱动上地壳脆性断裂的发生，而中下地壳的塑性流动或许可以拖曳上地壳先存的断裂的位移活动，如2008年5月12日沿龙门山断裂发生8.0级特大地震的孕育（张培震，2008），但其本身不能成为青藏高原新生的脆性断裂的成因机制。另外，GPS所显示的青藏高原及东缘的向东的现代地壳运动格式主要体现在约经度92（线以东，并且从西往东物质运动是从近南北向逐渐过渡到近东西向），而近等间距分布的系列近南北向裂陷带主要发育在经度92（线以西地区，且其延伸方向并不随着GPS所反映的规律性的物质运动方向而作规律变化）。因此，青藏高原中新世以来新生的系列南北向裂陷带显然还需要寻找其他动力机制。自从 Harrison 等(1992)首次将系列近南北裂陷带的形成作为高原隆升到最大高度的证据以来,有关其动力成因一直是人们讨论青藏高原晚新生代动力学的重要方面,可以概括为三种基本认识。其一是上述的中下地壳流动的"channel flow"机制。第二种基本认识是将之归结为加厚的岩石圈以及隆升的高原由于重力作用导致的侧向上的伸展垮塌,Harrison 等(1992)将南北裂陷带的形成作为高原隆升到最大高度的基础也就在于此。Blisniuk 等(2001)讨论了这种重力势能增加的可能原因,认为这是青藏高原之下地壳及上地幔热结构和密度分布存在时空不均一的产物。Molnar 等(1993)则提出青藏高原岩石圈下部上地幔是因"对流拆离"(Convective removal)造成岩石圈减薄及拆沉,轻而高温的软流圈物质上涌,造成地壳的局部熔化,熔岩溢出,他认为青藏高原地壳的增厚或缩短不能导致高原在 8Ma 前快速上升及触发系列近南北向正断层,因而岩石圈下部的突然拆沉减薄是一条可供选择的解释。第三种基本认识认为是由于印度大陆俯冲的南北向挤压引起的变形分解作用,并形成喜马拉雅的弧形几何特征。如 Armijo 等(1989)和 Tapponnier 等(1981)将东西伸展归结于藏南相对于喀喇昆仑-嘉黎断层带的向东挤出;McCaffery 等(1998)将其归因于印度大陆和亚洲大陆之间的倾斜会聚所引起的基底剪切;Seeber and Pecher(1998)则认为印度大陆向亚洲大陆俯冲过程中沿喜马拉雅弧的应变分解产生了东西伸展。

Chung 等(2005)在总结青藏高原新生代岩浆活动时空演化的基础上,从岩浆所反映的深部过程角度提出青藏高原新生代的分阶段动力演化模型。模型认为,在印度板块与欧亚板块碰撞后,早第三纪时期,冈底斯弧岩浆作用停止,可能由于先期俯冲的新特提斯洋板片的回撤以及随之进一步发生的板片断离,在羌塘地区构成伸展环境,导致其广泛分布 50～30Ma 的富钾熔岩及一些富钠玄武岩;约 30Ma 以后,首先 30～26Ma 先期加厚的冈底斯岩石圈根发生拆沉,导致藏南地区后碰撞岩浆活动向南迁移,开始出现超钾质以及埃达克质熔岩;大概 26Ma 后,随着冈底斯岩石圈根被拆沉,印度地幔岩石圈才得以向北远距离俯冲抵达冈底斯地体的北部,并成为控制青藏高原造山作用的关键因素,青藏高原北部岩石圈厚度得以加厚;然后在约 13Ma 后,青藏高原北部岩石圈根拆沉导致西羌塘和松潘-甘孜地体钾质火山活动再次活跃。模型推导出南部高海拔的出现在晚渐新世以前,而北部现今的高海拔出现于中中新世之后,并认为北部中中新世之后获得现今高海拔的成因归于西羌塘和松潘-甘孜岩石圈下部的拆沉作用。13Ma 以后演化阶段的地球动力学模型得到 Ivone Jiménez - Munt 等(2008)进行的数值模拟结果的支持,Ivone Jiménez - Munt 等(2008)以青藏高原现今的区域海拔高度、重力、大地水准面以及热流资料为基础,结合各种地震剖面资料,对青藏高原及其周缘的岩石圈结构进行二维数值模拟,结果显示喜马拉雅和拉萨地块南部的青藏高原南部地区由厚壳及厚上地幔构成,而包括北拉萨及羌塘地块(以及松潘-甘孜)的青藏高原中北部则具有较薄的地壳和较薄的岩石圈地幔,更北部的昆仑—柴达木—祁连地区又显示较厚的地壳和岩石圈地幔,反映了青藏高原岩石圈结构横向上的极不均一性,南部厚的低密度地壳和中北部热的低密度上地幔补偿了由于岩石圈结构差异可能带来的地表海拔高度的不均一性,使得其表面海拔较均一。这样一种结构体现了南部印度岩石圈向北俯冲于青藏高原南部之下和北侧阿拉善岩石圈向南俯冲于祁连之下的双向俯冲模型,而中北部的薄壳薄上地幔以及高热流则体现了该区域发生岩石圈地幔的拆沉和软流圈的上涌,与 Chung 等(2005)的模型的最后演化阶段模型相似。Chung 等(2005)的分阶段演化模型似乎总体也能说明高原抬升为由南向北的渐进扩展,但是,该分阶段演化模型主要从岩浆时空演化单一因素考虑,而与青藏高原构造发育、沉积演变以及高原抬升剥露的演变进程联系较少,也没有反映青藏高原强构造抬升的准同时性。

综上所述,青藏高原形成机制模型仍存在较大的意见分歧,不同动力学模型由于强调侧面的不同从而在力学热力学机制、相互作用的方式、高原内部不同层次地质效应、演化时序等方面存在着不同认识。我们认为,青藏高原形成机制绝非单一模型所能概括,而是多种机制作用的综合体,其原因在于印度板块与欧亚板块完成最后拼接后所经历的复杂的地质过程及其空间上的差异性,青藏高原的形成不是一蹴而就,而是一个联合与扩展的过程。因此,要建立一个相对合理的青藏高原形成机制的综合模型必需从青藏高原的表层演化过程(扩展过程)及沉积响应过程、构造发育的时空格架、岩浆过程以及地球物理揭示的深部结构等方面进行综合考察。根据前面的讨论，青藏高原新生代存在四个准同时性的强构造隆升阶段，不同强构造隆升阶段造就的地表抬升特点及相关的沉积构造表现、岩浆活动性质各不相同，体现了控制各强构造隆升的深部动力学机制的调整和变革，为此，我们在系统综合有关地表地质资料的基础上，结合近年来的深部地球物理探测结果，试图分别对 4 个强构造隆升阶段的动力机制做一一分析（图 4－8）。

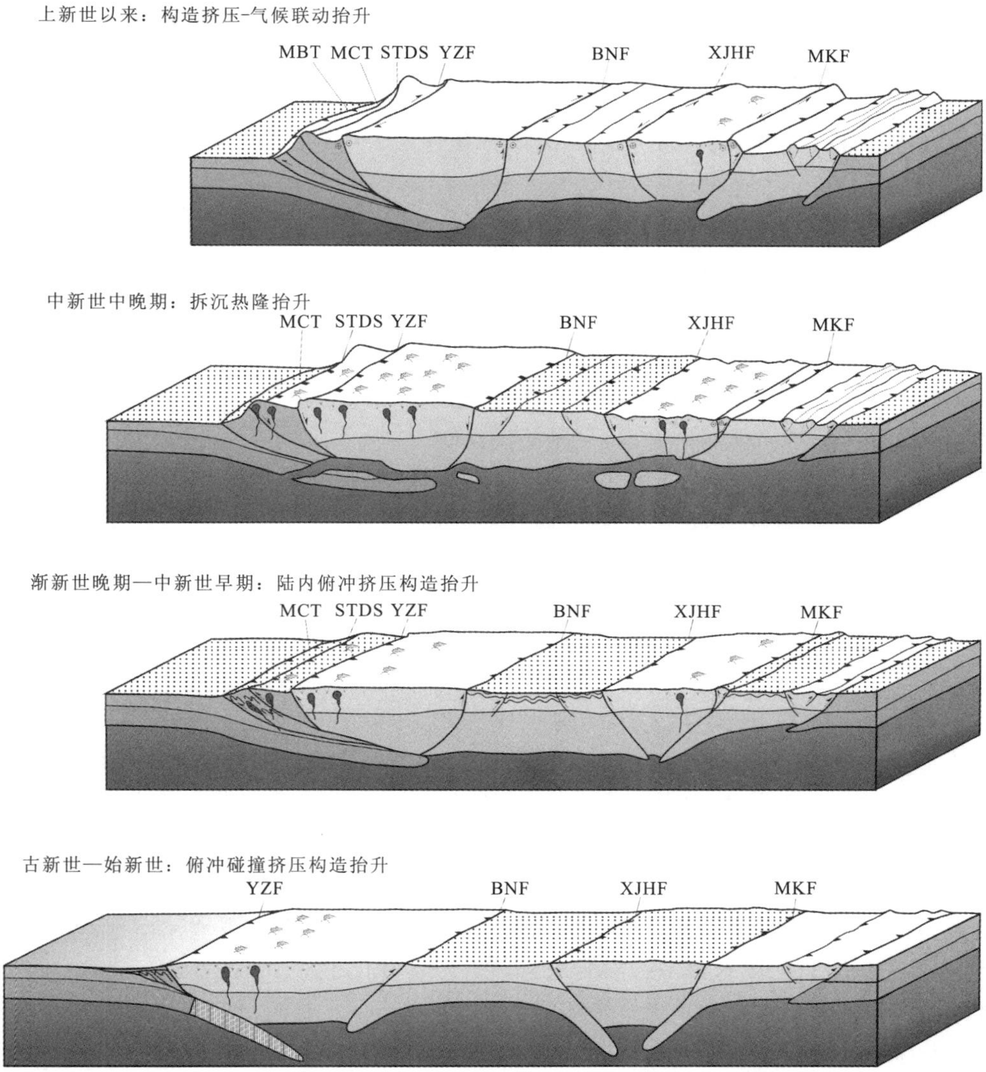

图 4－8　青藏高原新生代多阶段构造演化及动力模型

## 1. 古新世—始新世早期

古新世—始新世时期是雅鲁藏布江缝合带所代表的新特提斯洋的闭合时期，沿印度板块北缘的北特提斯构造带开始出现深层的逆冲推覆和岩石折返，表明已有一定的碰撞造山带边缘的地壳加厚，但这一阶段沿冈底斯构造带的以林子宗火山岩系为代表的岛弧型岩浆活动以及沿北喜马拉雅构造带——雅鲁藏布江缝合带的残留特提斯洋沉积说明印度板块并没有大规模俯冲于冈底斯地体之下，残留的特提斯洋板块向北的俯冲仍是冈底斯构造带的岛弧型岩浆活动的主控因素（Mo *et al.*，2008；Chung *et al.*，2005）。冈底斯构造带北侧的羌塘地体沿早白垩世末闭合的班公湖-怒江缝合带继续向南俯冲，形成系列向北的逆冲推覆构造，并控制着青藏高原腹地的近海的压陷盆地的发育。松潘-甘孜-巴颜喀拉构造带呈现出相对刚性块体,使得来自南部的挤压应力得以迅速传递到高原北部和东部边缘地区,形成系列挤压构造并引起一些不同层次的构造体挤压抬升,地壳具有一定的加厚,但总体可能并不明显。不同时期的大型缝合带或混杂岩带作为软弱带可能成为调节不同块体构造变形的主体,表现出明显的逆冲抬升,并约束着冈底斯和松潘-甘孜-巴颜喀拉两个相对刚性块体的地表抬升。

需要说明的是始新世—渐新世时期(50～30Ma)在羌塘构造带出现与近东西向盆地沉积相伴的东西延绵约 2 000km 的岩浆岩带,岩浆岩的岩石学及地球化学特点主体呈现出正边粗玄质及超钾质特点,呈现出伸展构造背景。这一特点可能反映了夹持于班公湖-怒江断裂与西金乌兰-金沙江-红河断裂之间的羌塘地体相对南侧的冈底斯和北侧的松潘—甘孜—巴颜喀拉具有相对较薄的地壳厚度,在古新世—始新世早期的强挤压之后的构造间歇期应力松弛,从而表现出伸展环境,软流圈上涌可能诱发下地壳的底垫作用,并进而形成喷出地表的正边粗玄质及超钾质火山岩。

### 2. 渐新世晚期—中新世早期

渐新世晚期—中新世早期的强构造抬升是青藏高原重大构造变革期。

南部喜马拉雅地区向南的逆冲推覆引起地壳的强烈加厚,并诱发下地壳部分熔融,形成藏南地区的淡色花岗岩系。冈底斯构造带再次发生背冲式逆冲抬升,尽管是否达到现今海拔高度的证据仍不十分明确,但地表应该也发生有明显的抬升,相应的深部有明显的地壳加厚,并发生有部分熔融形成埃达克质岩浆活动,包括藏南地区的地壳加厚应该归因于印度板块俯冲于藏南地壳之下。以北的青藏高原中北部地区地表呈现出普遍的以褶皱和逆冲断层为代表的缩短压扁变形,缩短压扁变形和持续的下地壳的底垫作用可能是青藏高原中北部地区地壳加厚的主要机制。青藏高原北部边缘地区由于来自南部挤压应力受到北部刚性块体的阻挡,表层发育系列背冲式的逆冲运动,形成包括昆仑山、拉脊山等盆-山地貌的雏形,北部地壳可能沿昆仑山断裂发生了明显的向南俯冲,并导致可可西里地区出现加厚地壳部分熔融形成的埃达克质岩浆活动。

### 3. 中新世中晚期

中新世中晚期青藏高原最显著的地质特点是:①浅表层次尽管北部边缘出现强烈的挤压转换变形,从而奠定了包括阿尔金、祁连山、拉脊山等盆-山地貌的基本格局,但是青藏高原内部及南部广大地区总体成形为伸展松弛的构造面貌,最突出的包括藏南地区近东西向藏南拆离系的活动(18～13Ma),藏南地区略微滞后的广泛的以近南北向为主的不同方向的地堑系的相继广泛发育(15～8Ma),以及青藏高原较广泛的地表抬升(藏南地区达到现今海拔高度);②深层次青藏高原腹地及南部地区广泛的被动就位的富钾埃达克质岩浆岩的发育(18～13Ma)。

上述特点表明,中新世中晚期青藏高原主体为伸展松弛状态,我们把这种伸展松弛状态理解为强构造挤压阶段(渐新世晚期—中新世早期)后应力回撤的结果,可以推论的地质效应是:①在藏南地区经过渐新世晚期—中新世早期的强构造抬升期后,藏南地区的地壳厚度得以足够地加厚,并引起重力上的不均衡,进入中新世中期(18～13Ma)的构造间歇期,由于挤压应力的回撤,处于强烈不均衡状态的藏南地区发生均衡调整,导致藏南拆离系的发育以及高喜马拉雅带结晶基底岩系的进一步折返剥露,同时在均衡反弹的控制下,引起大规模的地表抬升并获得现今的高海拔高度,而地表抬升的结果是造成藏南地区的重力不稳定性,从而进一步诱发系列裂陷盆地的发育;②在青藏高原的腹地地区,先期的构造挤压也引起较强的地壳加厚,进而导致加厚下地壳的部分熔融,形成广泛的被动就位的富钾埃达克质岩浆岩的发育,同时地表可能也发生明显的地表抬升获得相当的海拔高度;③当青藏高原主体获得相当海拔高度,并且南部地区甚至已经达到现在海拔高度后,对大气环流开始施加影响,导致 8Ma 的亚洲季风的增强,与此同时,在高原北部地区由于地表抬升导致表层重力的不稳定,引发了重力的侧向扩展,对周边地区施加侧向挤压应力,从而导致青藏高原北部边缘地区盆-山地貌格局的形成。据前所述,北部边缘地区以拉脊山抬升等为代表的高原北部山系的形成主要发生在 8Ma(张培震等,2006;方小敏等,2007),

在时间上滞后于高原腹地和南部的伸展构造发育期。

但是,上述的伸展松弛实际上仍然是一种地质表象,我们仍需要探寻控制导致伸展松弛的深部动力机制。前面讨论了青藏高原新生代伸展的多种可能动力学机制,代表性的包括中下地壳流动机制、加厚岩石圈及隆升高原在重力作用下的侧向伸展垮塌机制、对流拆沉机制以及南北向挤压引起的变形分解作用机制。从目前研究来看,尽管理论上青藏高原中下地壳物质状态可以发生侧向流动,但中下地壳流动机制与许多地质事实表现相矛盾(见前述)。变形分解似乎可以解释藏南地区近南北向裂陷带的阵列,但是越来越多的事实也表明,中新世中晚期以来裂陷带除了近南北向的方向外,也存在较多近东西向及北西及北东向的伸展断陷盆地构造,南北向挤压并不符合青藏高原中新世中晚期的总体应力状态。我们认为深层次的拆沉机制与浅表层次的重力伸展垮塌机制共同控制了这一阶段的伸展松弛及相关的抬升作用。其中深层次的拆沉为因,浅表层次的抬升和伸展垮塌则为拆沉的表层响应。Mo 等.(2006)和 Chung 等.(2005)总结出青藏高原中新世火山活动的时空迁移性,揭示青藏高原中新世中晚期的火山活动主要发生在南部的冈底斯地区以及腹地的松潘—甘孜—可可西里地区,反映这一阶段的拆沉作用以藏南的冈底斯和北部高原腹地的松潘-甘孜-可可西里地区最为强烈。表层响应也揭示这两个地区为拆沉作用的最强烈地区,其中藏南地区表现出整个青藏高原表层伸展裂陷构造最发育的区域,并且也是最强的地表抬升区域,这一区域在中新世中期最先获得相当于现今的高海拔高度,这些表象可以归因于这一区域强烈的拆沉作用所导致的重力不均衡调整;而在中北部的高原腹地地区,强拆沉作用与地球物理及数值模拟揭示的这一区域具有较薄的地壳和较薄的岩石圈地幔是相适应的(Chung *et al.*,2005;Ivone *et al.*,2008)。

4. 上新世以来

上新世以来青藏高原再次进入一个强烈的挤压收缩阶段。冈底斯—喜马拉雅地区,随着前期强拆沉作用导致的冈底斯岩石圈根被拆沉,印度板块沿南部系列逆冲断层(MFT、MBT 及 MCT 等)得以发生向北的远距离俯冲并抵达冈底斯地体北部班公湖-怒江断裂带附近,使得藏南地区岩石圈地幔及地壳再次加厚为青藏高原最大厚度区域。GPS 揭示的印度北缘及藏南地区具有最大的向北的运动矢量也说明青藏高原南部地区为最大的岩石圈缩短加厚区。南部边缘地区地表抬升的另一重要特征是地貌反差加剧以及系列大于 7 000m 甚至 8 000m 的异常高海拔山系的形成。这些异常高海拔山系的形成可以归结为逆冲和气候引起的降水加强的双重作用的结果,强侵蚀作用导致的卸载以及均衡调整作用引起局部的地表抬升成为系列异常高海拔山系形成的重要因素。上新世以来青藏高原北缘及东缘地区主要表现为受系列周缘块体(塔里木、华北和扬子)的阻挡而发生从高原内部向周缘块体的高角度侧向仰冲或水平挤压缩短(肖序常等,2002,2004),从而导致周缘地区岩石圈及地壳厚度的进一步加厚,以及周缘山系和盆山结构的最后成型。青藏高原腹地在挤压应力作用下表现出整体的地表抬升并达到现今海拔高度。

需要指出,GPS 所反映的地表现今向东蠕散以及围绕青藏高原东构造结向南东方向涡旋运动(Zhang *et al.*,2004)的运动格式的深部原因可能不能归结为中下地壳流动的结果。青藏高原与周围的地壳结构的对比,以及前述的有关青藏高原的地貌地质特征都难以支持青藏高原中下地壳大规模向东及东南方向的流动。替代的深部机制或许可以表述为软流圈物质的向东流动同时驱动上部岩石圈或地壳层次的系列先存断裂发生系统的走滑运动。在西昆仑与阿尔金的交汇部位、东南的腾冲地区以及东北部的西秦岭地区等构造薄弱处产生深源的超钾质岩浆活动(莫宣学等,2009)。

# 结束语

青藏高原及邻区新生代地质图是对青藏高原现有地质调查和研究成果中有关新生代地质过程的全面总结，力求反映青藏高原新生代客观地质实际和特点。但是，青藏高原涉及资料多，除了2000年以来青藏高原地区开展的系统1∶25万区域地质调查资料外，还涉及大量中外地质学家在青藏高原获取的大量专题研究成果。虽然国内外对青藏高原新生代地质过程研究的诸多努力已取得丰硕成果，已经全面完成的青藏高原空白区多幅1∶25万区调填图在青藏高原新生代和第四纪地质方面有很多成果展示，但是由于客观地质条件的复杂性和研究程度仍然不高的客观现实，如在地层时代、断裂构造的活动时代等一些基础地质问题仍有待进一步解决，对有关新生代地质过程及动力学的地质记录仍存在不同的观点和意见等，因此，在编图过程中对一些涉及地质编图的问题需要做出适当处理。

## 1. 资料的矛盾处理

1999年以来开展的青藏高原空白区1∶25万地质大调查是涉及全国多个地调部门参与的浩大工程。由于客观存在的不同地质调查单位对青藏高原新生代地质认识程度和工作程度的差异，导致不同地质图之间对同类地质问题的认识存在差异。从编图角度主要存在两类问题。

(1)地层划分和对比问题

1∶25万地质大调查资料对古近纪和新近纪岩石地层单位的划分存在着较多的"同物异名"和"同名异物"现象。为了解决这一问题，我们通过将涉及全青藏高原的所有1∶25万地质图新生代地层归并为98个残留盆地的地层系统，然后进行系统清理和综合对比，包括各纪(古近纪、新近纪)地层分区和大地构造单元归属，各地层分区的岩石地层单位序列，生物地层、年代地层、磁性地层等多重地层单位划分与对比。并选择重点区域，补充必要的野外资料，从而建立起较完整的古近纪和新近纪岩石地层和年代地层格架。

(2)接图和图面处理问题

不同的1∶25万地质图之间和不同资料来源之间不同程度地存在一些接图或图面结构不合理问题，如断层连接或地质界线连接。我们的解决办法主要是遵从主要地层和构造格架控制下的适当删减和延伸，对明显不合理部分进行适当修改和调整。

## 2. 资料的筛选

1∶25万地质图中有关新生代的地质内容十分丰富，需要对部分内容进行适当删减和筛选。对此我们遵从的基本原则是：①地质图主要表达9$km^2$以上大小的新生代地质体，即图面不小于4$mm^2$地质体。②在不影响宏观格架的前提下，主要表达延伸长度大于15km、图面大于1cm的断层。对于具有特殊意义的近南北向断层系统，尽管规模较小，我们尽量予以保留，以体现近南北向断裂构造在青藏高原新生代地质过程中的重要地位。

## 3. 青藏高原新生代特殊的地质过程特别是高原隆升过程的表达

青藏高原新生代地质图具有明显的专题图件特点，应该反映青藏高原新生代地质作用过程的特色。青藏高原新生代最重要的特色是隆升作用，因此在编图过程中，我们试图以新生代盆-山结构作为重点来强化新生代构造隆升过程的内容，并把有关方面的内容融入地质图的沉积、岩浆和构造等方面的客观载体中。

青藏高原及邻区新生代地质图凝聚了曾经奋战在青藏高原空白区的全国千余名地质调查研究工作者的心血，特别是1999年以来的青藏高原空白区1∶25万区域地质大调查全体工作人员的血汗。《青藏高原及邻区新生代地质图》作为中国地质调查局计划项目“青藏高原基础地质调查成果集成和综合研究”的组成部分得到中国地质调查局有关领导的高度关心，总项目负责人潘桂棠教授、王力全高级工程师和李荣社高级工程师对本图的编制进行了细心指导，提出了诸多宝贵意见和建议，也得到了其他子课题组的积极协助，编图过程中和莫宣学院士、赵越研究员进行过多次讨论，获得有益启发亦得到成都地质矿产研究所和西安地质矿产研究所及其他相关地质调查研究院在资料方面的大力支持。在此一并致以衷心感谢。

# 参考文献

安芷生，张培震，王二七，等. 中新世以来我国季风-干旱环境演化与青藏高原的生长. 第四纪研究，2006，26(5)：678～693.

柏道远，孟德保，刘耀荣，等. 青藏高原北缘昆仑山中段构造隆升的磷灰石裂变径迹记录. 中国地质，2003，30(3)：242～246.

拜永山，任二峰，范桂兰，等. 青藏高原西北缘祁漫塔格山中新世快速抬升的磷灰石裂变径迹证据. 地质通报，2008，27(07)：1 044～1 048.

边千韬，刘嘉麒，罗小全，等. 青海湖的地质构造背景及形成演化. 地震地质，2000，22(1)：20～26.

边千韬，沙金庚，郑祥身. 西金乌兰晚二叠—早三叠世石英砂岩及其大地构造意义. 地质科学，1993，28(4)：327～335.

曹凯，王国灿，王岸，等. 东昆仑山昆仑河纵剖面形貌分析及构造涵义. 地球科学(中国地质大学学报)，2007，32(5)：713～721.

常承法. 特提斯及青藏碰撞带的演化特点大陆岩石圈构造与资源. 北京：海洋出版社，1992：1～18.

常宏，方小敏，安芷生，等. 索尔库里盆地中-上新世地层特征及其环境意义. 海洋地质与第四纪地质，2001，21(3)：107～111.

车自成，孙勇. 阿尔金麻粒岩相杂岩的时代及塔里木盆地的基底. 中国区域地质，1996(1)：51～57.

陈炳蔚，姚培毅，郭宪璞，等. 青藏高原北部地体构造与演化. 北京：地质出版社，1996：69～79.

陈杰，陈宇坤，丁国瑜，等. 2001 年昆仑山口西 8.1 级地震地表破裂带. 第四纪研究，2003，23(6)：629～639.

陈社发，邓起东，赵小麟，等. 龙门山中段推覆构造带及相关构造的演化历史和变形机制(一). 地震地质，1994a，16(4)：404～412.

陈社发，邓起东，赵小麟，等. 龙门山中段推覆构造带及相关构造的演化历史和变形机制(二). 地震地质，1994b，16(4)：413～421.

陈文寄，李齐，汪一鹏. 哀牢山-红河左旋走滑剪切带中新世抬升的时间序列. 地质论评，1996，42(5)：385～390.

陈宣华，尹安，George E G，等. 青藏高原北缘中生代伸展构造 $^{40}Ar/^{39}Ar$ 测年和 MDD 模拟. 地球学报，2002，23(4)：305～310.

陈玉华，张铁军，孙洪斌. 2000 年 9 月 12 日兴海 6.6 级地震宏观烈度及地震构造. 高原地震，2001，13(1)：54～95.

陈振华，刘云，李均良. 西藏当惹雍错吉松环斑花岗岩的发现及地质意义年龄. 沉积与特提斯地质，2006，26(2)：16～20.

陈正乐，宫红良，李丽，等. 阿尔金山脉新生代隆升-剥露过程. 地学前缘，2006，13(4)：91～102.

陈正乐，万景林，王小凤，等. 阿尔金断裂带 8Ma 左右的快速走滑及其地质意义. 地球学报，2002，23(4)：295～300.

陈正乐，张岳桥，陈宣华，等. 阿尔金断裂中段晚新生代走滑过程的沉积响应. 中国科学(D 辑)，2001，31(增刊)：90～96.

陈正乐，张岳桥，王小凤，等. 新生代阿尔金山脉隆升历史的裂变径迹证据. 地球学报，2001，22(5)：413～418.

陈智梁，刘宇平，唐文清，等. 青藏高原东北缘大陆岩石圈现今变形和位移. 地质通报，2006，25(1)：20～28.

陈智梁，张选阳，沈风，等. 中国西南地区地壳运动的GPS监测. 科学通报，1999，44(8)：851～854.

崔军文，唐哲民，邓晋福，等. 阿尔金断裂系. 北京：地质出版社，1999.

崔军文，张晓卫，唐哲民. 青藏高原的构造分区及其边界的变形构造特征. 中国地质，2006，33(2)：256～267.

崔之久，高全洲，刘耕年，等. 夷平面、古岩溶与青藏高原隆升. 中国科学(D辑)，1996，26(4)：378～386.

崔之久，伍永秋，刘耕年. “昆仑-黄河运动”的发现及其性质. 科学通报，1997，42(18)：1 986～1 989.

崔之久，伍永秋，刘耕年，等. 关于“昆仑-黄河运动”. 中国科学(D辑)，1998，28(1)：53～59.

崔作舟. 青藏高原速度结构与深部构造. 北京：地质出版社，1992.

崔作舟，李秋生，吴朝东，等. 格尔木-额济纳旗地学断面的地壳结构与深部构造. 地球物理学报，1995，38(增刊)：15～28.

戴霜，方小敏，宋春晖，等. 青藏高原北部的早期隆升. 科学通报，2005，50(7)：673～683.

邓起东，陈社发，赵小麟. 龙门山及其邻区的构造和地震活动及动力学. 地震地质，1994，16(4)：389～403.

邓涛，王晓鸣. 柴达木盆地晚中新世三趾马化石. 古脊椎动物学报，2004，42(4)：316～333.

邓万明. 喀喇昆仑—西昆仑地区基性—超基性岩初步考察. 自然资源学报，1989，4(3)：204～211.

邓万明. 中昆仑造山带钾玄质火山岩的地质地球化学和时代. 地质科学，1991(3)：193～206.

邓万明. 青藏高原北部新生代板内火山岩. 北京：地质出版社，1998.

邓万明. 中国西部新生代火山活动及其大地构造背景-青藏高原及邻区火山岩的形成机制. 地学前缘，2003，10(2)：471～478.

丁道桂，王道轩，刘伟新，等. 西昆仑及邻区与盆地. 北京：地质出版社，1996.

丁林. 西藏雅鲁藏布江缝合带古新世深水沉积和放射虫动物群的发现及对前陆盆地演化的制约. 中国科学(D辑)，2003，33(1)：47～58.

丁林，钟大赉，潘裕生，等. 东喜马拉雅构造结上新世以来快速抬升的裂变径迹证据. 科学通报，1995，40(16)：1 479～1 500.

董颀. 云南开远小龙潭动物群的性质及时代的进一步探讨. 古脊椎动物学报，1987，25(2)：116～123.

董国臣，莫宣学，赵志丹，等. 拉萨北部林周盆地林子宗火山岩层序新议. 地质通报，2005，24(6)：549～557.

董国臣，莫宣学，赵志丹，等. 冈底斯岩浆带中段岩浆混合作用：来自花岗杂岩的证据. 岩石学报，2006，22(4)：835～844.

董治平，雷芳，申秀荣，等. 西秦岭北缘断裂带的深部构造特征及其与地震活动的关系. 内陆地震，1996，10(3)：224～234.

樊春，王二七. 滇西高黎贡山南段左行剪切构造形迹的发现及其大地构造意义. 自然科学进展，2004，14(10)：1 189～1 193.

樊计昌，李松林，张先康，等. 海原断裂在地壳深处的几何形态及其动力学意义. 地震学报，2004，26(S1)：42～49.

范燕，车兆宏. 昆仑山口西8.1级地震前青藏块体边界断层异常活动. 地震，2003，23(2)：121～126.

方小敏,宋春晖,戴霜,等.青藏高原东北部阶段性变形隆升:西宁、贵德盆地高精度磁性地层和盆地演化记录.地学前缘,2007,14(1):230~242.

付碧宏,张松林,谢小平,等.阿尔金断裂系西段-康西瓦断裂的晚第四纪构造地貌特征研究.第四纪研究,2006,26(2):228~235.

傅容珊,李力刚,黄建华,等.青藏高原隆升过程的三阶段模式.地球物理学报,1999,42(05):609~616.

高锐,肖序常,刘训,等.新疆地学断面深地震反射剖面揭示的西昆仑－塔里木结合带岩石圈细结构.地球学报,2001,22(06):547~552.

高延林,吴向农,左国朝.东昆仑山清水泉蛇绿岩特征及其大地构造意义.西北地质科学,1988(21):664~669.

高永丰,侯增谦,魏瑞华.冈底斯晚第三纪斑岩的岩石学、地球化学及其地球动力学意义.岩石学报,2003,19(3):418~428.

高振家,陈克强,魏家庸.中国岩石地层辞典.武汉:中国地质大学出版社,2000.

葛肖虹,刘永江,任收麦,等.对阿尔金断裂科学问题的再认识.地质科学,1999,36(3):319~325.

弓小平,马华东,杨兴科,等.木孜塔格-鲸鱼湖断裂带特征、演化及其意义.大地构造与成矿学,2004,28(4):418~427.

苟宗海,赵兵.四川大邑-崇州地区的白垩、第三系.地层学杂志,2001,25(1):28~33.

郭召杰,张志成,王建君,等.阿尔金山北缘蛇绿岩带的 Sm－Nd 等时线年龄及其大地构造意义.科学通报,1998,43(18):1 981~1 984.

国家地震局《阿尔金活动断裂带》课题组.阿尔金活动断裂带.北京:地震出版社,1992.

国家地震局地质研究所,宁夏回族自治区地震局.海原活动断裂带.北京:地震出版社,1990.

韩竹军,向宏发,虢顺民.初析西秦岭北缘断裂带凤凰山-天水断裂晚更新世晚期以来的活动特征.地震学报,2001,23(2):217~220.

郝诒纯,郭宪璞,叶留生.塔里木盆地西南地区海相白垩系—第三系界线.北京:地质出版社,2001.

郝诒纯,曾学鲁,李汉敏.塔里木盆地西部晚白垩世—第三纪地层及有孔虫.地球科学.地层古生物专辑(1),1982:17(2):1~161.

何宏林,池田安隆.安宁河断裂带晚第四纪运动特征及模式的讨论.地震学报,2007,29(5):537~548.

何宏林,方仲景,李玶.小江断裂带西支断裂南段新活动初探.地震研究,1993,19(3):291~297.

何科昭,奚成德,李国良.对班公湖断裂性质的认识.地球科学,1983(1):137~146.

何文贵,刘百,吕太乙,等.老虎山断裂带的分段性研究.西北地震学报,1994,16(3):66~72.

和钟铧,杨德明,王天武.西藏嘉黎断裂带凯蒙蛇绿岩的年代学、地球化学特征及大地构造意义.岩石学报,2006,22(3):653~660.

侯康明.皇城-双塔断裂带的几何分段及运动学特征.华南地震,1998,18(3):28~34.

侯佑堂,宋之琛,何俊德,等.关于中国新生代地层的划分与对比问题(中国新生代地层划分对比说明书).//中国科学院南京地质古生物研究所(编著).中国各纪地层对比表及说明书.北京:科学出版社,1982:286~299.

侯增谦,莫宣学,高永丰,等.印度大陆与亚洲大陆早期碰撞过程与动力学模型——来自西藏冈底斯新生代火成岩证据.地质学报,2006,80(09):1 233~1 248.

侯增谦,莫言学,高永丰,等.埃达克岩:斑岩铜矿的一种可能的重要母岩.矿床地质,2003,22(1):1~12.

胡道功,赵希涛,尹功明,等.昆仑山口羌塘组湖相层的 ESR 年龄测定.第四纪研究,2004,24(3):762~763.

胡敬仁，孙中良，陈国结，等. 日喀则市幅地质调查新成果及主要进展. 地质通报，2004，23(5—6)：463～470.

胡受权，曹运江，黄继祥，等. 柴达木盆地侏罗纪盆地原型及其形成与演化探讨. 石油实验地质，1999，21(03)：189～195.

黄怀曾，王松产，黄路桥，等. 亚东-格尔木岩石圈地学断面综合研究——青藏高原岩浆活动及岩石圈演化. 北京：地质出版社，1993.

黄万波，计宏祥，陈万勇，等. 西藏吉隆、布隆盆地的上新世地层//西藏古生物(第一分册). 北京：科学出版社，1980：4～17.

计凤桔，虢顺民，向宏发. 红河断裂带第四纪活动的时空演化特征. 地震地质，1997，19(2)：108～114.

计宏祥，许钦奇，黄万波. 西藏吉隆沃马公社三趾马动物群//西藏古生物(一). 北京：科学出版社，1980：18～22.

纪相田，李元林. 芦山-天全地区晚白垩世—老第三纪冲积扇-湖泊沉积组合. 成都理工学院学报，1995，22(2)：15～21.

季建清，钟大赉，张连生. 滇西南新生代走滑断裂运动学、年代学及对青藏高原东南部块体运动的意义. 地质科学，2000，35(03)：336～349.

贾建称，温长顺，王根厚. 冈底斯地区林子宗群火山岩岩石地球化学特征及地球动力学意义. 中国地质，2005，32(3)：396～404.

姜春发，杨经绥，冯秉贵，等. 昆仑开合构造. 北京：地质出版社，1992.

蒋复初，吴锡浩，肖华国. 泸定昔格达组时代与川西高原隆升. 第四纪研究，1999(2)：190～190.

蒋复初，吴锡浩，肖华国，等. 四川泸定昔格达组时代及其新构造意义. 地质学报，1999，73(1)：1～6.

蒋显庭，周维芬，林树磐. 新疆地层及介形类化石. 北京：地质出版社，1995.

解玉月. 昆中断裂东段不同时代蛇绿岩特征及形成环境. 青海地质，1998，7(1)：27～36.

金胜叶，高峰，魏文博，等. 青藏高原西缘壳幔电性结构与断裂构造：札达-泉水湖剖面大地电磁探测提供的依据. 地球科学，2007，37(4)：474～480.

金振民. 喜马拉雅造山带西构造结含柯石英榴辉岩的发现及其启示. 地质科技情报，1999，18(3)：1～5.

康来迅. 西秦岭北缘断裂带晚更新世晚期以来断裂运动的基本特征及运动机理. 中国地震，1990，6(3)：53～61.

康来迅. 西秦岭北缘断裂带地震地貌的基本特征. 地壳形变与地震，1990，10(1)：46～54.

来庆洲，丁林，王宏伟，等. 青藏高原东部边界扩展过程的磷灰石裂变径迹热历史制约. 中国科学(D辑)，2006，36(9)：785～796.

雷永良，季建清，龚道好，等. 滇西北独龙江岩体晚中新世以来的热史和剥蚀历史的磷灰石裂变径迹记录. 岩石学报，2006，22(4)：938～948.

李才. 青藏高原龙木错－双湖－澜沧江板块缝合带研究二十年. 地质论评，2008，27(10)：1 605～1 612.

李才，程立人. 西藏羌塘南部地区的冰海杂砾岩及其成因. 长春地质学院学报，1995，25(4)：368～374.

李才，胡敬仁，翟庆国，等. 印度与亚洲板块碰撞及碰撞时限的新证据——日喀则卡堆蓝片岩 Ar-Ar 定年. 地质通报，2007，26(10)：1 299～1 303.

李才，黄小鹏，翟庆国，等. 龙木错-双湖-吉塘板块缝合带与青藏高原冈瓦纳北界. 地学前缘，2006，13(4)：136～147.

李才，李永铁，林源贤，等. 西藏双湖地区蓝闪片岩原岩 Sm－Nd 同位素定年. 中国地质，2002，29(4)：

355～359.

李才,翟庆国,陈文,等.青藏高原龙木错-双湖板块缝合带闭合的年代学证据——来自果干加年山蛇绿岩与流纹岩 Ar - Ar 和 SHRIMP 年龄制约.岩石学报,2007,23(5):911～918.

李才,翟庆国,董永胜,等.青藏高原龙木错-双湖板块缝合带与羌塘古特提斯洋演化记录.地质通报,2007,26(1):13～21.

李传友,宋方敏,冉勇康.龙门山断裂带北段晚第四纪活动性讨论.地震地质,2004,26(2):248～258.

李传友,张培震,张剑玺,等.西秦岭北缘断裂带黄香沟段晚第四纪活动表现与滑动速率.第四纪研究,2007,27(1):54～63.

李德威.青藏高原隆升机制新模式.地球科学,2003,28(06):593～600.

李国彪,万晓樵.藏南岗巴-定日地区始新世微体化石与特提斯的消亡.地层学杂志,2003,27(2):99～108.

李国彪,万晓樵,刘文灿.西藏南部古近纪微体古生物及盆地演化特征.北京:地质出版社,2004:15～85.

李国彪,万晓樵,其和日格,梁定益,刘文灿.西藏岗巴-定日地区始新世化石碳酸岩盐微相及沉积环境.中国地质,2002,29(4):401～406.

李海兵,Valli F,刘敦一,等.喀喇昆仑断裂的形成时代:锆石 SHRIMP U - Pb 年龄的制约.科学通报,2007,52(4):438～447.

李海兵,Valli F,许志琴,等.喀喇昆仑断裂的变形特征及构造演化.中国地质,2006,33(2):239～255.

李海兵,Van Der Woerd J,孙知明,等.阿尔金断裂带康西瓦段晚第四纪以来的左旋滑移速率及其大地震复发周期的探讨.第四纪研究,2008,28(2):198～213.

李海兵,王宗秀,付小方,等.2008 年 5 月 12 日汶川地震(Ms8.0)地表破裂带的分布特征.中国地质,2008,35(5):803～813.

李海兵,许志琴,杨经绥,等.阿尔金断裂带最大累积走滑位移量－900km?.地质通报,2007,26(10):1 288～1 298.

李海兵,杨经绥.青藏高原北部白垩纪隆升的证据.地学前缘,2004,11(4):345～359.

李海兵,杨经绥,许志琴,等.阿尔金断裂带的形成时代——来自于同构造生长锆石 U - Pb SHRIMP 定年证据.地质论评,2001(03):316～317.

李海兵,杨经绥,许志琴,等.阿尔金断裂带对青藏高原北部生长、隆升的制约.地学前缘,2006,13(4):59～79.

李皓扬,钟孙霖,王彦斌等.藏南林周盆地林子宗火山岩的时代、成因及其地质意义:锆石 U - Pb 年龄和 Hf 同位素证据.岩石学报,2007,23(2):493～500.

李吉均,方小敏.青藏高原隆起与环境变化研究.科学通报,1998,43(15):1 569～1 574.

李吉均,方小敏,马海洲,等.晚新生代黄河上游地貌演化与青藏高原隆起.中国科学(D 辑),1996,26(04):316～322.

李吉均,方小敏,潘宝田,等.新生代晚期青藏高原强烈隆起及其对周边环境的影响.第四纪研究,2001,21(5):381～391.

李明杰,郑孟林,曹春潮,等.柴达木古近纪-新近纪盆地的形成演化.西北大学学报(自然科学版),2005,35(01):87～90.

李齐,陈文寄,万景林,等.哀牢山-红河剪切带构造抬升和运动形式转换时间的新证据.中国科学(D 辑),2000,30(6):576～583.

李荣社,计文化,杨永成,等.昆仑山及邻区地质.北京:地质出版社,2008:1～400.

李思田，解习农，王华等. 沉积盆地分析基础与应用. 北京：高等教育出版社，2004：1～410.

李天德，漆树基. 新疆阿尔金山中段的第三系. 西北地质，1982，15(2)：1～11.

李天袑，杜其方. 鲜水河断裂带炉霍段的水平运动及地震的重复性研究. 地震地质，1989，11(4)：31～42.

李铁明，邓志辉，吕弋培，等. 鲜水河断裂带北段 GPS 测量及其运动特征. 西北地震学报，2003，25(4)：312～318.

李廷栋. 青藏高原隆升的过程和机制. 地球学报，1995(01)：1～9.

李勇，侯中健，司光影，周荣军，梁兴中. 青藏高原东南缘晚第三纪盐源构造逸出盆地的沉积特征与构造控制. 矿物岩石，2001，21(3)：34～43.

李勇，周荣军，Densemmore A L，等. 龙门山断裂带走滑方向的反转及其沉积与地貌标志. 矿物岩石，2006，26(4)：26～34.

李元林. 大溪砾岩及其时代归属. 成都理工学院学报，1995，22(2)：11～14.

李忠雄，陈智梁，Studnicke－Gizbert C，等. 青藏高原东部贡觉盆地新生代火山岩特征及其构造意义. 地球学报，2006，27(4)：297～302.

李忠雄，陈智梁，李修忠，等. 青藏高原东部贡觉盆地新生代火山岩的 K－Ar 稀释法年龄. 地球科学，2004，29(3)：971～975.

梁银平，朱杰，次邛，等. 青藏高原冈底斯带中部朱诺地区林子宗群火山岩锆石 U－Pb 年龄和地球化学特征. 地球科学，出版中.

廖元模，王多杰，何根巧，等. 龙首山北缘断裂带东段古地震事件的初步研究. 西北地震学报，1992，14(1)：96～97.

廖忠礼，莫宣学，潘桂棠，等. 西藏过铝花岗岩的岩石化学特征及成因探讨. 地质学报，2006，80(9)：1 329～1 341.

廖忠礼，莫宣学，潘桂棠，等. 西藏曲珍过铝花岗岩地球化学特征及地球动力学意义. 岩石学报，2006，22(4)：845～854.

林传勇，徐锡伟，史兰斌，等. 西藏金沙江缝合带一些岩石的初步研究(I)：花岗岩. 地震地质，2004，26(2)：209～220.

刘本培，冯庆来，Chonglakmani C，等. 滇西古特提斯多岛洋的结构及其南北延伸. 地学前缘，2002，9(3)：161～170.

刘德民，李德威，杨巍然，等. 喜马拉雅造山带晚新生代构造隆升的裂变径迹证据. 地球科学，2005，30(2)：147～152.

刘福辉. 四川西部安宁河深断裂的形成与演化. 地质论评，1988，34(3)：213～219.

刘嘉麒，买买提伊明. 西昆仑第四纪火山的分布与 K－Ar 年龄. 中国科学(B 辑)，1990(2)：180～189.

刘静，曾令森，丁林，等. 青藏高原东南缘构造地貌、活动构造和下地壳流动假说. 地质科学，2009，44(4)：1 227～1 255.

刘俊来，潘宏勋，任收麦，等. 阿尔金断裂双层花状构造的厘定. 地质科学，2003，38(1)：52～59.

刘顺生，张峰. 西藏南部地区的裂变径迹年龄和上升速率的研究. 中国科学(B 辑)，1987，17(9)：1 000～1 010.

刘文灿，王瑜，张详信，等. 西藏南部康马岩体岩石类型及其同位素测年. 地学前缘，2004，11(4)：491～501.

刘训，肖序常，傅德荣，等. 中国新疆南部(青藏高原北缘)盆山构造格局的演化. 北京：地质出版社，2006：1～330.

刘永江，Neubauer F，葛肖虹，等. 阿尔金断裂带年代学和阿尔金山隆升. 地质科学，2007，42(1)：

134～146.

刘增乾，徐宪，潘桂棠，等．青藏高原大地构造与形成演化．北京：地质出版社，1990．1～75．

刘志飞，王成善，伊海生，刘顺．可可西里盆地新生代沉积演化历史重建．地质学报，2001，75(2)：250～258．

吕宝凤，赵小花，周莉，等．柴达木盆地新生代沉积转移及其动力学意义．沉积学报，2008(04)：552～558．

罗照华，莫宣学，侯增谦，等．青藏高原新生代形成演化的整合模型——来自火成岩的约束．地学前缘，2006，13(4)：196～211．

罗照华，莫宣学，柯珊．塔什库尔干碱性杂岩体形成时代及其地质意义．新疆地质，2003，21(1)：46～50．

罗照华，莫宣学，万渝生，等．青藏高原最年轻碱性玄武岩 SHRIMP 年龄的地质意义．岩石学报，2006，22(3)：578～584．

罗照华，张文会，邓晋福，等．西昆仑地区新生代火山岩中的深源包体．地学前缘，2000，7(01)：295～298．

马保起，苏刚，侯治华，等．利用岷江阶地的变形估算龙门山断裂带中段晚第四纪滑动速率．地震地质，2005，27(2)：234～242．

马润则，刘登忠，陶晓风，等．西藏措勤地区布嘎寺碱性正长岩的体特征及其构造环境年龄．地质通报，2007，26(4)：701～707．

马寅生，施炜，张岳桥，等．东昆仑活动断裂带玛曲段活动特征及其东延．地质通报，2005，24(1)：30～35．

孟宪刚，朱大岗，邵兆刚，等．西藏西部札达盆地早更新世香孜组沉积特征和时代——对青藏高原第四系底界的约束．地质通报，2005，24(6)：536～541．

莫宣学，董国臣，赵志丹，等．西藏冈底斯带花岗岩的时空分布特征及地壳生长演化信息．高校地质学报，2005，11(3)：281～290．

莫宣学，赵志丹，邓晋福，等．印度-亚洲大陆主碰撞过程的火山作用响应．地学前缘，2003，10(3)：135～148．

莫宣学，赵志丹，喻学惠，等．青藏高原新生代碰撞-后碰撞火成岩．北京：地质出版社．

潘保田，方小敏，李吉均，等．晚新生代青藏高原隆升与环境变化．施雅风，李吉均，李炳元主编，青藏高原晚新生代隆升与环境变化．广州：广东科技出版社，1998：1～463．

潘桂棠，丁俊，姚东生，等．青藏高原及邻区地质图(1∶500 000)及说明书．成都：成都地图出版社，2004：1～133．

潘桂棠，焦淑沛，徐耀荣，等．阿尔金山新生代构造及造山性质．青藏高原地质文集(15)．北京：地质出版社，1984．113～120．

潘桂棠，李兴振，王立全，等．青藏高原及邻区大地构造单元初步划分．地质通报，2002，21(11)：701～707．

潘桂棠，王培生，徐耀荣等．青藏高原新生代构造演化．北京：地质出版社，1990：1～165．

潘裕生．青藏高原第五缝合带的发现与论证．地球物理学报，1994，37(02)：184～192．

潘裕生，孔祥儒．青藏高原岩石圈结构演化和动力学．广州：广东科技出版社，1998．

潘裕生，文世宣，孙东立．喀喇昆仑山-昆仑山地区地质演化．北京：科学出版社，2000：1～525．

裴锡瑜，王新民，张成贵．晚第四纪安宁河活断裂分段的基本特征．四川地震，1998(4)：52～61．

彭华，马秀敏，白嘉启，等．甘孜玉树断裂带第四纪活动特征．地质力学学报，2006，12(3)：295～304．

钱定宇．论秋乌煤系及拉达克至冈底斯陆缘山链磨拉石的时代．青藏高原地质文集，1985(16)：229～241．

青海省地质矿产局.青海省区域地质志.北京:地质出版社,1991.

青海省地质矿产局.青海省岩石地层.武汉:中国地质大学出版社,1997:1～388.

青海石油管理局勘探开发研究院,中国科学院南京地质古生物研究所.柴达木盆地第三纪孢粉学研究.北京:石油工业出版社,1985:1～297.

青海石油管理局勘探开发研究院,中国科学院南京地质古生物研究所.柴达木盆地第三纪介形类动物群.南京:南京大学出版社,1988:1～190.

邱瑞照,周肃,邓晋福,等.西藏班公湖-怒江西段舍马拉沟蛇绿岩中辉长岩年龄测定-兼论班公湖-怒江蛇绿岩带形成时代.中国地质,2004,31(3):262～268.

邱占祥,谢骏义,阎德发.甘肃东乡几种早中新世哺乳动物化石.古脊椎动物学报,1990,28(1):9～24.

冉勇康,陈立春,程建武,等.安宁河断裂冕宁以北晚第四纪地表变形与强震破裂行为.中国科学(D辑),2008,38(5):543～554.

冉勇康,程建武,宫会玲,等.安宁河断裂紫马跨一带晚第四纪地貌变形与断层位移速率.地震地质,2008,30(1):77～89.

任金卫.则木河断裂晚第四纪位移滑动速率.地震地质,1994,16(2):146.

任金卫,沈军,曹忠权,等.西藏东南部嘉黎断裂新知.地震地质,2000,22(4):344～350.

任金卫,汪一鹏,吴章明,等.青藏高原北部库玛断裂东西大滩段全新世地震形变带及其位移特征和水平滑移速率.地震地质,1993,15(3):285～288.

芮宗瑶,侯增谦,曲晓明,等.冈底斯斑岩矿床的成矿时代及青藏高原降升.矿床地质,2003,22(3):217～225.

邵龙义,何志平,顾家裕,等.塔里木盆地古近纪岩相古地理.古地理学报,2006,8(3):353～364.

沈军,汪一鹏,任金卫,等.青藏高原东南部第四纪右旋剪切运动.新疆地质,2003,21(1):120～125.

沈军,汪一鹏,宋方敏,等.小江断裂带中段的北东向断裂与断块结构.地震地质,1997,19(3):401～408.

沈军,汪一鹏,宋方敏,等.相对蠕滑速率与特征地震复发间隔的估计——以小江断裂带为例.地震地质,1998,20(4):922～924.

施雅风,李吉均,李炳元,等.晚新生代青藏高原的隆升与东亚环境变化.地理学报,1999,54(1):10～21.

施雅风,李吉均,李炳元,等.青藏高原晚新生代隆升与环境变化.广州:广东科技出版社,1998:1～463.

石耀霖,王其允.高喜马拉雅淡色花岗岩形成的热模拟.地球物理学报,1997,40(3):667～676.

石应骏,寸树苍,张朝文.龙首山推覆构造的发现及其地质意义.科学通报,1995,40(9):812～813.

史基安,陈国俊,王琪.塔里木盆地西部层序地层与沉积、成岩演化.北京:科学出版社,2001:1～253.

史连昌,祈生胜,王文,等.沱沱河地区埃达克岩的发现及意义.西北地质,2007,40(3):30～35.

四川省地质矿产局.四川省岩石地层.武汉:中国地质大学出版社,1997:1～417.

宋春晖,方小敏,李吉均,等.青藏高原北缘酒西盆地 13Ma 以来沉积演化与高原隆升.中国科学(D辑),2001,31(增刊):155～162.

宋春晖,高东林,方小敏,等.青藏高原昆仑山垭口盆地晚新生代高精度磁性地层及其意义.科学通报,2005,50(19):2 144～2 154.

宋方敏,汪一鹏,沈军,等.小江断裂带中段盆地的发育阶段及其与区域构造运动的关系.地震地质,1997,19(3):211～217.

宋方敏,汪一鹏,俞维贤,等.小江活动断裂带.北京:地质出版社,1998:1～237.

孙鸿烈,郑度.青藏高原形成演化与发展.广州:广东科技出版社,1998.

孙秀玉、赵英娘、何卓生.青海西宁-民和盆地渐新世至中新世孢粉组合.地质评论,1984,30(3):207～216.

汤吉,詹艳,赵国泽,等.青藏高原东北缘玛沁-兰州-靖边剖面地壳上地幔电性结构研究.地球物理学报,2005,48(5):1 205～1 216.

汤良杰,金之钧,戴俊生,等.柴达木盆地及相邻造山带区域断裂系统.地球科学,2002,27(6):666～682.

汤英俊,尤玉柱,刘后一,潘悦荣.云南元谋班果盆地上新世哺乳动物化石及其在地层划分上的意义.古脊椎动物与古人类,1974,12(1):60～68.

唐伦和,狄恒恕.柴达木盆地轮藻化石.北京:科学技术文献出版社,1991:2～42.

唐荣昌,韩渭宾.四川活动断裂与地震.北京:地震出版社,1993:1～368.

唐文清,刘宇平,陈智梁,等.鲜水河断裂及两侧地块的GPS监测.西南交通大学学报,2005,40(3):313～317.

唐文清,刘宇平,陈智梁,等.基于GPS技术的活动断裂监测——以鲜水河、龙门山断裂为例.山地学报,2007,25(1):103～107.

滕吉文,闫雅芬,张慧,等.东亚大陆及周边海域Moho界面深度分布和基本构造格局.中国科学(D辑),2002,32(02):89～100.

滕瑞增,金瑶泉,李西候,等.西秦岭北缘断裂带新活动特征.西北地震学报,1994,16(2):85～90.

田勤俭,丁国瑜,申旭辉.拉分盆地与海原断裂带新生代水平位移规模.中国地震,2001,17(2):167～175.

涂德龙,王赞军,曾包红,等.青海省湟水盆地全新世活动断裂分布及其活动特征研究.西北地震学报,1998,20(4):83～90.

万景林,王二七.西昆仑北部山前普鲁地区山体抬升的裂变径迹研究.核技术,2002,25(7):565～567.

万景林,王瑜,李齐,等.阿尔金山北段晚新生代山体抬升的裂变径迹证据.矿物岩石地球化学通报,2001,20(4):222～224.

万晓樵.西藏白垩纪—早第三纪有孔虫与特提斯-喜马拉雅海的演化.微体古生物学报,1990,7(2):169～186.

万渝生,罗照华,李莉,等.青藏高原年轻碱性玄武岩锆石离子探针U－Pb年龄测定.地球化学,2004,33(5):442～446.

汪啸风,陈孝红,等.中国各地质时代地层划分与对比.北京:地质出版社,2005:1～596.

汪洋,张开均.青藏高原新生代构造研究最新进展和构造发展的阶段性.南京大学学报(自然科学版),2006,42(2):199～219.

汪一鹏,任金卫,叶建青,等.怒江缝合带上活动断裂新知.地震地质,1995,17(1):52～53.

汪玉珍.西昆仑山依莎克群的时代及其构造意义.新疆地质,1983,1(1):1～8.

王岸,王国灿,谢德凡,等.东昆仑山小南川岩体裂变径迹年代与中新世晚期以来的构造地貌演化.地球科学,2007,32(01):51～58.

王步清,王清华,韩利军,等.塔里木盆地东南部车尔臣断裂的分段特征及动力学机制.石油与天然气地质,2007,28(6):755～761.

王成善,朱利东,刘志飞.青藏高原北部盆地构造沉积演化与高原向北生长过程.地球科学进展,2004,19(03):373～381.

王二七,陈良忠,陈智.在构造和气候因素制约下的雅鲁藏布江的演化.第四纪研究,2002,22(4):365～373.

王峰，徐锡伟，郑荣章．用阶地测量方法探讨阿尔金断裂中段全新世滑动速率．地震地质，2004，26(1)：61～70．

王峰，徐锡伟，郑荣章，等．阿尔金断裂带西段车尔臣河以西晚第四纪以来的滑动速率研究．地震地质，2004，26(2)：200～208．

王凤林，李勇，李永昭，等．成都盆地新生代大邑砾岩的沉积特征．成都理工大学学报(自然科学版)，2003，30(2)：139～146．

王富葆，李升峰，申旭辉，等．吉隆盆地的形成演化、环境变迁与喜马拉雅山隆起．中国科学(D辑)，1996(26)：329～335．

王刚，万景林，王二七，等．高黎贡山脉南部的晚新生代构造-重力垮塌及其成因．地质学报，2006，80(9)：1 262～1 273．

王根厚，冉书明，李明．柴达木盆地北缘赛什腾-锡铁山左行逆冲断裂及地质意义．地质力学学报，2001，7(3)：224～230．

王国灿，向树元，王岸，等．东昆仑及相邻地区中生代—新生代早期构造过程的热年代学记录．地球科学，2007，32(05)：605～614．

王国灿，张天平，梁斌，等．东昆仑造山带东段昆中复合蛇绿混杂岩带及“东昆断裂带的地质涵义”．地球科学，1999，24(2)：129～133．

王鸿祯，史晓颖，王训练，殷鸿福，乔秀夫，刘笨培，李思田，陈建强．中国层序地层研究．广州：广东科技出版社，2000：1～457．

王军．西昆仑卡日巴生岩体和苦子干岩体的隆升——来自磷灰石裂变径迹分析的证据．地质论评，1998，44(4)：435～442．

王立全，朱弟成，耿全如，等．西藏冈底斯带林周盆地与碰撞过程相关花岗斑岩的形成时代及其意义．科学通报，2006，51(16)：1 920～1 928．

王庆良，王建华，朱桂芝，等．东昆仑山断裂带及昆仑山口西8.1级地震垂直形变研究．地震地质，2004，26(02)：273～280．

王世锋，伊海生，王成善．青海囊谦第三纪盆地沉积学特征，成都理工学院学报，2001，28(1)：13～16．

王世锋，伊海生，王成善．青藏高原东部囊谦第三纪盆地沉积构造征，北京大学学报(自然科学版)，2002，38(1)：109～114．

王书兵，赵志中，乔彦松，蒋复初．泸定昔格达组时代认定与古环境．第四纪研究，2006，26(2)：257～264．

王希斌，郑海翔，曹佑功．西藏雅鲁藏布江(中段)蛇绿岩组合层序及特提斯洋壳演化的模式．北京：地质出版社，1984：181～220．

王小亚，朱文耀，符养，等．GPS监测的中国及其周边现时地壳形变．地球物理学报，2002，45(2)：990～1 001．

王新民，张成贵，裴锡瑜．晚第四纪安宁河断裂的新活动与特征．四川地震，1997(3)：8～16．

王新民，张成贵，裴锡瑜．晚第四纪以来安宁河断裂的构造活动与演化．四川地震，1998(4)：1～12．

王新忠，强巴扎西，彭兴阶．藏东滇西澜沧江断裂带地质属性讨论．云南地质，2008，27(3)：362～370．

王阎昭，王恩宁，沈正康，等．基于GPS资料约束反演川滇地区主要断裂现今活动速率．中国科学(D辑)，2008，38(5)：582～597．

王彦斌，王军，王世成．高喜马拉雅地区聂拉木花岗岩快速抬升的裂变径迹证据．地质论评，1998，44(7)：430～434．

王彦斌，王永，刘训，等．天山、西昆仑山中、新生代幕式活动的磷灰石裂变径迹纪录．中国区域地质，

2001,20(1):94～99.

王瑜,万景林,李大明,等.藏南伸展拆离系聂拉木一带构造抬升的热年代学证据.矿物岩石地球化学通报,2001,20(4):292～294.

王瑜,万景林,李齐,等.阿尔金山北段阿克塞—当金山口一带新生代山体抬升和剥蚀的裂变径迹证据.地质学报,2002,76(2):191～198.

王振荣,张燕,周贞莲.安宁河断裂带显微构造及动力学的研究.成都理工大学学报,1992,19(4):48～55.

王志才,张培震,张广良,等.西秦岭北缘构造带的新生代构造活动——兼论对青藏高原东北缘形成过程的指示意义.地学前缘,2006,13(04):119～135.

王宗秀,许志琴,杨天南,等.川西鲜水河断裂带变形机制研究——一个浅层次高温韧性移剪切带.中国区域地质,1996(3):244～251.

魏文博,金胜,叶高峰,等.西藏高原中、北部断裂构造特征:INDEPTH(Ⅲ)－MT观测提供的依据.地球科学,2006,31(2):257～265.

魏永峰,罗森林.四川石渠县沙尔木一带始新世孢粉的发现及地质意义——兼论古近系热鲁组层序地层特征.四川地质学报,2005,25(4):193～197.

闻学泽.活动断裂地震潜势的定量评估.北京:地震出版社,1995:1～150.

闻学泽,Allen C R,罗灼礼,等.鲜水河全新世断裂带的分段性、几何特征及其地震构造意义.地震学报,1989,11(4):362～371.

闻学泽,徐锡伟,郑荣章,等.甘孜-玉树断裂的平均滑动速率与近代大地震破裂.中国科学(D辑),2003,33(增刊):199～208.

吴功建.格尔木-额济纳旗地学断面综合研究.地质学报,1998,72(4):289～300.

吴海威,张连生,嵇少丞.红河-哀牢山断裂带-喜山期陆内大型左行走滑剪切带.地质科学,1989(1):1～10.

吴建平,明跃红,王椿镛.云南数字地震台站下方的S波速度结构研究.地球物理学报,2001,44(02):228～237.

吴宣志,吴春玲,卢杰,等.利用深地震反射剖面研究北祁连-河西走廊地壳细结构.地球物理学报,1995,38(S2):29～35.

吴珍汉,胡道功,吴中海,等.青藏高原中段活动断层运动速度及驱动机理.地球学报,2005,26(02):99～102.

吴珍汉,孟宪刚,胡道功,等.当雄县幅地质调查新成果及主要进展.地质通报,2004,23(5—6):484～491.

吴珍汉,叶培盛,胡道功,等.青藏高原腹地的地壳变形与构造地貌形成演化过程.北京:地质出版社,2003:299.

吴珍汉,叶培盛,赵文津,等.东昆仑南部晚新生代逆冲推覆构造系统.地质通报,2007,26(04):448～456.

吴中海,吴珍汉,胡道功,等.青藏高原中部第四纪左旋剪切变形的地表地质证据.现代地质,2003,17(04):363～369.

伍跃中,李荣社,王战,等.阿尔金山各边界断裂的归属性.地球科学,2007,32(5):662～670.

武长得,朱红,邓宗策,等.雅鲁藏布江断裂带的构造特征.中国地质科学院院报,1990(21):87～94.

西藏藏族自治区地质矿产局.西藏自治区岩石地层.武汉:中国地质大学出版社,1997:1～302.

向芳,王成善,朱利东.青藏高原南缘新生代磨拉石的沉积特征.成都理工学院学报,2002,29(5):614～619.

向宏发,虢顺民,张晚霞,等.红河断裂带南段中新世以来大型右旋位错量的定量研究.地震地质,

2007,29(1):34～50.

向宏发,韩竹军,虢顺民,等.红河断裂带大型右旋走滑运动定量研究的若干问题.地球科学进展,2004,19(增刊):56～59.

向宏发,万景林,韩竹军,等.红河断裂带大型右旋走滑运动发生时代的地质分析与FT测年.中国科学(D辑),2006,36(11):977～987.

向宏发,徐锡伟,虢顺民,等.丽江-小金河断裂第四纪以来的左旋逆推运动及其构造地质意义-陆内活动地块横向构造的屏蔽作用.地震地质,2002,22(2):188～198.

肖劲东.西藏阿里地区早第三纪欧利组及六射珊瑚.青藏高原地质文集,1988(19):120～131.

肖序常.喜马拉雅岩石圈构造演化.北京:地质出版社,1988.

肖序常,刘训,高锐,等.西昆仑及邻区岩石圈结构构造演化.塔里木南-西昆仑多学科地学断面简要报道.地质通报,2002,21(2):63～68.

肖序常,王军.西昆仑-喀喇昆仑及其邻区岩石圈结构、演化中几个问题的探讨.地质论评,2004,50(3):285～294.

新疆石油管理局南疆石油勘探指挥部地质研究所,北京师范大学地理系新生代古地理研究室.古特提斯海北支塔里木古海湾岩相古地理.北京:科学出版社,1989:1～129.

新疆维吾尔族自治区地质矿产局.新疆维吾尔自治区岩石地层.武汉:中国地质大学出版社,1999:1～430.

熊清华.西藏曲水岩基4个系列花岗岩类的特征及构造意义:西藏冈底斯岩带尼木一曲水岩基段的解体.中国区域地质,1998,17(4):347～352.

熊盛青,周伏洪,姚正煦,等.青藏高原中西部航磁查.北京:地质出版社,2001.

徐叔鹰.大陆碰撞与成山过程——以印度河上游地区为例.苏州铁道师院学报(自然科学版),1995,12(2):47～54.

徐锡伟,Tapponnier P,Van Der Woerd J,等.阿尔金断裂带晚第四纪左旋走滑速率及其构造运动转换模式讨论.中国科学(D辑),2003,33(10):967～974.

徐锡伟,陈文彬,于贵华,等.2001年11月14日昆仑山库赛湖地震(Ms8.1)地表破裂带的基本特征.地震地质,2002,24(01):1～13.

徐锡伟,闻学泽,叶建青,等.汶川Ms8.0地震地表破裂带及其发震构造.地震地质,2008,30(3):597～629.

徐锡伟,闻学泽,郑荣章,等.川滇地区活动块体最新构造变动样式及其动力来源.中国科学(D辑),2003,33(增刊):151～162.

徐锡伟,张培震,闻学泽,等.川西及其邻近地区活动构造基本特征与强震复发模型.地震地质,2005,27(3):446～461.

徐祖丰,刘细元,罗小川,等.青藏高原冈底斯当穹错-许如错一带新近纪—第四纪地堑的基本特征.地质通报,2006,25(07):822～826.

许荣华.花岗岩类和变质岩的年代学和同位素研究.见:刘国惠,金成伟,王富宝,等,西藏变质岩及火成岩.地质专报(三):喜马拉雅岩石圈构造演化.北京:地质出版社,1990:287～321.

许荣科,马国桃,郑有业,等.西藏日土南部阿拉依杂岩体的地球化学年代学特征及其构造意义年龄.地质通报,2006,25(12):1 428～1 436.

许志琴,蔡志慧,张泽明,等.喜马拉雅东构造结——南迦巴瓦构造及组构运动学.岩石学报,2008,24(7):1 463～1 476.

许志琴,戚学祥,杨经绥,等.西昆仑康西瓦韧性走滑剪切带的两类剪切指向、形成时限及其构造意义.地质通报,2007,26(10):1 252～1 261.

许志琴,杨经绥,姜枚,等.高原北部东昆仑-羌塘地区的岩石圈结构及岩石圈剪切断层.中国科学

(D 辑),2001,31(增刊):1～7.

许志琴,杨经绥,戚学祥,等.印度-亚洲碰撞:南北向和东西向拆离构造与现代喜马拉雅造山机制再讨论.地质通报,2006,25(1—2):1～14.

许志琴,杨经绥,张建新,等.阿尔金断裂两侧构造单元的对比及岩石圈剪切机制.地质学报,1999,73(3):193～205.

杨坤光,刘强,张传林,等.西昆仑康西瓦断裂带新发现的麻粒岩,地质科技情报,2003(1):103～104.

杨晓松,金振民.西藏亚东淡色花岗岩 Rb－Sr 和 Sm－Nd 同位素研究——关于其年龄和源岩的证据.地质论评,2001,47(3):294～300.

杨治林.柴达木盆地新生代岩相古地理及其演化.青海柴达木盆地晚新生代地质环境演化.北京:科学出版社,1986:1～18.

杨宗让.川西松潘-甘孜弧前盆地的形成及演化,沉积与特提斯地质,2002,22(3):44～50.

殷鸿福,张克信,陈能松,王国灿,等.中华人民共和国区域地质调查报告(比例尺 1∶250 000),冬给措纳湖幅(I47C001002).武汉:中国地质大学出版社,2003:1～457.

尹安,党玉琪,陈宣华,等.柴达木盆地新生代演化及其构造重建——基于地震剖面的解释.地质力学学报,2007,113(13):193～211.

袁道阳,刘百篪,吕太乙,等.北祁连山东段活动断裂带的分段性研究.西北地震学报,1998,20(4):27～34.

袁道阳,刘小龙,刘百篪,等.青海热水-日月山断裂带古地震的初步研究.西北地震学报,2003,25(2):136～142.

袁道阳,刘小龙,张培震,等.青海热水-日月山断裂带的新活动特征.地震地质,2003,25(1):155～165.

袁道阳,张培震,方小敏,等.青藏高原东北缘临夏盆地晚新生代构造变形及过程.地学前缘,2007,14(01):243～250.

袁道阳,张培震,雷中生,等.青海拉脊山断裂带新活动特征的初步研究.中国地震,2005,21(1):93～102.

袁道阳,张培震,刘小龙,等.青海鄂拉山断裂带晚第四纪构造活动及其所反映的青藏高原东北缘的变形机制.地学前缘,2004,11(4):393～402.

袁四化,刘永江,葛肖虹,等.青藏高原北缘的隆升时期——来自阿尔金山和柴达木盆地的证据.岩石矿物学杂志,2008,27(05):413～421.

袁万明,王世成,李胜荣,等.西藏冈底斯带构造活动的裂变径迹证据.科学通报,2001,46(20):1 739～1 742.

袁万明,王世成,杨志强,等.北喜马拉雅带构造活动的裂变径迹定年证据.核技术,2002,25(6):451～454.

云南省地质矿产局.云南省区域地质志.北京:地质出版社,1990:555～557.

云南省地质矿产局.云南省岩石地层.武汉:中国地质大学出版社,1996:1～366.

曾宜君,杨学俊,李云泉,等.川西前陆盆地南部中新生代砾岩的构造意义.四川地质学报,2004,24(4):198～201.

张宏飞,Harris N,Parrish R,等.北喜马拉雅萨迦穹窿中苦堆和萨迦淡色花岗岩的 U－Pb 年龄及其地质意义.科学通报,2004,49(20):2 090～2 094.

张宏飞,Harris N,Parrish R,等.北喜马拉雅淡色花岗岩地球化学:区域对比、岩石成因及其构造意义.地球科学,2005,30(3):275～288.

张会化,贺怀宇,王江海,等.西藏芒康盆地内高钾火山岩 $^{40}Ar/^{39}Ar$ 的年代学和地球化学研究,中国科学(D辑),2004,34(1):34~34.

张家涛,姚光亮.鲜水河断裂带的分段活动特征.地壳形变与地震,1990,10(3):54~60.

张进江,季建清,钟大赉,等.东喜马拉雅南迦巴瓦构造结的构造格局及形成过程探讨.中国科学(D辑),2003,33(4):373~383.

张克信,王国灿,曹凯,等.青藏高原新生代主要隆升事件:沉积响应与热年代学记录.中国科学D辑,2008,38(12):1 575~1 588.

张克信,王国灿,陈奋宁,等.青藏高原古近纪—新近纪隆升与沉积盆地分布耦合.地球科学,2007,32(05):583~597.

张克银,牟泽辉,朱宏权,等.西藏伦坡拉盆地成藏动力学系统分析,新疆石油地质,2000,21(2):93~97.

张培震.青藏高原东缘川西地区的现今构造变形、应变分配与深部动力过程.中国科学(D辑),2008,38(9):1 041~1 056.

张培震,邓起东,张国民,等.中国大陆的强震活动与活动地块.中国科学(D辑),2003,33(增刊):12~20.

张培震,甘卫军,沈正康,等.中国大陆现今构造作用的地块运动和连续变形耦合模型.地质学报,2005,79(6):748~756.

张培震,王琪,马宗晋.青藏高原现今构造变形特征与GPS速度场.地学前缘,2002,9(02):442~450.

张培震,徐锡伟,闻学泽,等.2008年汶川8.0级地震发震断裂的滑动速率、复发周期和构造成因.地球物理学报,2008,51(4):1 066~1 073.

张培震,郑德文,尹功明,等.有关青藏高原东北缘晚新生代扩展与隆升的讨论.第四纪研究,2006,26(1):5~13.

张瑞斌,张晓梅,王赞军,等.东昆仑断裂带强震构造条件研究.高原地震,2002,14(01):26~31.

张希,江在森,王琪,等.青藏高原北部地区构造变形特征及与强震关系.地球物理学进展,2004,19(2):363~371.

张雪梅,孙若昧,滕吉文.青藏高原及其邻区地壳、岩石圈和软流层厚度研究.科学通报,2007,52(03):332~338.

张毅,李勇,周荣军,等.晚新生代以来青藏高原东缘的剥蚀过程:来自裂变径迹的证据.沉积与特提斯地质,2006,26(1):97~102.

张玉萍.云南开远和山东临朐中新世猪类化石.古脊椎动物与古人类,1974,12(2):117~125.

张玉泉,谢应雯.三十里营房地区花岗岩类Rb-Sr等时年龄研究.自然资源学报,1989,4(3):222~227.

张岳桥,陈文,杨农.川西鲜水河断裂带晚新生代剪切变形$^{40}Ar/^{39}Ar$测年及其构造意义.中国科学(D辑),2004,34(7):613~621.

张岳桥,陈正乐,杨农.阿尔金断裂晚新生代左旋走滑位错的地质新证据.现代地质,2001,15(01):8~12.

张泽明,郑来林,王金丽,等.东喜马拉雅构造结南迦巴瓦岩群中的石榴辉石岩——印度大陆向欧亚板块之下俯冲至80~100km深度的证据.地质通报,2007,26(1):1~12.

章炳高,穆西南.西藏雅鲁藏布江以北海相第三系的发现.地层学杂志,1979,3(1):65~66.

赵国光.滇西北大理丽江地区新生代地层及构造的初步观察.地质论评,1965,23(5):345~355.

赵文津.喜马拉雅山及雅鲁藏布江缝合带深部结构和构造研究.北京:地质出版社,2001.

赵文津,赵逊,史大年,等.喜马拉雅和青藏高原深剖面(INDEPTH)研究进展.地质通报,2002,21(11):691~700.

赵文津，赵逊，史大年，等．西藏高原与喜马拉雅山深剖面（INDEPTH）的研究进展．地质学报，2004，78(04)：575.

赵小麟，邓起东，陈社发．岷山隆起的构造地貌学研究．地震地质，1994，16(4)：429～439.

赵政璋，李永铁，叶和飞，等．青藏高原地层．北京：科学出版社，2001：1～542.

赵志丹，莫宣学，郭铁鹰，等．西藏南部岩体裂变径迹年龄与高原隆升．自然科学进展，2003，13(8)：877～880.

郑德文，张培震，万景林，等．青藏高原东北边缘晚新生代构造变形的时序——临夏盆地碎屑颗粒磷灰石裂变径迹记录．中国科学（D辑），2003，33(增刊)：190～198.

郑家坚，何希贤，刘淑文，等．中国地层典—第三系．北京：地质出版社，1999：1～163.

郑家坚，汤英俊，翟人杰，等．云南路南盆地的早第三纪地层．地层古生物论文集（第七辑），1978.

郑来林，金振民，潘桂棠，等．喜马拉雅造山带东、西构造结的地质特征与对比．地球科学，2004，29(03)：269～277.

郑来林，潘桂棠，金振民，等．喜马拉雅造山带西构造结研究的启示．地质论评，2001，47(04)：350～355.

中国地质调查局成都矿产研究所．青藏高原地质图．成都，成都地图出版社，2003.

钟大赉，Tapponnier P，吴海威．大型走滑断裂-碰撞后陆内变形的重要方式．科学通报，1989(34)：525～529.

钟大赉，丁林．青藏高原的隆起过程及其机制探讨．中国科学（D辑），1996，26(4)：289～295.

钟富太．雅鲁藏布江断裂带的形成时代与倾向．西藏地质，1990(1)：42～50.

钟康惠，刘肇昌，舒良树，等．澜沧江断裂带的新生代走滑运动学特点．地质论评，2004，50(1)：1～8.

周江羽，王江海，尹安，Spurlin M S，Horton B K．沉积型式及构造背景——以囊谦和下拉秀盆地为例，沉积学报，2002，20(3)：67～73.

周明镇．云南路南早第三纪一新种原始瓜蹄兽类．古脊椎动物与古人类，1962，6(3)：219～224.

周明镇，胡承志．云南路南渐新世雷兽化石．古生物学报，1959，7(2)：85～88.

周明镇，徐余瑄，甄朔南．云南路南始新世两栖犀．古脊椎动物学报，1964，8(4)：355～360.

周明镇，张玉萍．云南几种乳齿象类化石记述．地层古生物论文集，1978(7)：68～73.

周明镇，张玉萍，丁素因．滇东路南盆地早第三纪奇蹄类．古脊椎动物学报，1974，12(4)：264～273.

周荣军，何玉林，杨涛，等．鲜水河-安宁河断裂带磨西-冕宁段的滑动速率与强震位错．中国地震，2001，17(3)：253～262.

周肃，方念乔，董国臣，等．西藏林子宗群火山岩的氩-氩同位素测年．矿物岩石学地球化学杂志，2001(20)：317～319.

周肃，莫宣学，董国臣，等．西藏林周盆地林子宗火山岩$^{40}Ar/^{39}Ar$年代格架．科学通报，2004，49(20)：2 095～2 103.

周永昌，刘百春，袁定国．塔里木西南乌恰群基干剖面及时代讨论．新疆地质，2002，20(S1)，72～77.

周志毅，赵治信，胡兆珣，等．塔里木盆地各纪地层．北京：科学出版社，2001：1～359.

朱大岗，孟宪刚，邵兆刚等．西藏扎达盆地形成演化与喜马拉雅山隆升．地球学报，2006，27(3)：193～200.

朱炎铭，邵震杰，任文忠，等．小江断裂带第三纪走滑断陷盆地的充填层序特征．沉积学报，2001，19(1)：82～87.

宗冠福．四川盐源盆地哺乳类化石及其意义．古脊椎动物学报，1987，25(2)：137～145.

宗冠福，陈万勇，黄学诗，等．横断山地区新生代哺乳动物及其生活环境．北京：海洋出版社，1996：1～266.

邹光富.甘孜-理塘断裂带北段构造特征及其演化过程.四川地质学报,1995,15(4):257～263.

邹光富.班公湖-怒江断裂带东段的构造特征.西藏地质,1996(2):77～84.

Allegre C J,Courtillot V,Tapponnier P,*et al*. Structure and evolution of the Himalaya－Tibet orogenic belt. Nature,1984,307(5 946):17～22.

Allen C R,Gillespie,A R,Han Y,*et al*. Red River and associated faults,Yunnan Province,China: Quaternary geology, slip rates, and seismic hazard. Geological Society of America Bulletin, 1984, 95 (6):686～700.

Allen C R,Zhuo L L,Hong Q,*et al*. Field study of a highly active fault zone:the Xianshuihe fault of southwestern China. Geological Society of America Bulletin,1991(103):1 178～1 199.

An Z S,Kutzbach J E,Prell W L,*et al*. Evolution of Asian monsoons and phased uplift of the Himalaya－Tibetan plateau since late Miocene times. Nature,2001,411(3):62～66.

Argand E. La tectonique de l' Asie,Proc. 13th Int. Geol. Congr. 1924(7):171～372.

Armijo R,Tapponnier P,Han T L. Late Cenozoic right－lateral strike－slip faulting in southern Tibet. Journal of Geophysical Research,1989,94(B3):2 787～2 838.

Arnaud N O,Delville N,Montel J,*et al*. Paleozoic to Cenozoic deformation along the Altyn Tagh fault in the Altun Shan massif area,eastern Qilian Shan,NE Tibet,China. Eos,Transactions,American Geophysical Union,1999,80(Suppl.):1 018.

Arnaud N,Tapponnier P,Roger F,*et al*. Evidence for Mesozoic shear along the western Kunlun and Altyn－Tagh fault, northern Tibet(China). Journal of Geophysical Research, 2003, 108(B1): 2 053.

Avouac J P, Tapponnier P. Kinematic model of active deformation in Central Asia. Geophysical Research Letters,1993,20(10):895～898.

Beaumont C,Jamieson R A,Nguyen M H. Himalayan tectonics explained by extrusion of a low－viscosity crustal channel coupled to focused surface denudation. Nature,2001(414):738～742.

Beaumont C,Jamieson R A,Nguyen M H. Crustal channel flows:1. numerical models with applications to the tectonics of the Himalayan－Tibet orogen. Journal of Geophysical Research,2004,109 (B6).

Beaumont C,Nguyen M H,Jamieson R A,*et al*. Crustal flow modes in large hot orogens. From: Law,R. D. ,Searle,M. P. ,Godin,L. (eds):Channel Flow,Ductile Extrusion and Exhumation in Continental Collision Zones. Geological Society,London,Special Publications,2006(268):91～145.

Bendick R,Bilham R,Freymueller J,*et al*. Geodetic evidence for a low slip rate in the Altyn Tagh fault system. Nature,2000,404(2):69～72.

Bojar A V,Fritz H,Nicolescu S. Timing and mechanisms of Central Himalayan exhumation:discriminating between tectonic and erosion processes. Terra Nova,2005(17):427～433.

Bookhagen B,Thiede R C,Strecker M R. Abnormal monsoon years and their control on erosion and sediment flux in the high,arid Northwest Himalaya. Earth and Planetary Science Letters, 2005 (231):131～146.

Briais A, Patriat P, Tapponnier P. Updated interpretation of magnetic anomalies and seafloor spreading stages in the South China Sea;implications for the Tertiary tectonics of Southeast Asia. Journal of Geophysical Research,1993,98(B4):6 299～6 328.

Brown E T,Bendick R,Bourlès D L,*et al*. Slip rates of the Karakorum fault,Ladakh,India,determined using cosmic ray exposure dating of debris flows and moraines. Journal of Geophysical Research,2002,107(B9),doi:10. 1029/2000JB000100.

Brunel M, Arnaud N O, Tapponnier P, *et al*. Kongur Shan normal fault: Type example of mountain building assisted by extension(Karakoram fault, eastern Pamir). Geology, 1994(22): 707～710.

Brunel M, Tapponnier P, Bourjot L, *et al*. Tectonique de l'Est du Pamir; la traverse de Kashgar—Gungerab(in Programme dynamique et bilans de la Terre; resultats des travaux 1988—1992). Inst. National Sci. Univers, Centre National, Paris, France, 1992.

Burbank D W, Blyt A E, Putkonen J, *et al*. Decoupling of erosion and precipitation in the Himalayas. Nature, 2003(426): 652～655.

Burbank D W, Beck R A, Mulder T. The Himalayan foreland basin. In: Yin A, Harrison T M eds. The Tectonics of Asia, New York. Cambridge University Press, 1996: 149～188.

Burbank D W, Derry L A, France—Lanord C. Reduced Himalayan sediment production 8 Myr ago despite an intensified monsoon. Nature, 1993(364): 48～50.

Burchfiel B C, Chen Z L, Liu Y P. Tectonics of the Longmen Shan and adjacent regions, central China. International Geology Review, 1995(37): 661～735.

Burchfiel B C, Chen Z, Hodges K V, *et al*. The South Tibet Detachment System, Himalayan orogen: extension contemporaneous with and parallel to shortening in a collisional mountain belt. Special Paper—Geological Society of America, 1992(269): 1～41.

Burchfiel B C, Zhang P Z, Wang Y P, *et al*. Geology of the Haiyuan fault zone, Ningxia～Hui Autonomous Region, China, and its relation to the evolution of the northeastern margin of the Tibetan Plateau. Tectonics, 1991, 10(6): 1 091～1 110.

Burg J P, Chen G M. Tectonics and structural zonation of southern Tibet, China. Nature, 1984(311): 219～223.

Burg J P, Nievergelt P, Oberli F, *et al*. The Namche Barwa syntaxis: evidence for exhumation related to compressional crustal folding. Journal of Asian Earth Science, 1998(16): 239～252.

Burtman V S, Molnar P. Geological and geophysical evidence for deep subduction of continental crust beneath the Pamir. Special Paper—Geological Society of America, 1993(281): 76.

Cao K, Wang G, Van Der Beek P, *et al*. Cenozoic thermo—tectonic evolution of the northeastern Pamir revealed by zircon and apatite fission—track thermochronology. Tectonophysics, 2013a(589): 17～32.

Cao K, Bernet M, Wang G, *et al*. Focused Pliocene - Quaternary exhumation of the Eastern Pamir domes, western China. Earth Planetary Science Letters, 2013b(363): 16～26.

Carosi R, Lombardo B, Molli G, *et al*. The South Tibetan detachment system in the Rongbuk Valley, Everest region; deformation features and geological implications. Journal of Asian Earth Sciences, 1998, 16(2—3): 299～311.

Catlos E J, Harrison T M, Kohn M J, *et al*. Geochronologic and thermobarometric constraints on the evolution of the Main central thrust, central Nepal Himalaya. Journal of Geophysical Research, 2001(106): 16 177～16 204.

Chamberlain C P, Zeitler P, Jan M Q. Pressure—temperature—time paths in the Nanga Parbat Massif; constraints on the tectonic development of the Northwest Himalayas. Abstracts with Programs—Geological Society of America, 1986, 18(6): 561.

Chen S F, Wilson C J L. Emplacement of the Longmen Shan thrust—nappe belt along the eastern margin of the Tibetan Plateau. Journal of Structural Geology, 1996(18): 413～430.

Chen W, Chen C. Present—day deformation of the Qaidam basin with implications for intra—continental tectonics. Tectonophysics, 1999, 305(1—3): 165～181.

Chevalier M L, Ryerson F J, Tapponnier P, *et al*. Slip—Rate measurements on the Karakorum fault may imply secular variations in fault motion. Science,2005(307):410～414.

Chung S L,Chu M F,Zhang Y Q,*et al*. Tibetan tectonic evolution inferred from spatial and temporal variations in post—collisional magmatism. Earth—Science Reviews,2005(68):173～196.

Chung S L,Liu D Y,Ji J Q. Adadites from continental collision zones Melting of thickened lower crust beneath southern Tibet. Geology,2003,31(11):1 021～1 024.

Chung S L,Lo C H,Lee T Y,*et al*. Diachronous uplift of the Tibet Plateau starting 40 Myr ago. Nature,1998,394(6 695):769～773.

Clark M K,House M A,Royden L H,*et al*. Late Cenozoic uplift of southeastern Tibet. Geology, 2005,33(6):525～528.

Clark M K,Royden L H. Topographic ooze:building the eastern margin of Tibet by lower crustal flow. Geology,2000(28):703～706.

Coleman M E. U－Pb constraints on Oligocene—Miocene deformation and anatexis within the central Himalaya,Marsyandi valley,Nepal. American Journal of Science,1998,298(7):553～571.

Coleman M E,Hodges K V. Evidence for Tibetan plateau uplift before 14 Myr ago from a new minimum age for east west extension. Nature,1995(374):49～52.

Coleman M E,Parrish R R. Constraints on Miocene high—temperature deformation and anatexis within the Greater Himalayan from U－Pb geochronology. EOS,1995(76):F708.

Copeland P,Parrish R R,Harrison T M. Identification of inherited radiogenic Pb in monazite and its implications for U－Pb systematics. Nature,1988,333(6 175):760～763.

Cowgill E S. Tectonic evolution of the Altyn Tagh－western Kunlun fault system, northwestern China[Ph. D. Thesis]. Los Angeles, University of California, 2001.

Cowgill E. Impact of riser reconstructions on estimation of secular variation in rates of strike—slip faulting:Revisiting the Cherchen River site along the Altyn Tagh Fault,NW China. Earth and Planetary Science Letters,2007,254(3—4):239～255.

Currie B S,Rowley D B,Tabor N J. Middle Miocene paleoaltimetry of southern Tibet:Implications for the role of mantle thickening and delamination in the Himalayan orogen. Geology,2005(33):181～184.

DeCelles P G,Gehrels G E,Quade J,*et al*. Neogene foreland basin deposits,erosional unroofing, and the kinematic history of the Himalayan fold—thrust belt,western Nepal. Geological Society of America Bulletin,1998,110(1):2～21.

DeCelles P G,Quade J,Kapp P,*et al*. High and dry in central Tibet during the late Oligocene. Earth and Planetary Science Letters,2007,253(3—4):389～401.

Deng Q D, Chen S F, Song F M, *et al*. Variation in the geometry and amount of slip on the Haiyuan(Nanxihua Shan)fault zone,China,and the surface rupture of the 1920 Haiyuan earthquake. In:Das,S. ,*et al*. ,eds. ,Earthquake Source Mechanics,Geophysics Monographs Series,Washington D C,1986.

Derry L A,France—Lanord C. Neogene Himalayan weathering history and river $^{87}Sr/^{86}Sr$:impact on the marine Sr record. Earth and Planetary Science Letters,1996(142):59～74.

Dewey J F,Burke K,Tibetan,Variscan and Precambrian basement reactivation:products of continental collision. Journal of Geology,1973(81):683～92.

Dewey J F,Shackleton R M,Chang C F,*et al*. The tectonic evolution of the Tibetan Plateau. Mathematical and Physical Sciences(Series A),1988,327(1 594):379～413.

Ding G Y, Chen J, Tian Q J, *et al*. Active faults and magnitudes of left－lateral displacement along the northern margin of the Tibetan Plateau. Tectonophysics, 2004, 380(3—4): 243～260.

Edwards M A, Harrison T M. When did the roof collapse? Late Miocene north－south extension in the high Himalaya revealed by Th－Pb monazite dating of the Khula Kangri granite. Geology, 1997, 25(6): 543～545.

England P C, Houseman G A, Osmaston M F, *et al*. The Mechanics of the Tibetan Plateau. Philosophical Transactions of the Royal Society of London, Series A, Mathematical and Physical Sciences, 1998, 326(1 589): 301～320.

England P, Molnar P. Surface uplift, uplift of rocks, and exhumation of rocks. Geology, 1999(18): 1 173～1 177.

Fu B H, Awata Y, Du J G, *et al*. Late Quaternary systematic stream offsets caused by repeated large seismic events along the Kunlun fault, northern Tibet. Geomorphology, 2005, 71(3—4): 278～292.

Gaetani M. The Karakorum Block in Central Asia, from Ordovician to Cretaceous. Sedimentary Geology, 1997, 109(3—4): 339～359.

Gansser A. Geology of the Himalayas. London: Wiley Inter－science, 1964: 1～289.

Garzione C N, DeCelles P G, Hodkinson C G, *et al*. East－west extension and Miocene environmental change in the southern Tibetan plateau: Thakkhola graben, central Nepal. Bulletin of Geological society American, 2003(115): 3～20.

Garzione C N, Dettman D L, Quade J, *et al*. High times on the Tibetan plateau: Paleoelevation of the Thakkhola graben, Nepal. Geology, 2000(28): 339～342.

Garzione C N, Quade J, DeCelles P G, *et al*. Predicting paleoelevation of Tibet and the Himalaya from $\delta^{18}O$ vs. altitude gradients in meteoric water across the Nepal Himalaya. Earth and Planetary Science Letters, 2000(183): 215～229.

Gaudemer Y, Tapponnier P, Meyer B, *et al*. Partitioning of crustal slip between linked active faults in the eastern Qilian Shan, and evidence for a major seismic gap, the Tianzhu gap, on the western Haiyuan fault, Gansu(China). Geophysical Journal International, 1995, 120(3): 599～645.

Gaudemer Y, Tapponnier P, Turcotte D L. River offsets across active strike－slip faults. Annales Tectonicae, 1989, 3(2): 55～77.

Gautam P, Roesler W. Depositional chronology and fabric of Siwalik group sediments in Central Nepal from magnetostratigraphy and magnetic anisotropy. Journal of Asian Earth Sciences, 1999(17): 659～682.

Gilley L D, Harrison T M, Leloup P H, *et al*. Direct dating of left－lateral deformation along the Red River shear zone, China and Vietnam. Journal of Geophysical Research, 108(B2), doi: 10. 1029/2001JB001726, 2003.

Godin L, Parrish R R, Brown R L, *et al*. Crustal thickening leading to exhumation of the Himalayan metamorphic core of central Nepal: insight from U－Pb geochronology and $^{40}Ar/^{39}Ar$ thermochronology. Tectonics, 2001, 20(5): 729～747.

Grasemann B, Vannay J. Flow controlled inverted metamorphism in shear zones. Journal of Structural Geology, 1999, 21(7): 743～750.

Grujic D, Coutand I, Bookhagen B, *et al*. Climate forcing of erosion, landscape, and tectonics in the Bhutan Himalayas. Geology, 2006(34): 801～804.

Guillot S, Cosca M, Allemand P, *et al*. Constraining metamorphism and geochronological evolution along the Himalayan belt. In: Macfarlane, A., Sorkhabi, R. B. & Quade, J. (eds). Himalaya and Tibet: Mountain Roots to Mountain Tops. Geological Society of America, Special Papers, 1999(328): 117～128.

Guillot S, Lardeaux J M, Mascle G. Unnouvead temoin du metamorphisme de haute－pression dans la chaine Himalayenne: les ecologites retromorphosees du Dome du Tso Morari (East Ladakh, Himalaya). C. R. Acad. Sci. Paris, 1995, 32(a): 931～936.

Guillot S, Sigoyer D J, Lardeaux J M, *et al*. Ecologitic metasediments from the Tso Morari area (Ladakh, Himalaya): Evidence forcontinenal subduction during India－Asia convergence. Contrib. Miner al. Petrol., 1997(128): 197～212.

Gulliot S, Hodges K, Fort L P, *et al*. New constraints on the age of the Manaslu leucogranite: Evidence for episodic tectonic denudation in the central Himalayas. Geology, 1994(22): 559～562.

Harris N. Significance of weathering Himalayan metasedimentary rocks and leucogranites for the Sr isotope evolution of sea water during early Miocene. Geology, 1995, 23(9): 759～798.

Harris N. Channel flow and the Himalayan－Tibetan orogen: a critical review. Journal of the Geological Society, London, 2007(164): 511～523.

Harriso N, Massey J. Decompression and anatexis of Himalayan metapelites. Tectonics, 1994, 13(6): 1 537～1 546.

Harrison T M, Chen W J, Leloup P H, *et al*. An early Miocene transition in deformation regime within the Red River fault zone, Yunnan, and its significance for Indo－Asian tectonics. Journal of Geophysical Research, 1992, 97(B5): 7 159～7 182.

Harrison T M, Copeland P, Kidd W, *et al*. Activation of the Nyainqentanghla Shear Zone: Implications for Uplift of the Southern Tibetan Plateau. Tectonics, 1995, 14(3): 658～676.

Harrison T M, Copeland P, Kidd W S, *et al*. Raising Tibet. Science, 1992, 255(5 052): 1 663～1 670.

Harrison T M, Lovera O M, Grove M, *et al*. New insights into the origin of two contrasting Himalayan granite belts. Geology, 1997, 25(10): 899～902.

Harrison T M, McKeegan K D, Le Fort P. Detection of inherited monazite in the Manaslu leucogranite by $^{208}Pb/^{232}Th$ ion microprobe dating: Crystallization age and tectonic implications. Earth and Planetary Science Letters, 1995(133): 271～282.

Harrison T M, Ryerson F J, Le F P, *et al*. A late Miocene－Pliocene origin for the central Himalayan inverted metamorphism. Earth and Planetary Science Letters, 1997, 146(1—2): 1～7.

Heim A. Central Himalaya, tectonical observations of the Swiss Himalaya expedition, 1936: a preliminary sketch. Report of the Session－International Geological Congress, 1939(2): 443～446.

Hodges K V. Tectonics of the Himalaya and southern Tibet from two perspectives. Geological Society of America Bulletin, 2000, 112(3): 324～350.

Hodges K V, Bowring S, Davidek K, *et al*. Evidence for rapid displacement on Himalayan normal faults and the importance of tectonic denudation in the evolution of mountain ranges. Geology, 1998 (26): 483～486.

Hodges K V, Parrish R R, Searle M P. Tectonic evolution of the central Annapurna Range, Nepalese Himalayas. Tectonics, 1996, 15(6): 1 264～1 291.

Hodges K V, Wobus C, Ruhl K, *et al*. Quaternary deformation, river steepening, and heavy precipitation at the front of the Higher Himalayan ranges. Earth and Planetary Science Letters, 2004(220): 379～389.

Huntington K W, Blythe A E, Hodges K V, *et al*. Climate change and Late Pliocene acceleration of erosion in the Himalaya. Earth and Planetary Science Letters,2006(252):107～118.

Jade S,Bhatt B C,Yang Z,*et al*. GPS measurements from the Ladakh Himalaya,India:Preliminary tests of plate－like or continuous deformation in Tibet. GSA Bulletin,2004,116(11—12):1 385～1 391.

Jain A K,Kunar D,Singh S,*et al*. Timing,Quantification and tectonic modeling of Piocene－Quaternary movements in the NW Himalaya:evidence from fission track dating. Earth and Planetary science letters,2000(179):437～451.

Jiang M,Him A,Poupinet G. Tibetan plateau seismic experiment:design and preliminary results 1992—1993. Global Tectonic and Medallogeny,1995(4):199～201.

Jiménez－Munt I,Fernàndez M,Vergés J. Lithosphere structure underneath the Tibetan Plateau inferred from elevation,gravity and geoid anomalies. Earth and Planetary Science Letters,2008(267):276～289.

Jin X C,Wang J,Chen B W,*et al*. Cenozoic depositional sequences in the piedmont of the west Kunlun and their paleogeographic and tectonic implications. Journal of Asian Earth Sciences,2003(21):755～765.

Johson M R. Shortening budgets and the role of continental subduction during the India－Asia collision. Earth－Science Reviews,2002(59):101～123.

Johson N M,Stix J,Tauxe L. Paleomagnetic chronology,fluvial processes and tectonic implication of the Siwalik deposits near Chinji villiage,Pakistan. Journal of Geology,1985(93):23～40.

Jolivet M,Brunel M,Seward D,*et al*. Mesozoic and Cenozoic tectonics of the northern edge of the Tibetan plateau:fission－track constraints. Tectonophysics,343(1－2):111～134.

Jouanne F,Mugnier J L,Pandey M R,*et al*. Oblique convergence in the Himalayas of western Nepal deduced from preliminary results of GPS measurements. Geophysical Research Letters,1999,26(13):1933～1936.

Kapp P,Yin A,Manning C E,*et al*. Blueschist－bearing metamorphic core complexes in the Qiangtang block reveal deep crustal structure of northern Tibet. Geology,2000,28(1):19～22.

Kayal J R. Microearthquake activity in some parts of the Himalaya and the tectonic model. Tectonophysics,2001(339):331～351.

Kidd C,Barrett E C. Intercomparisons of passive microwave rainfall algorithms over land. International Geoscience and Remote Sensing Symposium,1988,1(9):253～254.

Lacassin R,Valli F,Arnaud N O,*et al*. Large－scale geometry,offset and kinematic evolution of the Karakorum fault,Tibet. Earth and Planetary Science Letters,2004,219(3—4):255～269.

Larson K M,Burgmann R,Bilham R,*et al*. Kinematics of the India－Eurasia collision zone from GPS measurements. Journal of Geophysical Research－Solid Earth,1999,104(B1):1 077～1 093.

Lasserre C,Gaudemer Y,Tapponnier P,*et al*. Fast late Pleistocene slip rate on the Lenglongling segment of the Haiyuan fault,Qinghai,china. Journal of Geophysical Research,107(B11):2 276,doi:10. 1029/2000JB000060,2002.

Lasserre C,Morel P H,Gaudemer Y,*et al*. Postglacial left slip－rate and past occurrence of Ms⩾8 earthquakes on the western Haiyuan fault,Gansu,China. Journal of Geophysical Research,1999,104(B8):17 633～17 651.

Le Fort P,Guillot S,Pecher A. HP metamorphic belt along the Indus suture zone of NW Himalaya:new discoveries and significance. C. R. Acad. Sci. Paris,1999(325):773～778.

Lee J,Hacker B R,Dingklage W S,*et al*. Evolution of Kangmar Dome,southern Tibet:Structural,petrologic,and thermochronologic constraints. Tectonics,2000,19(5):872～895.

Leloup P H,Arnaud N,Lacassin R,*et al*. New constraints on the structure,thermochronology, and timing of the Ailao Shan—Red River shear zone, SE Asia. Journal of Geophysical Research, 2001, 106(B4): 6 683～6 732.

Leloup P H, Harrison T M, Ryerson F J, *et al*. Structural, petrological and thermal evolution of a Tertiary ductile strike—slip shear zone, Diancang Shan, Yunnan. Journal of Geophysical Research, 1993, 98(B4): 6 715～6 743.

Leloup P H, Lacassin R, Tapponnier P, *et al*. The Ailao Shan—Red River shear zone(Yunnan, China), Tertiary transform boundary of Indochina. Tectonophysics, 1995, 251(1—4): 3～84.

Li D, Yin A. Orogen—parallel, active left—slip faults in the Eastern Himalaya: Implications for the growth mechanism of the Himalayan Arc. Earth and Planetary Science Letters, 2008, 274(1—2): 258～267.

Li H B, Yang J S, Shi R D, *et al*. Determination of the Altyn Tagh strike—slip fault basin and its relationship with mountains. Chinese Science Bulletin, 2002, 47(7): 572～577.

Li Q, Rui G, Deyuan L, *et al*. Tarim underthrust beneath western Kunlun: evidence from wide—angle seismic sounding. Journal of Asian Earth Sciences, 2002, 20(3): 247～253.

Liu J Q, MaiMaiTi Y M. Distribution and ages of Ashikule volcanoes on the West Kunlun Mountains, West China. Bulletin of Glacier Research, 1989(7): 187～190.

Liu S S, Zhang F. Fission—track ages and uplift rate of the Southern Tibetan. Science in China (Series B), 1987, 17(9): 1 000～1 010.

Liu Y J, Genser J, Neubauer F, *et al*. $^{40}Ar/^{39}Ar$ mineral ages from basement rocks in the Eastern Kunlun Mountains, NW China, and their tectonic implications. Tectonophysics, 2005(398): 199～224.

Liu Y J, Ye H W, Ge X H, *et al*. Laser probe $^{40}Ar/^{39}Ar$ dating of mica on the deformed rocks from Altyn fault and its tectonic implications, western China. Chinese Science Bulletin, 2001, 46(4): 322～325.

Liu Z J, Klinger Y, Xu X W, *et al*. Millennial Recurrence of Large Earthquakes on the Haiyuan Fault near Song Shan, Gansu Province, China. Bulletin of the Seismological Society of America, 2007, 97(1B): 14～34.

Lombardo B, Rolfo F. Two contrasting eclogite types in the Himalaya: implications for the Himalayan orogeny. J. Geodyn., 2000(30): 37～60.

Mary L, Singh S, Jain A K, *et al*. The onset of India—Asia continental collision: Early, steep subduction required by the timing of UHP metamorphism in the western Himalaya. Earth Planet. Sci. Lett, 2005(234): 83～97.

Matte P, Tapponnier P, Arnaud N O, *et al*. Tectonics of western Tibet, between the Tarim and the Indus. Earth and Planetary Science Letters, 1996, 142(3—4): 311～330.

Meigs A J, Burbank D W, Beck R A. Middle—late Miocene(＞10Ma) formation of the Main Boundary thrust in the western Himalaya. Geology, 1995, 23(5): 423～426.

Mériaux A S, Ryerson F J, Tapponnier P, *et al*. Rapid slip along the central Altyn Tagh fault: Morphochronologic evidence from Cherchen He and Sulamu Tagh. Journal of Geophysical Research, 109(B6), B06401, doi: 1011029/2003JB002558, 2004.

Mériaux A S, Tapponnier P, Ryerson F J, *et al*. The Aksay segment of the northern Altyn Tagh fault: Tectonic geomorphology, landscape evolution, and Holocene slip rate. Journal of Geophysical Research, 110, B04404, doi: 01029/02004JB003210, 2005.

Metivier F, Gaudemer Y, Tapponnier P, *et al*. Northeastward growth of the Tibet plateau deduced from balanced reconstruction of two depositional areas: The Qaidam and Hexi Corridor basins, China.

Tectonics,1998,17(6):823～842.

Meyer B,Tapponnier P,Bourjot L,*et al*. Crustal thickening in Gansu—Qinghai,lithospheric mantle subduction,and oblique,strike—slip controlled growth of the Tibet plateau. Geophysical Journal International,1998,135(1):1～47.

Meyer B,Tapponnier P,Gaudemer Y,*et al*. Rate of left—lateral movement along the eastern segment of the Altyn Tagh Fault,east of 96° E(China). Geophysical Journal International,1996(124):29～44.

Mirza M A. An overview of mineral resources of Pakistan. Journal of Nepal Geological Society,1996(14):57～64.

Mo X X,Dong G C,Zhao Z D. Timing of magma mixing in the Gangdise magmatic belt during the India—Asia collision:Zircon SHRMP U—Pb dating. Acta Geologica Sinica,2005,79(1):66～76.

Mo X X,Niu Y L,Dong G C,*et al*. Contribution of syncollisional felsic magmatism to continental crust growth:A case study of the Paleogene Linzizong volcanic succession in southern Tibet. Chemical Geology,2008(250):49～67.

Molnar P,England P C. Late Cenozoic uplift of mountain ranges and global climate change;chicken or egg?. Nature,1990(346):29～34.

Molnar P,England P,Martinod J. Mantle dynamics,the uplift of the Tibetan Plateau,and the Indian monsoon. Reviews of Geophysics,1993(31):357～396.

Molnar P,Tapponnier P. Cenozoic tectonic of Asia:effects of a continental collision. Science,1975,189(4 201):419～426.

Murphy M A,Harrison T M. Relationship between leucogranites and the Qomolangma Detachment in the Rongbuk Valley,South Tibet. Geology,1999(27):831～834.

Murphy M A,Yin A,Kapp P,*et al*. Southward propagation of the Karakoram fault system,southwest Tibet:timing and magnitude of slip. Geology,2000,28(5):451～454.

Murphy M A,Yin A,Kapp P,*et al*. Structural evolution of the Gurla Mandatha detachment system,southwest Tibet:implications for the eastward extent of the Karakoram fault system. Geological Society of America Bulletin,2002,114(4):428～447.

Nakata T. Active faults of the Himalaya of India and Nepal. Special Paper—Geological Society of America,1989(232):243～264.

Parrish R R,Hodges K V. Miocene(22±1Ma)metamorphism and two stage thrusting in the Greater Himalayan sequence,Annapurna Sanctuary,Nepal. Geological Society of America Abstract with Program,1993,25(6):174.

Patel R C,Kumar Y,Lal N,*et al*. Thermotectonic history of the Chiplakot Crystalline Belt in the Lesser Himalaya,Kumaon,India:Constraints from apatite Fission—track thermochronology. Journal of Asian Earth Sciences,2007,29(2—3):430～439.

Peltzer G,Tapponnier P,Armijo R. Magnitude of late Quaternary left—lateral displacements along the north edge of Tibet. Science,1989,246(4 935):1 285～1 289.

Phillips R J,Parrish R R,Searle M P. Age constraints on ductile deformation and long—term slip rates along the Karakoram fault zone,Ladakh. Earth and Planetary Science Letters,2004(226):305～319.

Phillips R J,Searle M P. Macrostructural and microstructural architecture of the Karakoram fault:relationship between magmatism and strike—slip faulting. Tectonics,26,TC3017,doi:10. 1029/2006TC001946,2007.

Pognante U, Spencer D A. First report of eclogites from the Himalayan belt, Kaghan valley (northern Pakistan). European Journal of Minerology, 1991(3): 613～618.

Quidelleur X, Grove M, Lovera O M, *et al*. The thermal evolution and slip history of the Renbu Zedong Thrust, southeastern Tibet. Journal of Geophysical Research, 1997(102): 2 659～2 679.

Quigley M, Liangjun Y, Xiaohan L, *et al*. $^{40}Ar/^{39}Ar$ thermochronology of the Kampa Dome, southern Tibet: Implications for tectonic evolution of the North Himalayan gneiss domes. Tectonophysics, 2006(421): 269～297.

Ran Y K, Chen L C, Cheng J W, *et al*. Late Quaternary surface deformation and rupture behavior of strong earthquake on the segment north of Mianning of the Anninghe fault. Science in China(Series D), 2008, 38(5): 543～554.

Ratschbacher L, Frisch W, Chen C, *et al*. Cenozoic deformation, rotation, and stress patterns in eastern Tibet and western Sichuan, China. The Tectonic Evolution of Asia. In: Yin, A. and Harrison, T. M. eds., New York: Cambridge University Press, 1996: 442～485.

Ratschbacher L, Frisch W, Liu G, *et al*. Distributed deformation in southern and western Tibet during and after the India—Asia collision. Terra, Abstracts, 1993, 5(Suppl.): 1～267.

Rea D K. Delivery of Himalayan sediment to the northern Indian Ocean and its relation to global climate, sea level, uplift, and sea water strontium. In: Duncan R A(Ed.), Synthesis of Results from Scientific Drilling in the Indian Ocean. Geophys. Monogr. Ser, 70. AGU, Washington D C, 1992.

Replumaz A, Lacassin R, Tapponnier P, *et al*. Large river offsets and Plio—Quaternary dextral slip rate on the Red River Fault(Yunnan, China). Journal of Geophysical Research, 2001, 106(B1): 819～836.

Robinson A C, Yin A, Manning C E, *et al*. Tectonic evolution of the northeastern Pamir: Constraints from the northern portion of the Cenozoic Kongur Shan extensional system, western China. GSA Bulletin, 2004, 116(7—8): 953～973.

Robinson A C, Yin A, Manning C E. Cenozoic evolution of the eastern Pamir: Implications for strain—accommodation mechanisms at the western end of the Himalayan—Tibetan orogen. Geological Society of America Bulletin, 2007(119): 882～896.

Robinson D M, DeCelles P G, Patchett P J, *et al*. The kinematic evolution of the Nepalese Himalaya interpreted from Nd isotopes. Earth and Planetary Science Letters, 2001(192): 507～521.

Rowley D B, Currie B S. Paleo—altimetry of the Late Eocene to Miocene Lunpola basin, central Tibet. Nature, 2006(439): 677～681.

Royden L H, Burchfiel B C, King R W, *et al*. Surface deformation and lower crustal flow in eastern Tibet. Science, 1997, 276(5 313): 788～790.

Ryerson F J, Peltzer G, Tapponnier P, *et al*. Active slip—rates on the Altyn Tagh fault karakax valley segment; constraints from surface exposure dating. Eos, Transactions, American Geophysical Union, 1999, 80(46, suppl.): 1 008～1 009.

Schelling D. The tectonostratigraphy and structure of the eastern Nepal Himalaya. Tectonics, 1992 (11): 925～943.

Schelling D, Arita K. Thrust tectonics, crustal shortening, and the structure of the far—eastern Nepal Himalaya. Tectonics, 1991, 10(5): 851～862.

Schlup M, Carter A, Cosca M, *et al*. Exhumation history of eastern Ladakh revealed by $^{40}Ar/^{39}Ar$ and fission track ages: the Indus River—Tso Morari transect, NW Himalaya. Journal of the Geological Society, 2003(160): 385～399.

Schwab M, Ratschbacher L, Siebel W, *et al*. Assembly of the Pamirs: age and origin of magmatic belts from the southern Tien Shan to the southern Pamirs and their relation to Tibet. Tectonics, 2004, 23(4).

Searle M P. Geological evidence against large-scale pre-Holocene offsets along the Karakoram Fault; implications for the limited extrusion of the Tibetan Plateau. Tectonics, 1996, 15(1): 171～186.

Searle M P, Godin L. The South Tibetan Detachment and the Manaslu Leucogranite: A structural reinterpretation and restoration of the Annapurna-Manaslu Himalaya, Nepal. The Journal of Geology, 2003(111): 505～523.

Searle M P, Parrish R R, Hodges K V, *et al*. Shisha Pangma leucogranite, South Tibetan Himalaya; field relations, geochemistry, age, origin, and emplacement. Journal of Geology, 1997, 105(3): 295～317.

Shen Z K, Lü J N, Wang M, *et al*. Contemporary crustal deformation around the southeast borderland of the Tibetan Plateau. Journal of Geophysical Research, 110 (B11): 409, doi: 10. 1029/2004JB003421, 2005.

Shen Z K, Wang M, Li Y X, *et al*. Crustal deformation along the Altyn Tagh fault system, western China, from GPS. Journal of Geophysical Research, 2001, 106(B12): 30 607～30 622.

Sobel E R, Dumitru T A. Thrusting and exhumation around the margins of the western Tarim Basin during the India-Asia collision. Journal of Geophysical Research, 1997, 102(B3): 5 043～5 063.

Sorkhabl R B, Stump E, Foland K A, *et al*. Fission-track and $^{40}Ar/^{39}Ar$ evidence for episodic denudation of the Gangotri granites in the Garhwal Higher Himalaya, India. Tectonophysics, 1996(260): 187～199.

Spicer R A, Harris N B W, Widdowson M, *et al*. Constant elevation of southern Tibet over the past 15 million years. Nature, 2003, 421(6): 621～624.

Srivastava P, Mitra G. Thrust geometries and deep structure of the outer and Lesser Himalaya, Jumoan and Garhwali(India): implications for evolution of the Himalayan fold and thrust belt. Tectonics, 1994(13): 89～109.

Tang L J, Jin Z J, Dai J S, *et al*. Regional Fault Systems of Qaidam Basin and Adjacent Orogenic Belts. Earth Science-Journal of China University of Geosciences, 2002, 27(6): 666～682.

Tapponnier P, Meyer B, Avouac J P, *et al*. Active thrusting and folding in the Qilian Shan, and decoupling between upper crust and mantle in northeastern Tibet. Earth and Planetary Science Letters, 1990, 97(3—4): 382～383.

Tapponnier P, Molnar P. Slip-line field theory and large-scale continental tectonics. Nature, 1976, 264(5 584): 319～324.

Tapponnier P, Peltzer G, Armijo R. On the mechanics of the collision between India and Asia. In: Coward, M. P. and Ries, A. C. eds. , Collision Tectonics. Blackwell, Oxford. , 1986(19): 112～157.

Tapponnier P, Xu Z Q, Roger F, *et al*. Oblique stepwise rise and growth of the Tibet plateau. Science, 2001, 294(5 547): 1 671～1 677.

Taylor B, Hayes D E. The tectonic evolution of the South China Basin, in the tectonic and geologic evolution of Southeast Asian seas and islands. Geophysical Monograph, 1980(23): 89～104.

Thiede R C, Arrowsmith R, Bookhagen B J, *et al*. Dome formation and extension in the Tethyan Himalaya, Leo Pargil, northwest India. Geological Society of America Bulletin, 2006. , 118(5—6): 635～650.

Thiede R C, Arrowsmith R, Bookhagen B J, *et al*. From tectonically to erosionally controlled development of the Himalayan orogen. Geology, 2005, 33(8): 689～692.

Thiede R C,Bookhagen B J. Arrowsmith R,*et al*. Climatic control on rapid exhumation along the Southern Himalayan Front. Earth and Planetary Science Letters,2004(222):791～806.

Thiede R C, Sobel E R, Chen J, et al. Late Cenozoic extension and crustal doming in the India—Eurasia collision zone: New thermochronologic constraints from the NE Chinese Pamir. Tectonics, 2013(32): 763～779.

Thomas J C,Chauvin A,Gapais D,*et al*. Paleomagnetic evidence for Cenozoic block rotations in the Tadjik Depression(Central Asia). Journal of Geophysical Research,1994,99(B8):15 141～15 160.

Tonarini S,Vills I,Oberli F. Eocene age of eclogite metamorphism in Pakistan Himalayas:Implications for India—Eurasia collision. Terra. Nova. ,1993(5):13～20.

Valli F,Arnaud N,Leloup P H,*et al*. Twenty million years of continuous deformation along the Karakorum fault,western Tibet:A thermochronological analysis. Tectonics,2007,26(4):TC4004.

Van Der Woerd J,Ryerson F J,Tapponnier P,*et al*. Holocene left—slip rate determined by cosmogenic surface dating on the Xidatan segment of the Kunlun fault(Qinghai,China). Geology,1998,26(8):695～698.

Van Der Woerd J,Tapponnier P,Ryerson F J,*et al*. Uniform postglacial slip—rate along the Kunlun fault(Tibet),from $^{26}$Al,$^{10}$Be and $^{14}$C dating of riser offsets,and climatic origin of the regional morphology. Geophysical Journal International,2002(148):356～388.

Vannay J C,Grasemann B,Rahn M,*et al*. Miocene to Holocene exhumation of metamorphic crustal wedges in the Himalayan orogen:Evidence for tectonic extrusion coupled to fluvial erosion. Tectonics,2004,23(1).

Waldhoer M,Appel E,Frisch W,*et al*. Palaeomagnetic investigation in the Pamirs and its tectonic implications. Journal of Asian Earth Sciences,2001,19(4):429～451.

Wang C S,Zhao X X,Liu Z F,*et al*. Constraints on the early uplift history of the Tibetan Plateau. PNAS,2008,105(13):4 987～4 992.

Wang E Q,Wan J L,Liu J. Late Cenozoic Geological evolution of the foreland basin bordering the west Kunlun range in Pulu Area:constrain on timing of uplift of northern margin of the Tibet Plateau. Journal of Geophysical Research,2003,108(B8):1～15.

Wang E. Displacement and timing along the northern strand of the Altyn Tagh fault zone,northern Tibet. Earth And Planetary Science Letters,1997,150(1—2):55～64.

Wang E,Xu F Y,Zhou J X,*et al*. Eastward migration of the Qaidam basin and its implications for Cenozoic evolution of the Altyn Tagh fault and associated river systems. Geological Society of America Bulletin,2006,118(3—4):349～365.

Wang G C,Garver J I,Liu C. Cenozoic tectonic history in the Gyirong—Nyalam area,south Tibet: evidence from fission—track thermochronology. In Garver,J. I. ,and Montario M(eds. ),Proceedings from the 11th International Conference on thermochronometry,Anchorage Alaska,Sept,2008.

Wang P L,Lo C H,Lee T Y,*et al*. Thermochronological evidence for the movement of the Ailao Shan—Red River shear zone:A perspective from Vietnam. Geology,1998,26(10):887～890.

Wang Q,Zhang P,Freymueller J T,*et al*. Present—day crustal deformation in China constrained by Global Positioning System measurements. Science,2001,294(5 542):574～577.

Wang Y,Deng T,Biasatti D. Ancient diets indicate significant uplift of southern Tibet after ca. 7Ma. Geology,2006,34(4):309～312.

Wang Y,Zhang X M,Sun L X,*et al*. Cooling history and tectonic exhumation stages of the south—central Tibetan Plateau(China);constrained by $^{40}$Ar/$^{39}$Ar and apatite fission—track thermochronology(in 19th Himalaya—Karakoram—Tibet workshop). Journal of Asian Earth Sciences, 2007, 29(2—3): 266～282.

Wang Y, Zhang X M, Wang E, *et al*. $^{40}$Ar/$^{39}$Ar thermochronological evidence for formation and Mesozoic evolution of the northern—central segment of the Altyn Tagh fault system in the northern Tibetan plateau. Geological Society of America Bulletin, 2005, 117(9): 1 336～1 346.

Williams H, Turner S, Kelley S, Harris N. Age and composition of dikes in southern Tibet: New constraints on the timing of east—west extension and its relationship to postcollisional volcanism. Geology, 2001, 29(4): 339～342.

Wright T J, Parsons B, England P C, *et al*. InSAR observations of low slip rates on the major faults of Western Tibet. Science, 2004(305): 236～239.

Xu Z Q, Qi X X, Yang J S, *et al*. Senses and timings of two kinds of shear in the Kangxiwar strike—slip shear zone, West Kunlun, and their tectonic significance. Geological Bulletin of China, 2007, 26(10): 1 252～1 261.

Xu Z, Mei J, Guoguang Z, *et al*. Mantle diapir and inward intracontinental subduction: a discussion on the mechanism of uplift of the Qinghai—Tibet Plateau. Special Paper —Geological Society of America, 1999(328): 19～31.

Yaneko Y, Katayama I, Yamamoto H, *et al*. Timing of Himalayan ultrahigh—pressure metamorphism: sinking rate and subduction angle of the Indian continental crust beneath Asia. J. Metamorph. Geol., 2003(21): 589～599.

Yin A. Cenozoic tectonic evolution of the Himalayan Orogen as constrained by along—strike variation of structural geometry, exhumation history, and foreland sedimentation. Earth — Science Reviews, 2006, 76(1—2): 1～131.

Yin A, Harrison T M, Murphy M A, *et al*. Tertiary deformation history of southeastern and southwestern Tibet during the Indo—Asian collision. Geological Society of America Bulletin, 1999, 111(11): 1 644～1 664.

Yin A, Harrison T M, Ryerson F J, *et al*. Tertiary Structural Evolution of the Gangdese Thrust System, Southeastern Tibet. Journal of Geophysical Research — Solid Earth, 1994, 99(B9): 18 175～18 201.

Yin A, Rumelhart P E, Butler R, *et al*. Tectonic history of the Altyn Tagh fault system in northern Tibet inferred from Cenozoic sedimentation. Geological Society of America Bulletin, 2002, 114(10): 1 257～1 295.

Yuan W, Dong J, Wang S, *et al*. Apatite fission track evidence for Neogene uplift in the eastern Kunlun Mountains, northern Qinghai — Tibet Plateau, China. Journal of Asian Earth Sciences, 2006, 27(6): 847～856.

Yue Y J, Liou J G. Two—stage evolution model for the Altyn Tagh fault, China. Geology, 1999(27): 227～230.

Zeitler P K. Cooling history of the NW Himalaya, Pakistan. Tectonics, 1985, 4(1): 127～151.

Zeitler P K, Chamberlain C P. Petrogenetic and tectonic significance of young leucogranites from the northwestern Himalaya, Pakistan. Tectonics, 1991, 10(4): 729～741.

Zeng R S, Zhifeng D, Qinngju W. A review on the lithospheric structures in the Tibetan Plateau and constraints for dynamics. Pure and Applied Geophysics, 1995, 145(3—4): 425～443.

Zhang J J, Guo L. Structure and geochronology of the southern Xainza—Dinggye rift and its relationship to the south Tibetan detachment system. Journal of Asian Earth Sciences, 2007, 29(5—6): 722～736.

Zhang J X, Zhang Z M, Xu Z Q, *et al*. Petrology and geochronology of eclogites from the western segment of the Altyn Tagh, north western China. Lithos, 2001, 56(2—3): 187～206.

Zhang K X, Wang G C, Cao K, *et al*. Cenozoic sedimentary records and geochronological constraints of differential uplift of the Qinghai—Tibet Plateau. Science in China(Series D), 2008, 51(11): 1 658～1 672.

Zhang L S, Schaerer U. Age and origin of magmatism along the Cenozoic Red River shear belt, China. Contributions to Mineralogy and Petrology, 1999, 134(1): 67～85.

Zhang P Z, Molnar P, Zhang W Q, *et al*. Bounds on the average recurrence interval of major earthquakes along the Haiyuan Fault in north—central China. Seismological Research Letters, 1988, 59(3): 81～89.

Zhang P Z, Shen Z K, Wang M, *et al*. Continuous deformation of the Tibetan Plateau from global positioning system data. Geology, 2004, 32(9): 809～812.

Zheng H B, Christopher M, An Z S, *et al*. Pliocene uplift of the northern Tibetan Plateau. Geology, 2000, 28(8): 715～718.

Zhou Y, Xu R H, Yan Y H, *et al*. Dating of the Karakorum strike—slip fault. Acta Geological Sinica, 2001, 75(1): 10～18.